高等学校城市地下空间工程专业规划教材

地下工程概预算

周　斌　马海彬　刘　杰　主编

内 容 提 要

本教材是根据教育部关于拓宽专业面、加强理论与实践教学的要求编写的。全书共三篇:第一篇共7章,第二篇共3章,第三篇共5章。包括绪论,地下工程定额,预算费用,施工图预算编制,设计概算编制,施工预算,预算审查和竣工决算,工程量清单编制方法,计价方法,营业税改增值税试点实施办法,有关事项规定和执行标准等内容,各章有丰富的工程实例并附有相应的思考题和习题。

本书可作为城市地下空间工程、土木工程(地下工程方向)等专业的本、专科教材,也可作为高等院校、科研院所、设计单位、施工单位等的培训教材和参考用书。

图书在版编目(CIP)数据

地下工程概预算 / 周斌, 马海彬, 刘杰主编. — 北京 : 人民交通出版社股份有限公司, 2017.2

高等学校城市地下空间工程专业规划教材

ISBN 978-7-114-13467-8

Ⅰ.①地… Ⅱ.①周…②马…③刘… Ⅲ.①地下工程—建筑概算定额—高等学校—教材②地下工程—建筑预算定额—高等学校—教材 Ⅳ.①TU94

中国版本图书馆CIP数据核字(2016)第276271号

高等学校城市地下空间工程专业规划教材

书　　名:地下工程概预算

著 作 者:周　斌　马海彬　刘　杰

责任编辑:张征宇　赵瑞琴

出版发行:人民交通出版社股份有限公司

地　　址:(100011)北京市朝阳区安定门外外馆斜街3号

网　　址:http://www.ccpcl.com.cn

销售电话:(010)59757973

总 经 销:人民交通出版社股份有限公司发行部

经　　销:各地新华书店

印　　刷:北京建宏印刷有限公司

开　　本:787×1092　1/16

印　　张:15.75

字　　数:372千

版　　次:2017年2月　第1版

印　　次:2023年5月　第3次印刷

书　　号:ISBN 978-7-114-13467-8

定　　价:36.00元

序　言

近年来,我国城市建设以前所未有的速度加快发展,规模不断扩大,人口急剧膨胀,不同程度地出现了建设用地紧张、生存空间拥挤、交通阻塞、基础设施落后等问题,城市可持续发展问题突出。开发利用城市地下空间,不但能为市民提供创业、居住环境,同时也能提供公共服务设施,可极大地缓解城市交通、购物等困难。

为适应城市地下空间工程的发展,2012 年 9 月,教育部颁布的《普通高等学校本科专业目录》(以下简称专业目录)中,将城市地下空间工程专业列为特设专业。目前国内已有数十所高校设置了城市地下空间工程专业并招生,而在这个前所未有的发展时期,城市地下空间工程专业系列教材的建设明显滞后,一些已出版的教材与学生实际需求存在较大差距,部分教材未能反映最新的规范或标准,也没有形成体系。为满足高校和社会对于城市地下空间工程专业教材的多层次要求,人民交通出版社股份有限公司组织了全国十余所高等学校编写"高等学校城市地下空间工程专业规划教材",并于 2013 年 4 月召开了第一次编写工作会议,确定了教材编写的总体思路,于 2014 年 4 月召开了第二次编写工作会议,全面审定了各门教材的编写大纲。在编者和出版社的共同努力下,目前这套规划教材陆续出版。

这套教材包括《地下工程概论》《地铁与轻轨工程》《岩体力学》《地下结构设计》《基坑与边坡工程》《岩土工程勘察》《隧道工程》《地下工程施工》《地下工程监测与检测技术》《地下空间规划设计》和《地下工程概预算》11 门课程,涵盖了城市地下空间工程专业的主要专业核心课程。该套教材的编写原则是"厚基础、重能力、求创新,以培养应用型人才为主",体现出"重应用"及"加强创新能力和工程素质培养"的特色,充分考虑知识体系的完整性、准确性、正确性和适用性,强调结合新规范,增大例题、图解等内容的比例,做到通俗易懂,图文并茂。

为方便教师教学和学生自学,本套教材配有多媒体教学课件,课件中除教学内容外,还有施工现场录像、图片、动画等内容,以增加学生的感性认识。

反映城市地下空间工程领域的最新研究成果、最新的标准或规范,体现教材的系统性、完整性和应用性是本套教材力求达到的目标。在各高校及所有编审人员的共同努力下,城市地下空间工程专业系列规划教材的出版,必将为我国高等学校城市地下工程专业建设起到重要促进作用。

高等学校城市地下空间工程专业规划教材编审委员会

人民交通出版社股份有限公司

前　言

本书是培养土建类城市地下空间工程专业及相关专业学生的工程造价核心教材。长期以来，由于地下工程概预算具有业务范围广泛、工程项目多样、专业跨度大、工程类别多、工程量计算复杂等特点，尚未真正形成独立行业，缺乏系统、完整的设计施工规范、标准、规程、取费标准和概预算定额，概预算编制工作难度大，且有针对性的教材少。因此，有必要针对城市地下空间工程及相关专业学生编写地下工程概预算教材及相应的教辅资料。

本书根据现行的定额和清单规范，结合多年的教学经验与教学研究工作进行编写，内容编排以概预算编制程序为主线，涉及建筑基坑及边坡、隧道、地铁和轻轨等多个领域，并提供丰富的工程实例，能满足学生对本课程学习的要求。

本书内容通俗易懂，理论与实际相结合，有助于学生对概念的理解和掌握，能有效培养学生的实践能力。本书可作为普通高等院校土木工程专业本、专科教材，也可供工程技术人员作为培训教材和参考用书。

本书由湖南工业大学周斌、安徽理工大学马海彬、湖南工业大学刘杰共同担任主编，湖南工业大学祝方才、杨庆光担任副主编，湖南工业大学陈艳参编。具体分工如下：第一篇第一章、第四章由周斌编写，第一篇第二章、第六章由刘杰编写，第一篇第三章由杨庆光编写，第一篇第五章由陈艳编写，第一篇第七章由祝方才编写，第二篇由马海彬编写，第三篇由周斌编写。全书由周斌统稿。

本书由北京建筑大学孙震教授担任主审，并提出了许多宝贵意见。编者衷心感谢孙震教授严谨、细致、认真的审稿工作。本书在编写过程中，也得到了编者所在单位领导、人民交通出版社股份有限公司编辑的鼓励和支持，在此深表谢意。

本书的编写参考了书后所列参考文献的部分内容，在此向文献作者表达谢意！由于编者水平有限，书中难免有不妥之处，敬请广大读者及同行批评指正。

编　者

2016年12月

目　　录

第一篇　定额计价

第二篇　清 单 计 价

第三篇　营业税改征增值税

第一篇

定额计价

第一章　绪　　论

第一节　概　　述

一、地下工程的特点

我国是发展中国家,由于人口众多,所需要的空间、交通工具需求大,目前的空间还远远不能满足人们的需要。随着人口向城市集中,城市人口密集、城市功能恶化,为了保持城市功能及交通所需的空间,人们已经开始求助于地下空间。地下空间是城市集约化经营和高效发展不可或缺的宝贵资源,其发展受地理区域的制约,如何加以综合利用,实现可持续发展,是摆在政府和规划部门面前的重要课题,也是当前城市建设和经济发展的迫切需要。

凡在地层内部天然形成或人工修筑的地下建筑物(或空间)均称为地下工程(或地下空间)。对人类来说,地下空间也是一种资源,要充分利用和发挥地下空间的优越性。地下工程以工程地质学、土力学、岩体力学及地基基础工程学为基本理论基础,在土木工程中广泛应用。

地下工程一般具有下列特性:

(1)隐蔽性。工程位于地面以下,出现问题很难发现。

(2)力学状态的不确定性。地下岩土体为各向异性的弹塑性体,地下结构的受力特性相当复杂。

(3)地下环境影响的严重性。地下水、岩爆等严重威胁着地下工程的安全。

(4)可维修性差。结构一旦破坏,其力学及变形特性即发生改变,又位于地面以下,修复难度大。

(5)受施工条件和环境条件的约束。地下工程施工受空间条件、粉尘条件和光照条件等限制,施工难度大、工期长。

因此,地下工程事故率高,且成本难以预算。比如基坑工程,20 世纪 90 年代初中期由于工程质量问题,一般事故率达到 20% 左右,有的城市甚至达到 30% 左右,造成了重大的损失和严重后果。

二、地下工程概预算的特点

地下工程概预算有以下特点:

(1)业务范围广泛、工程项目多样。

(2)地下工程尚未真正形成独立的行业,缺乏系统、完整的设计施工规范、标准、规程、取费标准和概预算定额。

(3)专业跨度大、工程类别多、工程量计算复杂,概预算编制工作难度大。

(4)地下工程的施工方法多,而且技术和装备发展迅速,取费标准及预算定额的编制都大大滞后于技术的发展。

三、本课程研究任务

本课程研究任务主要有:

(1)执行和使用定额及清单,编制概预算文件。

(2)计算地下工程造价。

(3)针对不同的要求,合理编制概预算,达到降低工程成本、节约资金和提高效益的目的。

第二节 建设工程项目划分

一、建设工程项目

建设工程项目指具有一个设计任务书和总体设计,经济上实行独立核算,管理上具有独立组织形式的工程建设项目。一个建设项目往往由一个或几个单项工程组成(图 1-1-1),如一个工厂、一个住宅小区或一所学校等。

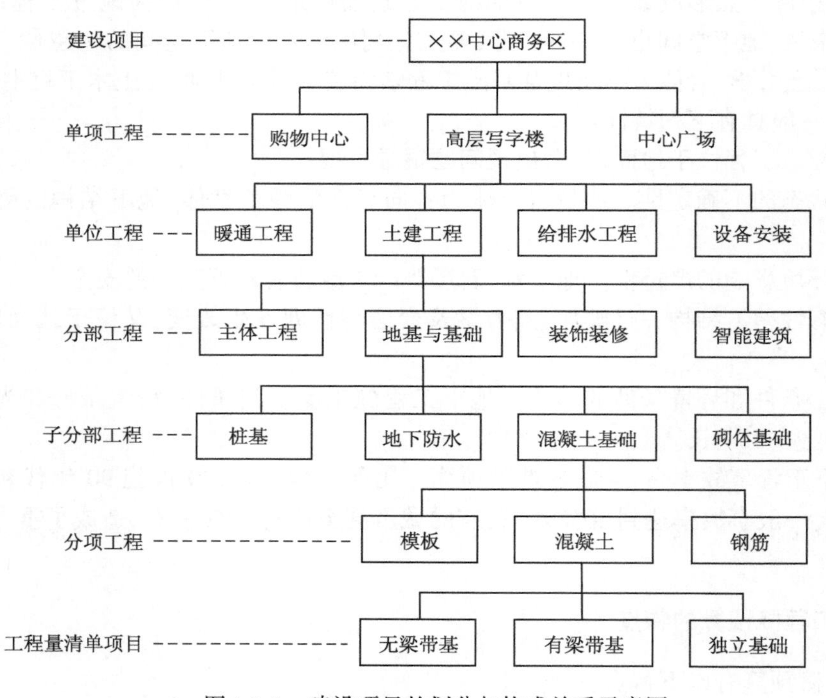

图 1-1-1　建设项目的划分与构成关系示意图

二、建设工程项目的划分

1. 单项工程

单项工程是指在一个建设项目中具有独立的设计文件,建成后能够独立发挥生产能力或工程效益的工程。它是工程建设项目的组成部分,应单独编制工程概预算,如工厂中的生产车间、办公楼、住宅,学校中的教学楼、食堂、宿舍等。

2. 单位工程

单位工程是指具有独立设计,可以独立组织施工,但建成后一般不能进行生产或发挥效益的工程。它是单项工程的组成部分,如土建工程、安装工程等。

3. 分部工程

分部工程是单位工程的组成部分,它是按工程部位、设备种类和型号、使用材料和工种的不同进一步划分出来的工程,主要用于计算工程量和套用定额时的分类,如基础工程、电气工程、通风工程等。

4. 分项工程

分项工程是指通过较为简单的施工过程就可以生产出来,以适当的计量单位就可以进行工程量及其单价计算的建筑工程或安装工程,如基础工程中的土方工程、钢筋工程等。

第三节 工程概预算分类

一、投资估算

投资估算是建设单位向国家申请拟定建设项目或国家对拟定项目进行决策时,确定建设项目在规划、项目建议书、设计任务书等不同阶段的相应投资总额而编制的经济文件。投资估算有以下作用:

(1)国家决定拟建项目是否继续进行研究的依据。

(2)国家批准项目建议书的依据。

(3)国家批准设计任务书的重要依据。

(4)国家编制中长规划,保持合理比例和投资结构的重要依据。

二、设计概算

设计概算是初步设计文件的重要组成部分,是在投资估算的控制下由设计单位根据初步设计或扩大设计的图纸及说明,利用国家或地区颁发的概算指标、概算定额或综合预算定额、设备材料预算价格等资料,按照设计要求,概略地计算建筑物或构筑物造价的文件。设计概算有以下作用:

(1)编制建设项目投资计划、确定和控制建设项目投资的依据。

(2)签订建设工程合同和贷款合同的依据。

(3)控制施工图设计和施工图预算的依据。

(4)衡量设计方案技术经济合理性和选择最佳设计方案的依据。

(5)考核建设项目投资效果的依据。通过设计概算与竣工决算对比,可以分析和考核投资效果的好坏,同时可以验证设计概算的准确性,有利于加强设计概算管理和建设工程的造价管理工作。

三、修正概算

修正概算是指采用三阶段设计，在技术设计阶段随着设计内容的深化，可能会发现建设规模、结构性质、设备类型和数量等内容与初步设计内容相比有出入，为此设计单位根据技术设计图纸，概算指标或概算定额，各项费用取费标准，建设地区自然、技术经济条件和设备预算价格等资料，对初步设计总概算进行修正而形成的经济文件，作用与初步设计概算作用基本相同。

四、施工图预算

施工图预算是指在施工图设计阶段，当工程设计完成后，在单位工程开工之前，施工单位根据施工图纸、施工组织设计和国家规定的现行工程预算定额、单位估价表及各项费用的取费标准、建筑材料预算价格、建设地区的自然和经济条件等计算资料，预先计算和确定单位工程或单项工程建设费用的经济文件。施工图预算有以下作用：

(1)经过有关部门的审查和批准，就确定了该工程的预算造价，即工程造价。

(2)签订工程施工承包合同、实行工程预算包干、进行工程竣工结算的依据。

(3)业主支付工程款的依据。

(4)施工企业加强经营管理、搞好经济核算的基础。

(5)施工企业编制经营计划或财务计划的依据。

(6)单项工程、单位工程进行施工准备的依据。

(7)施工企业进行“两算”对比的依据。

(8)施工企业进行投标报价的依据。

(9)反映施工企业经营管理效果的依据。

五、施工预算

施工预算是施工单位在施工图预算的控制下，根据施工图纸、施工组织设计、企业定额、施工现场条件等资料，考虑工程的目标利润等因素，计算编制的单位工程(或分项、分部工程)所需的资源消耗量及其相应费用的文件。施工预算有以下作用：

(1)企业对单位工程实行计划管理，编制施工作业计划的依据。

(2)企业对内部实行工程项目经营目标承包，进行项目成本全面管理与核算的重要依据。

(3)企业向班组推行限额用工、用料，并实行班组经济核算的依据。

(4)企业开展经济活动分析，进行施工计划成本与施工图预算造价对比的依据。

六、工程结算

工程结算是在一个单项工程、单位工程、分部工程或分项工程完工，并经建设单位及有关部门验收后，由施工单位以施工图预算为依据，并根据设计变更通知书、现场签证、预算定额、材料预算价格和取费标准及有关结算凭证等资料，按规定编制向建设单位办理结算工程价款的文件。工程结算一般有定期结算、阶段结算、竣工结算。

七、竣工决算

竣工决算是建设单位编制的反映建设项目实际造价和投资效果的文件，是竣工验收报告的重要组成部分，是基本建设项目经济效果的全面反映，是核定新增固定资产价值，办理其交付使用的依据。

思考题

1-1-1　什么是建设工程项目？建设工程项目可划分为哪几类？

1-1-2　什么是投资估算？投资估算的作用有哪些？

1-1-3　什么是设计概算？设计概算的作用有哪些？

1-1-4　施工图预算的作用有哪些？

1-1-5　什么是施工预算？施工预算的作用有哪些？

1-1-6　地下工程概预算有哪些特点？

第二章 地下工程定额

第一节 概 述

一、定额的概念

1. 广义定额

广义定额是指规定的额度、标准。19世纪末,被誉为“管理学之父”的美国资本家泰勒首先提出“工时定额”、“计件工资”,至此,定额的概念出现。

2. 工程定额

工程定额是指在正常的施工条件下,采用科学合理的施工工艺,完成一定计量单位的质量合格产品所必须消耗的人工工日、材料、机械台班的数量标准(或价值表现)。

二、定额水平

定额水平就是定额标准的高低,它与当地的生产因素及生产力水平有着密切的关系,是一定时期社会生产力的反映。

三、定额的特性

定额的特性由定额的性质决定。在社会主义市场经济条件下,定额有以下三个方面的特性。

1. 定额的科学性

定额是应用科学的方法,在认真研究客观规律的基础上,通过长期观察、测定、总结生产实践及广泛搜集资料的基础上制定的。它是对工时分析、动作研究、现场布置、工具设备改革,以及生产技术与组织的合理配合等各方面进行科学的综合研究后制定的。因此,它能找出影响劳动消耗的各种主观和客观的因素,提出合理的方案,促使提高劳动生产率和降低消耗。

2. 定额的群众性

定额的群众性是指定额的制定和执行都具有广泛的群众基础。定额的制定来源于广大工人群众的施工生产活动,是在广泛听取群众意见并在群众直接参加下,通过广泛的测定、大量数据的综合分析,研究实际生产中的有关数据与资料的基础上制定出来的,因此它具有广泛的群众性。同时,定额的执行与许多部门单位及企业职工直接相关,随着科技的发展,定额应定期调整,以保证它与实际生产水平的一致,保持定额的先进合理。群众性使定额能反映国家利益和群众利益的一致性,因此定额的群众性是定额制定与执行的基础。

3. 定额的权威性

在计划经济条件下,定额经授权单位批准颁发后,即具有法令性。只要是属于规定的范围以内，任何单位都必须严格遵守。各有关职能部门都必须认真执行，任何单位或个人都应当遵守定额管理权限的规定，不得任意改变定额的结构形式和内容，不得任意降低或变相降低定额水平，如需要进行调整、修改和补充，必须经授权批准。企业管理部门和定额管理部门，应对企业和基层单位进行必要的监督，这是保证定额得以正确执行的重要条件。

但是，在市场经济条件下，定额不能由主管部门硬行规定，它要体现市场经济的特点，定额也不存在法令性的特性。那么既然国家要宏观调控市场，又要让市场充分发育，就必须要有一个社会公认的、在使用过程中可以有根据地改变定额水平的定额。这种定额是一个具有权威性的控制量，各建设业主和工程承包商可以在一定的范围内根据具体情况适当调整。这种具有权威性的可灵活适用的定额，符合社会主义市场经济条件下建筑产品的生产规律。定额的权威性是建立在采用先进科学的方法制定，且能反映社会生产力水平，并符合市场经济发展规律的基础上的。

定额的三个特性相互之间具有以下关系：定额的科学性是权威性的依据，定额的权威性是执行定额的保证，定额的群众性是制定和执行定额的基础。

四、定额的抽换和增补

由于定额是按一般合理的施工组织和正常的施工条件编制，所采用的施工方法和工程质量标准，主要依据国家标准计量取得，一般不得变更。但是，地下工程是相当复杂的，不一定所有分项在一本定额中能够查全。为提高预算的可操作性，往往会用到类似定额，即定额的抽换和增补。

1. 定额的抽换

当定额说明中没包含到预算所遇到的具体工程项目内容，并且说明可以抽出换算时，称为定额的抽换。比如，就地浇灌钢筋混凝土用的模板，如确因施工安排达不到规定周转次数时，可根据具体情况进行抽换，并计算回收；在使用定额时，混凝土、砂浆配合比的水泥用量，如因实际供应的水泥用量、标号与定额中水泥用量、标号不同时，可进行抽换；如施工中必须使用特殊机械时，可按具体情况进行抽换。如某模板，定额中耗用原木 1 立方米，定额规定的周转次数为 6 次，实际工程中周转 2 次。则其实际周转次数的周转性原木的预算定额为：$1 \times 6/2 = 3$ 立方米。

2. 定额的增补

由于新工艺、新材料、新结构不断出现，而定额有一定的周期性，新定额出现前，可编制补充定额或增补一个定额子目按市场价套取，以反映实际工程，称为定额的增补。如某河中桥墩挖基工程，无抽水定额。实际预算时，应补充抽水定额。

第二节 定额的作用和分类

一、定额的作用

1. 计划管理的重要基础

建筑安装企业在计划管理中，为了组织和管理施工生产活动，必须编制各种计划，而计划的编制又依据各种定额和指标来计算人力、物力、财力等需用量，因此定额是计划管理的重要基础。

2. 提高劳动生产率的重要手段

施工企业要提高劳动生产率，除了加强政治思想工作，提高群众积极性外，还要贯彻执行现行定额，把企业提高劳动生产率的任务具体落实到每个工人身上，促使他们采用新技术和新工艺，改进操作方法，改善劳动组织，减轻劳动强度，使用更少的劳动量，创造更多的产品，从而提高劳动生产率。

3. 衡量设计方案的尺度和确定工程造价的依据

同一工程项目的投资多少，是在使用定额和指标对不同设计方案进行技术经济分析与比较之后确定的。因此，定额是衡量设计方案经济合理性的尺度。

工程造价是根据设计规定的工程标准和工程数量，并依据定额指标规定的劳动力、材料、机械台班数量，单位价值和各种费用标准来确定的，因此定额是确定工程造价的依据。

4. 推行经济责任制的重要环节

推行投资包干和以招标承包为核心的经济责任制，其中签订投资包干协议，计算招标标底和投标标价，签订总包和分包合同协议，以及企业内部实行适合各自特点的各种形式的承包责任制等，都必须以各种定额为主要依据，因此定额是推行经济责任制的重要环节。

5. 科学组织和管理施工的有效工具

建筑安装是多工种、多部门组成的一个有机整体而进行的施工活动，在安排各部门各工种的活动计划中，要计算平衡资源需用量，组织材料供应，要确定编制定员，合理配备劳动组织，调配劳动力，签发工程任务单和限额领料单，组织劳动竞赛，考核工料消耗，计算和分配工人劳动报酬等都要以定额为依据，因此定额是科学组织和管理施工的有效工具。

6. 企业实行经济核算制的重要基础

企业为了分析比较施工过程中的各种消耗，必须以各种定额为核算依据。因此工人完成定额的情况，是实行经济核算制的主要内容。以定额为标准来分析比较企业各种成本，并通过经济活动分析，肯定成绩，找出薄弱环节，提出改进措施，以不断降低单位工程成本，提高经济效益，所以定额是实行经济核算制的重要基础。

二、定额的分类

定额可以按不同的原则和方法进行分类。

1. 按生产因素分类

定额按生产因素可分为劳动消耗定额、材料消耗定额和机械台班消耗定额。

2. 按使用要求分类

定额按使用要求可分为施工定额、预算定额和概算定额。

第三节　施　工　定　额

施工定额是以同一性质的施工过程(工序)作为研究对象,表示生产产品数量与时间消耗综合关系的定额。

施工定额在企业管理工作中的基础作用主要表现在以下几个方面:

(1)企业计划管理的依据。施工定额在企业计划管理方面的作用,表现在它既是企业编制施工组织设计的依据,又是企业编制施工作业计划的依据。

施工组织设计是指导拟建工程进行施工准备和施工生产的技术经济文件,其基本任务是根据招标文件及合同协议的规定,确定出经济合理的施工方案,在人力和物力、时间和空间、技术和组织上对拟建工程做出最佳安排。

施工作业计划则是根据企业的施工计划、拟建工程施工组织设计和现场实际情况编制的,它是以实现企业施工计划为目的的具体执行计划,也是队、组进行施工的依据。因此,施工组织设计和施工作业计划是企业计划管理中不可缺少的环节,这些计划的编制必须依据施工定额。

(2)组织和指挥施工生产的有效工具。企业组织和指挥施工队、组进行施工,是按照作业计划通过下达施工任务书和限额领料单来实现的。

(3)计算工人劳动报酬的依据。

(4)企业激励工人的目标条件。

(5)有利于推广先进技术。

(6)编制施工预算,加强企业成本管理和经济核算的基础。

(7)编制工程建设定额体系的基础。施工定额的特点是先进,单位小(以工时计)。

一、劳动定额

劳动消耗定额简称劳动定额(或人工定额),它是在正常的生产技术和生产组织条件下,完成单位合格产品所规定的劳动消耗量标准。

(1)时间定额(s):指在技术条件正常,生产工具使用合理和劳动组织正确的条件下,工人为生产合格产品所消耗的劳动时间。

时间定额=耗用的工日数/完成单位合格产品的数量,单位:工日/产品单位。可直接查定额,如人工挖土质台阶(普通土)工程,定额为45工日/1 000m^2。

(2)产量定额(c):指在技术条件正常、生产工具使用合理和劳动组织正确的条件下,工人在单位时间内完成的合格产品的数量。

产量定额=完成合格产品的数量/耗用时间数量,单位:产品单位/工日单位。如完成1 000m^2的台阶工程需45工日,则每工日产量为:

1 000m^2/45工日=22.2m^2/工日,即每工日完成22.2m^2的台阶工程,由时间定额计算而来。时间定额与产量定额互为倒数关系,即$c=1/s$。

【例1-2-1】　某工程有120m^3一砖基础,每天有22名专业工人投入施工,时间定额为0.89

工日/m^3，试计算完成该项工程的定额施工天数。

【解】 完成砖基础需要的总工日数 $=0.89\times120=106.80$（工日）

需要的施工天数 $=106.80/22=5$（天）

二、材料消耗定额

1. 材料消耗定额

材料消耗定额是指在节约和合理使用材料的条件下，生产单位合格产品所必须消耗的一定品种、规格的材料，半成品，配件，水，电，燃料等的数量标准，单位为实物单位，如 t、kg 等，应包括材料的净用量、损耗和废料。混凝土、砌体浆砌时的砂浆在搅拌制备过程中产生损耗，在材料消耗定额中计入损耗率。

材料消耗定额 =（1 + 材料损耗率）× 完成单位产品的材料净用量

【例 1-2-2】 完成 $1m^3$ 实体混凝土需各材料的净用量是水泥：$338kg/m^3$，中砂：$0.49m^3/m^3$，4cm 碎石：$0.85m^3/m^3$，损耗率 2%，求 $10m^3$ 实体混凝土各种材料的消耗定额。

【解】 水泥：$(1+2\%)\times338\times10=3\,448$（kg）

砂：$(1+2\%)\times0.49\times10=5$（$m^3$）

碎石：$(1+2\%)\times0.85\times10=8.67$（$m^3$）

在定额中直接查出的数值就是材料消耗定额，即已计入消耗量。

2. 材料产品定额

指用一定规格的原材料，在合理的操作条件下，而获得标准产品的数量（材料加工）。

3. 材料周转定额

周转性材料（模板）在施工中合理周转使用的次数和用量，称为材料周转定额。预算定额中，周转性材料均按正常周转次数摊入定额。

$$\text{周转使用量}=\frac{\text{一次使用量}+\text{一次使用量}\times(\text{周转次数}-1)\times\text{补损率}}{\text{周转次数}}$$

一次使用量 = 每 $10m^3$ 混凝土和模板的接触面积 × 每平方米接触面积模板用量/(1 − 损耗率)

$$\text{补损率}=\frac{\text{平均每次损耗量}}{\text{一次使用量}}\times100\%$$

$$\text{回收量}=\text{一次使用量}\times\frac{1-\text{补损率}}{\text{周转次数}}\times\frac{\text{回收折价率}}{1+\text{施工管理费率}}$$（回收折价率 = 50%，施工管理费率 = 18.2%）

【例 1-2-3】 某工程有钢筋混凝土方形柱 $10m^3$，经计算其混凝土模板接触面积为 $119m^2$，每 $10m^2$ 模板接触面积需木模板板枋材 $0.525m^3$，操作损耗为 5%。已知模板周转次数为 5 次，每次周转补损率为 15%，试计算模板的摊销量。

【解】 $$\text{一次使用量}=\left(119\times\frac{0.525}{10}\right)\Big/(1-5\%)=6.56(m^3)$$

$$\text{周转使用量}=\frac{6.56+6.56\times(5-1)\times15\%}{5}=2.099(m^3)$$

$$回收量 = 6.56 \times \frac{1-15\%}{5} \times \frac{50\%}{1+18.2\%} = 0.472(m^3)$$

$$摊销量 = 周转使用量 - 回收量 = 2.099 - 0.472 = 1.627(m^3)$$

三、机械台班消耗定额

机械台班消耗定额是指在规定了的正常施工条件下，合理地组织生产与利用某种机械完成单位合格产品所必须的机械台班消耗标准；或在单位时间内机械完成的产品数量。分为机械时间定额和机械产量定额。两者互为倒数，定额中查出的是时间定额。

【例1-2-4】 某6层砖混结构办公楼，塔式起重机安装楼板梁，每根梁尺寸为6.0m×0.7m×0.3m。试求吊装楼板梁的机械时间定额、人工时间定额和台班产量定额(13人配合)。

【解】 每根楼板梁自重6.0×0.7×0.3×2.5=3.15(t)

查定额

机械台班产量定额=52根/台班

机械时间定额=1/52=0.019(台班/根)

人工时间定额=13/52=0.25(工日/根)

台班产量定额(工人配合)=1/0.25=4(根/工日)

第四节　预　算　定　额

预算定额是规定消耗在单位工程基本结构要素上的劳动力、材料和机械数量上的标准，是计算建筑安装产品价格的基础。预算定额属于计价定额，是工程建设中一项重要的技术经济指标，反映了在完成单位分项工程消耗的活劳动和物化劳动的数量限制。这种限度最终决定着单项工程和单位工程的成本和造价。

预算定额的作用主要表现在以下几个方面。

1. 编制施工图预算、确定和控制建筑安装工程造价的基础

施工图预算是施工图设计文件之一，是控制和确定建筑安装工程造价的必要手段。编制施工图预算，除设计文件确定的建设工程的功能、规模、尺寸和文字说明是计算分部分项工程量和结构构件数量的依据外，预算定额是确定一定计量单位工程人工、材料、机械消耗量的依据，也是计算分项工程单价的基础。

2. 对设计方案进行技术经济比较、技术经济分析的依据

设计方案在设计工作中居于中心地位。设计方案的选择要满足功能、符合设计规范，既要技术先进又要经济合理。根据预算定额对方案进行技术经济分析和比较，是选择经济合理设计方案的重要方法。对设计方案进行比较，主要是通过定额对不同方案所需人工、材料和机械台班消耗量等进行比较。这种比较可以判明不同方案对工程造价的影响。对于新结构、新材料的应用和推广，也需要借助于预算定额进行技术分析和比较，从技术与经济的结合上考虑普

遍采用的可能性和效益。

3.施工企业进行经济活动分析的参考依据

实行经济核算的根本目的,是用经济的方法促使企业在保证质量和工期的条件下,用较少的劳动消耗取得预定的经济效果。中国的预算定额仍决定着企业的收入,企业必须以预算定额作为评价企业工作的重要标准。企业可根据预算定额,对施工中的劳动、材料、机械的消耗情况进行具体的分析,以便找出低工效、高消耗的薄弱环节及其原因。

4.编制标底、投标报价的基础

在深化改革中,在市场经济体制下,预算定额作为编制标底的依据和施工企业报价基础的作用仍将存在,这是由于它本身的科学性和权威性决定的。

5.编制概算定额和估算指标的基础

概算定额和估算指标是在预算定额基础上经综合扩大编制的,也需要利用预算定额作为编制依据,这样做不但可以节省编制工作中的人力、物力和时间,收到事半功倍的效果,还可以使概算定额和概算指标在水平上与预算定额一致,以避免造成执行中的不一致。

预算定额与施工定额既有区别,又有联系。预算定额不同于施工定额,它不是企业内部使用的定额,不具有企业定额的性质;预算定额是一种具有广泛用途的计价定额。因此,须按照价值规律的要求,以社会必要劳动时间来确定预算定额的定额水平,即以本地区、现阶段、社会正常生产条件及社会平均劳动熟练程度和劳动强度来确定预算定额水平。这样的定额水平,才能使大多数施工企业经过努力,能够用产品的价格收入来补偿生产中的消耗,并取得合理的利润,预算定额是以施工定额为基础编制的,施工定额给出的是定额的平均先进水平,所以确定预算定额时,水平相对要降低一些。预算定额考虑的是施工中的一般情况,而施工定额考虑的是施工的特殊情况。预算定额实际考虑的因素比施工定额多,要考虑一个幅度差。所谓幅度差,是指在正常施工条件下,定额未包括、而在施工过程中又可能发生而增加的附加额。幅度差是预算定额与施工定额的重要区别。

一、预算定额的编制原则

预算定额是以建筑物或构筑物各个分部分项工程为对象编制的定额,是以施工定额为基础综合扩大编制的,同时也是编制概算定额的基础,编制原则如下:

1.社会平均水平原则

预算定额理应遵循价值规律的要求,按生产该产品的社会平均必要劳动时间来确定其价值。也就是说,在正常的施工条件下,以平均的劳动强度、平均的技术熟练程度,在平均的技术装备条件下,完成单位合格产品所需的劳动消耗量就是预算定额的消耗水平。

2.简明适用原则

预算定额要在适用的基础上才力求简明。由于预算定额与施工定额有着不同的作用,所以对简明适用的要求也是不同的,预算定额是在施工定额的基础上进行扩大和综合的。它要求有更加简明的特点,以适应简化预算编制工作和简化建设产品价格的计算程序的要求。当然,定额的简易性也应服务于它的适用性的要求。

3. 坚持统一性和因地制宜原则

所谓统一性,就是从培育全国统一市场规范计价行为出发,定额的制定、实施由国家归口管理部门统一负责。国家统一定额的制定或修订,有利于通过定额管理和工程造价的管理实现建筑安装工程价格的宏观调控。统一的定额使工程造价具有统一的计价依据,也使考核设计和施工的经济效果具备同一尺度。

所谓因地制宜,即在统一基础上的差别性。各部门和省市(自治区)、直辖市主管部门可以在自己管辖的范围内,依据部门(地区)的实际情况,制定部门和地区性定额、补充性制度和管理办法,以适应中国幅员辽阔,地区间发展不平衡和差异大的实际情况。

4. 专家编审责任制原则

编制定额应以专家为主,这是实践经验的总结,编制要有一支经验丰富、技术与管理知识全面、有一定政策水平的、稳定的专家队伍。通过他们的辛勤工作才能积累经验,保证编制定额的准确性。在专家编制的基础上,注意走群众路线。因为广大建筑安装工人是施工生产的实践者,也是定额的执行者,最了解生产实际和定额的执行情况及存在问题,有利于以后在定额管理中对其进行必要的修订和调整。

5. 与工程建设相适应原则

6. 贯彻国家政策、法规原则

二、预算定额的编制方法

预算定额中人工工日消耗量是指在正常施工条件下,生产单位合格产品所必需消耗的人工工日数量,是由分项工程所综合的各个工序。劳动定额包括基本用工和其他用工两部分。

1. 基本用工

基本用工是指完成单位合格产品所必需消耗的技术工种用工,包括完成定额计量单位的主要用工和按劳动定额规定应增加的用工量。

2. 其他用工

其他用工包括超运距用工、辅助用工和人工幅度差。

人工幅度差是预算定额和劳动定额的差额,主要是指在劳动定额中未包括而在正常施工情况下不可避免但又很难准确计算的用工和各种工时损失。人工幅度差包括以下 6 个方面:

(1)各工种间的工序搭接及交互作业相互配合或影响所发生的停歇用工。

(2)施工机械在单位工程之间转移及临时水电线路转移所造成的停工。

(3)质量检查和隐蔽工程验收工作的影响。

(4)班组操作地点转移用工。

(5)工序交接时对前一工序不可避免的修整用工。

(6)施工中不可避免的其他零星用工。

3. 人工幅度差的计算

人工幅度差 = (基本用工 + 辅助用工 + 超运距用工) × 人工幅度差系数

人工幅度差系数一般为10%～15%。在预算定额中，人工幅度差的用工量列入其他用工量中。

4. 机械台班消耗量的计算

砂浆、混凝土搅拌机由于按小组配用，以小组产量计算机械台班产量，不另增加机械幅度差。

预算定额机械耗用台班 = 施工定额机械耗用台班 ×（1 + 机械幅度差系数）

5. 概算定额与预算定额的区别

(1) 概算定额是编制设计概算、修正概算的依据。

(2) 概算定额是大单位的定额。

(3) 概算定额的水平低于预算定额。

(4) 概算定额包括分项定额和扩大定额。

(5) 预算定额的水平低于施工定额但先进合理。

第五节　概算定额

概算定额是在预算定额基础上根据有代表性的通用设计图和标准图等资料，以主要工序为准，综合相关工序，进行综合、扩大和合并而成的定额。

1. 概算定额的作用

(1) 扩大初步设计阶段编制设计概算和技术设计阶段编制修正概算的依据。

(2) 对设计项目进行技术经济分析和比较的基础资料之一。

(3) 编制建设项目主要材料计划的参考依据。

(4) 编制概算指标的依据。

(5) 编制招标控制价和投标报价的依据。

2. 概算定额的编制依据

(1) 现行的预算定额。

(2) 过去的预算定额。

(3) 有关施工图的预算和结算资料。

(4) 选择的具有代表性的标准设计图纸和其他设计资料。

(5) 人工工资标准、材料预算价格和机械台班预算价格。

一、概算定额的编制原则

(1) 概算定额是按社会平均水平编制的，定额水平同预算定额。

(2) 简明适用。概算定额是由预算定额综合而成的。按照《建设工程工程量清单计价规范》的要求，为适应工程招标投标的需求，有的地方预算定额项目的综合有些已与概算定额项目一致，如挖土方只一个项目，不再划分一、二、三、四类土。砖墙也只有一个项目，综合了外墙、半砖、一砖、一砖半、二砖、二砖半墙等。化粪池、水池等按“座”计算，综合了土方、砌筑或结构配件全部项目。

二、概算定额的编制方法

概算定额是在预算定额基础上综合而成的,每一项概算定额项目都包括了数项预算定额的项目。概算定额的编制方法如下:

(1)直接利用综合预算定额。

(2)在预算定额基础上,再合并其他次要项目。

(3)改变计量单位。

(4)工程量计算规则简化。

概算定额与预算定额都是以建(构)筑物各个结构部分和分部分项工程为单位表示的,内容也包括人工、材料和机械台班使用量定额三个基本部分,并列有基准价。概算定额表达的主要内容、表达的主要方式及基本使用方法都与预算定额相近,不同点在于项目划分和综合扩大程度上的差异。概算定额以单位扩大分项工程或扩大结构构件为对象编制,预算定额以单位分项工程或结构构件为对象编制。

第六节　工 程 实 例

【例 1-2-5】 已知某工程土壤为二类土,土方工程人工挖基槽的工程量是 1 201.33m,每 100m 的一、二类土(开挖深度 2m 以内)人工挖基槽的综合工日数为 33.74 工日,电动打夯机的台班数是 0.18 台班,土壤含水率是 33%(定额说明规定:土壤含水率大于 25% 时,定额人工、机械乘以 1.15),试计算该土方工程人工挖基槽的综合工日数和电动打夯机的台班数。

【解】 该土方工程人工挖基槽的综合工日数 $=(1\ 201.33 \div 100)\times 33.74 \times 1.15$

$=466.13$(工日)

该土方工程人工挖基槽电动打夯机的台班的台班数 $=(1\ 201.33 \div 100)\times 0.18 \times 1.15$

$=2.49$(台班)

【例 1-2-6】 某砖外墙干黏石(墙面分格),按施工定额工程量计算规则计算,干黏石面积为 $3\ 200m^2$,时间定额为 2.62 工日/$10m^2$,试计算其工料用量。

【解】 查表,工日消耗量 $=2.62\times 3\ 200/10=838.4$(工日)

水泥用量 $=92\times 3\ 200/10=29\ 440$(kg)

砂用量 $=324\times 3\ 200/10=103\ 680$(kg)

石碴用量 $=60\times 3\ 200/10=19\ 200$(kg)

【例 1-2-7】 计算两砖基础 $10m^3$ 的材料消耗量。已知:砖施工损耗率为 4%,砂浆施工损耗率为 1%。按定额工程量规则应扣除基础管道孔所占体积,经测算,基础管道孔所占体积每 $1m^3$ 扣 1.4 块砖。

【解】 标准砖净用量($/10m^3$) $=2/[$(砖宽 + 灰缝)(砖厚 + 灰缝)(2 砖长 + 灰缝)$/10]$

$=5\ 183$(块$/10m^3$)

扣除管道孔体积后标准砖用量为:$5\ 183-1.4\times 10=5\ 169$(块$/10m^3$)

则: 砖消耗量 $=5\ 169/(1-4\%)=5\ 190.7$(块$/10m^3$)

砂浆净用量($/10m^3$) $=10-0.24\times 0.115\times 0.053\times 5\ 183=2.418$($m^3$)

扣除管道孔体积后砂浆用量为：

$2.418-(0.24+0.01)\times(0.115+0.01)\times(0.053+0.01)\times1.4\times10=2.390(m^3)$

则：　砂浆消耗量 $=2.390/(1-1\%)=2.414(m^3)$

思考题

1-2-1　什么是工程定额？

1-2-2　定额的特性有哪些？说明其相互关系。

1-2-3　定额的作用有哪些？

1-2-4　什么是施工定额？施工定额的作用有哪些？

1-2-5　什么是预算定额？预算定额的作用有哪些？

1-2-6　简述预算定额与施工定额的区别和联系。

1-2-7　预算定额的编制原则有哪些？

1-2-8　什么是概算定额？概算定额的作用有哪些？

1-2-9　概算定额的编制依据是什么？

习题

1-2-1　现测定一砖基础墙的时间定额，已知每立方米砌体的基本工作时间为140工分，准备与结束时间、休息时间、不可避免的中断时间占时间定额的百分比分别为5.45%、5.84%、2.49%，辅助工作时间不计，试确定其时间定额和产量定额。

1-2-2　某抹灰班组有13名工人，抹某住宅楼混砂墙面，25天完成施工任务，已知产量定额为 $10.2m^2$/工日，试计算抹灰班组应完成的抹灰面积。

1-2-3　某工程现浇钢筋混凝土独立基础，$1m^2$ 独立基础的模板接触面积为 $3.2m^2$，每平方米模板接触面积需用板材 $0.084m^3$，制作损耗率为2%，模板周转6次，每次周转损耗率为16.6%，计算该基础模板的周转使用量、回收量和施工定额摊销量。

1-2-4　预制钢筋混凝土柱 $10m^3$，模板一次使用量为 $10.20m^3$，周转25次，计算摊销量。

第三章　地下工程预算费用

第一节　概　　述

不管是什么类型的企业都要编制费用预算，目的就是对各种费用加以控制，降低成本费用率，以提高企业的市场竞争力。

1. 费用预算编制的基础

费用预算编制的基础，是企业的收入预算或回款预算。只有收入预算或回款预算编制完成以后，才能确定企业费用预算。因为企业大部分费用是随着企业收入的增加而增加，随着收入或回款的减少而减少。脱离收入或回款的费用预算是没有意义的，尤其对于销售型企业、服务型企业，因为对于这些企业来说，收入与费用的关系更密切、更直接，相对制造行业来说更简单。

2. 收入与回款预算的编制

收入与回款预算的编制过程往往是上级部门与下级的基层部门讨价还价的过程。首先企业的上级部门根据企业的战略目标，制定收入与回款预算，而企业的基层部门根据自身的情况，同样制定收入与回款预算，两者并不一定一致，往往是不一致的，经过不断的切磋磨合，最后确定企业的收入与回款预算。

3. 费用预算编制的基本思想

编制费用预算的最终目的是对费用进行控制，那么控制的依据是什么呢？一般的原则是企业的费用要逐年减少。这里指的不是费用的绝对值，而是相对企业的收入来说的相对值。更明确地说，就是企业的费用率（费用/收入）在前一年的基础上持续降低，不断地挤压水分。当然降低或挤压的程度要把握好，否则会适得其反。也就是说，费用预算的编制要以上一年实际发生的费用为依据进行，以达到每年的管理都在上一年的基础上，持续改进的目的。

有些企业的实际做法是：收入预算比过去一年的实际收入要高，而费用预算往往就是去年实际发生额或略有增长，这实际就达到了未来一年的费用相对收入来说，比前一年实际发生的要少，在前一年的基础上持续降低，当然也不能年年都这样做费用预算，因为水分总有被挤干的一天。

4. 费用预算编制的方法

编制预算的方法有很多，如零基预算、固定预算、滚动预算、概率预算、弹性预算等，根据费用与收入的关系，尤其对销售型企业或服务性企业来说，编制费用预算可以采用一种固定预算与滚动预算（也许不是一般意义上的滚动预算）相结合的方法。方法如下：

首先根据费用与收入的关系不同，把费用分为不同的类别，不同类别的费用，采用不同的预算编制方法。

(1)固定费用

这种费用在几年的时间里,基本不随收入的变化而变化,如企业的财务费用。为了规避财务风险,企业往往保持一定的借款量。这部分费用,编制费用预算时是可以作为一个固定的数考虑。

(2)相对固定费用

这种费用在收入变化一定的范围内,基本保持不变,在实际中可能一年才变一次,是企业维持一定规模正常运营的最低费用,如员工的基本工资、社会保险,企业办公地的房租、水电费以及一部分业务招待费等。

(3)变动费用

这种费用基本上是随着收入的变化而发生变化,如招待费、差旅费等。这种费用不能以固定预算的方式进行编制,因为它的大小直接与实际现收入挂钩,实际收入多,这种费用的预算就多,反之就少。因此变动费用预算只有企业实际实现收入或回款时才能确定,要用"滚动预算"的方法编制。

第二节　工程费用组成

工程预算总费用由直接工程费、间接费、利润、税金组成。

1. 直接工程费

直接工程费是指直接消耗在安装工程中的,构成工程实体和有助于工程形成的各种费用,包括直接费和其他直接费。

(1)直接费

消耗在工程中的,构成工程直接成本的各种费用的总和,包括主材费、安装费等。

$$主材费 = \sum 分项工程量 \times 主材定额耗量指标 \times 主材现行预算单价$$

$$主材定额耗量 = 安装工程量 \times (1 + 损耗量)$$

安装费:在施工过程中耗用、构成工程实体、以定额为计费基础的各项费用之和,由人工费、材料费、施工机械使用费组成。

人工费 $= \sum$ 分项工程量 $\times$ 相应项目人工费基价(不包括项目施工管理人员、材料采购保管员、机械操作员的工资费用)。

$$材料费 = \sum 分项工程量 \times 相应项目材料费基价$$

$$施工机械使用费 = \sum 分项工程量 \times 相应项目机械费基价$$

$$安装费 = 人工费 + 材料费 + 施工机械使用费(= \sum 分项工程量 \times 定额基价)$$

(2)其他直接费

工程安装直接费中没有包括,但在工程施工中可能发生的,具有直接费性质的有关费用。包括冬雨季施工、夜间施工增加费、检验试验费、临时设施费等。

2. 间接费

施工单位为组织施工和进行经营管理以及间接为施工生产服务的各项费用之和,包括管理费、劳动保险费及其他费。

3. 利润

按国家税收规定应计入安装工程造价的利润。

4. 税金

按国家税法规定的应计入安装工程造价内的营业税(3%)、城市建设维护税(7%、5%、1%)、教育费附加(3%)。

第三节 直接工程费

一、直接费

直接费由人工费、材料费、施工机械使用费和其他直接费组成。直接费的内容如下:

1. 人工费

人工费是指列入概预算定额的直接从事建筑安装工程施工的生产工人的基本工资、工资性津贴及属于生产工人开支范围的各项费用,内容包括:

(1)生产工人的基本工资、工资性质的津贴(包括副食品补贴、煤粮差价补贴、上下班交通补贴等)。

(2)生产工人辅助工资,指开会和执行必要的社会义务时间的工资,职工学习、培训期间的工资,调动工作期间的工资和探亲假期的工资,因气候影响停工的工资,女工哺乳时间的工资,由行政直接支付的病(6个月以内)、产、婚、丧假期的工资,徒工服装补助费等。

(3)生产工人工资附加费,指按国家规定计算的支付生产工人的职工福利基金和工会经费。

(4)生产工人劳动保护费,指按国家有关部门规定标准发放的劳动保护用品的购置费、修理费和保健费、防暑降温费等。

2. 材料费

材料费是指列入概预算定额的材料、构配件、零件和半成品的用量以及周转材料的摊销量按相应的预算价格计算的费用。

$$材料预算价格=(供应价格+市内运费)\times(1+采购及保管费率)-包装回收值$$

$$供应价格=材料原价+供销部门手续费+包装费+外埠运费$$

3. 施工机械使用费

施工机械使用费是指列入概预算定额的施工机械台班量按相应机械台班费定额计算的建筑安装工程施工机械使用费,施工机械安、拆及进出场费和定额所列其他机械费。施工机械使用费以“台班”为计量单位,一台某种机械工作8h,称为一个台班。为使机械正常运转,一个台班中所支出和分摊的各种费用之和,称为机械台班使用费或机械台班单价。

1)第一类费用的计算

(1)折旧费

折旧费是指机械设备在规定的使用期限内陆续收回其原值及偿付贷款利息等的费用。其计算公式为:

台班折旧费=[机械预算价格×(1-残值率)+贷款利息]/使用总台班

(2)大修理费

大修理费指机械设备按规定的大修理间隔台班必须进行大修理,以恢复其正常功能所需的费用。其计算公式为:

台班大修理费=一次大修费×大修理次数/使用总台班

(3)经常修理费

经常修理费指机械设备除大修理以外必须进行的各级保养(包括一、二、三级保养)及临时故障排除所需费用;为保障机械正常运转所需替换设备、随机使用工具、附具摊销和维护的费用;机械运转与日常保养所需润滑油脂、擦拭材料费用和机械停置期间的维护保养费用等。其计算公式为:

台班经常修理费=台班大修理费×K_a

式中:K_a为台班经常维修系数,K_a=台班经常修理费/台班大修理费。

(4)安拆费及场外运输费

①安拆费

安拆费是指机械在施工现场进行安装、拆卸所需的人工、材料、机械费、试运转费以及安装所需的辅助设施的折旧、搭设、拆除等费用。其计算公式为:

台班安拆费=机械一次安装拆卸费×每年平均安装拆卸次数/年工作台班

②场外运输费

场外运输费是指机械整体或分件自停放场地运至施工现场或由一个工地运至另一个工地,运距25km以内的机械进出场运输及转移(机械的装卸、运输、辅助材料等)费用。其计算公式为:

台班场外运费=(一次运输及装卸费+辅助材料一次摊消费+一次绞线费)×
年运输次数/年工作台班

2)第二类费用的计算

(1)人工费

人工费是指机上司机及其他操作人员的工作日工资及上述人员在机械规定的年工作台班以外基本工资和工资性津贴。其计算公式为:

台班人工费=机上操作人员人工工日数×人日工日单价

(2)动力燃料费

动力燃料费是指机械在运转施工作业中所耗用的电力、固体燃料(煤、木柴)、液体燃料

(汽油、柴油)、水和风力等费用。其计算公式为:

台班动力燃料费 = 台班动力燃料消耗量 × 动力燃料的预算单价

(3)养路费及车船使用税

养路费及车船使用税是指机械按国家及省、市有关规定应交纳的养路费、运输管理费、车辆年检费、牌照费和车船使用税等的台班摊销费用。

二、其他直接费

其他直接费是指概预算定额分项定额规定以外发生的费用,内容包括:

(1)冬雨季施工增加费。

(2)夜间施工增加费。

(3)流动施工津贴。

(4)因场地狭小等特殊情况而发生的材料二次搬运费。

(5)生产工具用具使用费。指施工、生产所需不属于固定资产的生产工具,检验、试验用具等的购置、摊销和维修费,以及支付给工人自备工具的补贴费。

(6)检验试验费。指对建筑材料、构件和建筑安装物进行一般鉴定、检查所发生的费用,包括自设试验室进行试验所耗用的材料和化学药品费用等,以及技术革新和研究试验费。不包括新结构、新材料的试验费和建设单位要求对具有出厂合格证明的材料进行检验、对构件破坏性试验及其他特殊要求检验试验的费用。

(7)工程定位复测、工程点交、场地清理费用。

三、现场经费

现场经费是指施工准备、组织施工生产和管理所需费用。

1. 现场经费的特点

现场经费的特点有以下几个方面:

(1)它是为施工管理所发生而又不便直接计算在某一单位工程上的费用。

(2)它不是直接消耗在工程实体上的费用,但又必须采取费率的形式分摊到每个单位工程上去。

(3)现场经费和间接费定额是构成工程造价的重要部分。它具有法令性和综合性特点,在当前,各建设单位不能因工程条件的不同,而改变取费标准。

2. 现场经费的内容

现场经费的内容包括:

1)临时设施费

施工企业为进行建筑工程施工所必需的生活和生产用的临时建筑物、构筑物和其他临时设施费用等。

临时设施包括:临时宿舍、文化福利及公用事业房屋与构筑物,仓库、办公室、加工厂以及规定范围内道路、水、电、管线等临时设施和小型临时设施。

临时设施费用内容包括临时设施的搭设、维修、拆除费或摊销费。

2)现场管理费

施工单位如工程处、施工队、工区等为组织和管理施工生产活动所发生的各项费用,包括:

(1)现场管理人员的基本工资、工资性补贴、职工福利费、劳动保护费等。

(2)办公费是指现场管理办公用的文具、纸张、账表、印刷、邮电、书报、会议、水、电、烧水和集体取暖(包括现场临时宿舍取暖)用煤等费用。

3)差旅交通费

职工因公出差期间的差旅费、住勤补贴费、市内交通费和误餐补贴费、职工探亲路费、劳动力招募费、职工离退休和退职一次性路费、工伤人员就医路费、工地转移费以及现场使用的交通工具的油料、燃料、养路费及牌照费。

4)固定资产使用费

现场管理及试验部门使用的属于固定资产的设备、仪器等的折旧、大修理、维修费或租赁费等。

5)工具用具使用费

现场管理使用的不属于固定资产的工具、器具、家具、交通工具和检验、试验、测绘、消防用具等的购置、维修和摊销费。

6)保险费

施工管理用财产、车辆保险,高空、井下、海上作业等特殊工种安全保险等。

7)工程保修费

工程竣工交付使用后,在规定保修期内的修理费用。

8)工程排污费

施工现场按有关规定交纳的排污费用。

9)其他费用

在施工管理中发生的不属于上述内容的其他费用。

3.现场经费的作用

现场经费费率的高低,将直接影响对工程造价的控制,因为工程造价构成中的现场经费,是同工程直接费密切相关的,是计算的基础。所以,现场经费费率的合理确定是控制工程造价的主要因素之一。

现场经费是加强建筑企业内部经济核算,提高企业经营管理水平的工具。规定一个合理的费率,既能控制支出和降低工程造价,又有利于促使企业深化改革,努力提高劳动生产率,多完成任务,精简机构层次,压缩非生产人员,提高管理工作效率,控制非生产性开支,达到增收节支的目的。因此,它又是促进企业改革,考核企业管理水平,加强经济核算的重要工具。

其他直接费和现场经费或称为措施费。

【例 1-3-1】 如砌砖单位估价表所示,综合用工为 13.23 工日/$10m^3$,日工资标准为 20.5 元/$10m^3$,用标准砖砌砖基础 $10m^3$,求其人工费。

【解】 人工费 $=13.23\times20.5=271.22$(元/$10m^3$)

【例 1-3-2】 某工程使用425号普通硅酸盐袋装水泥，出厂价格为222元/t，水泥外埠运费20元/t，市内运输费为5.5元/t，供销部门手续费率为3%，采购及保管费率为2%，每袋水泥为50kg，水泥袋采用纸袋，包装袋原价为1.0元/个，回收率为50%，回收折价率为50%，求每吨水泥的预算价格。

【解】 (1)425号普通硅酸盐水泥原价为222元/t。

(2)供销部门手续费：222×3% = 6.66元/t。

(3)包装费：包装费已在水泥原价内，不另计算。其回收值应在预算价格内扣除。包装袋原价为1.0元/个。包装品回收值为：1.0×50%×50%×(1 000/50) =5元/t。

(4)运输费：外埠运费20元/t，市内运费5.5元/t。

(5)材料采购及保管费：(222+6.66+20+5.5)×2% =5.08(元/t)

则：水泥预算价格为：222+6.66+20+5.5+5.08-5=254.24(元/t)

第四节　间　接　费

间接费是指虽不直接由施工的工艺过程所引起，却与工程的总体有关的，建筑企业为组织施工和进行经营管理，以及间接为建筑生产服务的各项费用。间接费由规费和企业管理费组成。

一、规费

规费是政府和有关行政管理部门规定必须缴纳的费用(简称规费)。

1.规费的内容

(1)工程排污费：施工现场按规定缴纳的工程排污费。

(2)管理部门的定额测定费。

(3)社会保险费：包括养老保险费、失业保险费、医疗保险费。其中养老保险是指企业按照规定标准为职工缴纳的基本养老保险费，养老保险费 = 税前造价×3.5%；失业保险费是指企业按照国家规定标准为职工缴纳的失业保险费，失业保险费 = 税前造价×2.24%；医疗保险是指企业按照规定标准为职工缴纳的医疗保险费，医疗保险 = 费税前造价×2.24%。

(4)住房公积金：是指企业按规定标准为职工缴纳的住房公积金。

(5)危险作业意外伤害保险：按照《建筑法》规定，企业为从事危险作业的建筑安装施工人员支付的意外伤害保险，危险作业意外伤害保险 = 税前造价×2.24%。

2.规费的计算

规费 = 计算基数×规费费率

计算基数可采用“直接费”、“人工费和机械费合计”或“人工费”，规费的计算一般按国家及有关部门规定的计算公式和费率进行。

二、企业管理费

1.企业管理费的内容

企业管理费是指建筑安装企业组织施工生产和经营管理所需费用,包括以下内容:

1)企业管理部门及职工方面的费用

(1)公司经费:指直接在企业行政管理部门发生的行政管理部门职工工资、修理费、物料消耗、低值易耗品摊销、办公费和差旅费等。

(2)工会经费:指按职工工资总额(扣除按规定标准发放的住房补贴,下同)的2%计提并拨交给工会使用的经费。

(3)职工教育经费:指按职工工资总额的15%计提,用于职工培训、学习的费用。

(4)劳动保险费:指企业支付离退休职工的退休金(包括按规定交纳地方统筹退休金)、价格补贴、医药费(包括支付离退休人员参加医疗保险的费用)、异地安家费、职工退职金、6个月以上病假人员工资、职工死亡丧葬补助费、抚恤费、按规定支付给离休人员的其他费用。

(5)待业保险费:指企业按规定交纳的待业保险基金。

2)用于企业直接管理之外的费用

(1)董事会费:指企业董事会或最高权力机构及其成员为执行职权而发生的各项费用,包括成员津贴、差旅费、会议费等。

(2)咨询费:指企业向有关咨询机构进行生产技术经营管理咨询所支付的费用或支付企业经济顾问、法律顾问、技术顾问的费用。

(3)聘请中介机构费:指企业聘请会计师事务所进行查账、验资、资产评估、清账等发生的费用。

(4)诉讼费:指企业向法院起诉或应诉而支付的费用。

(5)税金:指企业按规定交纳的房产税、车船使用税、土地使用税、印花税等。

(6)矿产资源补偿费:指企业在中华人民共和国领域和其他管辖海域开采矿产资源,按照主营业务收入的一定比例缴纳的矿产资源补偿费。

3)提供生产技术条件的费用

(1)排污费:指企业根据环保部门的规定交纳的排污费用。

(2)绿化费:指企业区域内零星绿化费用。

(3)技术转让费:指企业使用非专利技术而支付的费用。

(4)研究与开发费:指企业开发新产品、新技术所发生的新产品设计费、工艺规程制定费、设备调试费、原材料和半成品的试验、技术图书资料费、未纳入国家计划的中间试验费、研究人员的工资、研究设备的折旧、与新产品、新技术研究有关的其他经费、委托其他单位进行的科研试制的费用以及试制失败损失等。

(5)无形资产摊销:指企业分期摊销的无形资产价值。包括专利权、商标权、著作权、土地使用权、非专利技术和商誉等的摊销。

(6)长期待摊费用摊销:指企业对分摊期限在一年以上的各项费用在费用项目的受益期限内分期平均摊销,包括按大修理间隔期平均摊销的固定资产大修理支出、在租赁期限与租赁资产尚可使用年限两者就短的期限内平均摊销的租入固定资产改良支出以及在受益期内平均摊销的其他长期待摊费用的摊销。

4)购销业务的应酬费

其中主要指业务招待费,即企业为业务经营的合理需要而支付的费用,这些费用应据实列入管理费用。

5)损失或准备的预留费用

(1)坏账准备:指企业按应收款项的一定比例计提的坏账准备。

(2)存货跌价准备:指企业按存货的期末可变现净值低于其成本的差额计提的存货跌价准备。

(3)存货盘亏和盘盈:指企业存货盘点的盈亏、盘盈净额,但不包括应计入营业外支出的存货损失。

6)其他费用

指不包括在以上各项之内又应列入管理费用的费用。

2. 企业管理费的计算

企业管理费的计算主要有两种方法:公式计算法和费用分析法。

1)公式计算法

利用公式计算法计算企业管理费的方法比较简单,也是投标人经常采用的一种计算方法,其计算公式为:

企业管理费 = 计算基数 × 企业管理费费率

其中企业管理费费率的计算因计算基数不同,分为三种:

(1)以直接费为计算基数:

企业管理费率 = 生产工人年平均管理费/(年有效施工天数 × 人工单价) × 人工费占直接费比例

(2)以人工费和机械费为计算基数:

企业管理费率 = 生产工人年平均管理费/年有效施工天数 × (人工单价 + 每一工日机械使用费) ×100%

(3)以人工费为计算基数:

企业管理费率 = 生产工人年平均管理费/(年有效施工天数 × 人工单价) ×100%

2)费用分析法

用费用分析计算企业管理费就是根据企业管理费的构成,结合具体的工程项目确定各项费用的发生额,公式计算法为:

企业管理费 = 管理人员工资 + 办公费 + 差旅交通费 + 固定资产使用费 + 工具用具使用费 + 劳动保险费 + 工会经费 + 职工教育经费 + 财产保险费 + 财务费 + 税金 + 其他

三、财务费用

财务费用指企业在生产经营过程中为筹集资金而发生的筹资费用,包括企业生产经营期间发生的利息支出(减利息收入)、汇兑损益(有的企业如商品流通企业、保险企业进行单独核算,不包括在财务费用)、金融机构手续费,企业发生的现金折扣或收到的现金折扣等。但在企业筹建期间发生的利息支出，应计入开办费；为购建或生产满足资本化条件的资产发生的应予以资本化的借款费用，在“在建工程”、“制造费用”等账户核算。

1. 具体内容

(1)利息支出

利息支出指企业短期借款利息、长期借款利息、应付票据利息、票据贴现利息、应付债券利息、长期应付引进国外设备款利息等利息支出(除资本化的利息外)减去银行存款等的利息收入后的净额。

(2)汇兑损失

汇兑损失指企业因向银行结售或购入外汇而产生的银行买入、卖出价与记账所采用的汇率之间的差额，以及月度(季度、年度)终了，各种外币账户的外币期末余额按照期末规定汇率折合的记账人民币金额与原账面人民币金额之间的差额等。

(3)相关的手续费

相关的手续费指发行债券所需支付的手续费(需资本化的手续费除外)、开出汇票的银行手续费、调剂外汇手续费等，但不包括发行股票所支付的手续费等。

(4)其他财务费用

其他财务费用指融资租入固定资产发生的融资租赁费用等。

2. 分配情况

在企业筹建期间发生的利息支出，应计入开办费；与购建固定资产或者无形资产有关的，在资产尚未交付使用或者虽已交付使用但尚未办理竣工决算之前的利息支出，计入购建资产的价值；清算期间发生的利息支出，计入清算损益。

经营期间发生的手续费、工本费等不能记入财务费用，而应记入管理费用下的办公费。

为购建固定资产的专门借款所发生的借款费用，在固定资产达到预定可使用状态前按规定应予资本化的部分，计入在建工程，不作为财务费用核算。筹建期间的财务费用计入管理费用。

四、其他费用

1. 其他费用的构成

其他费用是指按规定支付的定额编制测定费、工程投标管理费以及上级管理费等。

2. 其他费用的计算

其他费用与企业管理费、财务费用一起组成间接费内容，按一定费率一并计算。

第五节　利润和税金

一、利润

利润的计算包括：

(1)主营业务利润 = 主营业务收入 - 主营业务成本 - 主营业务税金及附加

(2)其他业务利润 = 其他业务收入 − 其他业务支出

(3)营业利润 = 主营业务利润 + 其他业务利润 − 营业费用 − 管理费用 − 财务费用

(4)利润总额 = 营业利润 + 投资收益 + 补贴收入 + 营业外收入 − 营业外支出

(5)净利润 = 利润总额 − 所得税

二、税金

税金指企业发生的除企业所得税和允许抵扣的增值税以外的企业缴纳的各项税金及其附加。即企业按规定缴纳的消费税、营业税、城乡维护建设税、关税、资源税、土地增值税、房产税、车船税、土地使用税、印花税、教育费附加等产品销售税金及附加。

工程税计算公式如下。

1. 增值税

(1)一般纳税人

应纳税额 = 销项税额 − 进项税

销项税额 = 销售额 × 税率(此处税率为 17%)

组成计税价格 = 成本 ×(1 + 成本利润率)

当该项应税消费品为委托加工方式的时:

组成计税价格 = 成本 ×(1 + 成本利润率)/(1 − 消费税税率)

禁止抵扣人进项税额 = 当月全部的进项税额 ×
(当月免税项目销售额,非应税项目营业额的合计 ÷
当月全部销售,营业额合计)

(2)进口货物

应纳税额 = 组成计税价格 × 税率

组成计税价格 = 关税完税价格 + 关税 + 消费税

(3)小规模纳税人

应纳税额 = 销售额 × 征收率

销售额 = 含税销售额 ÷(1 + 征收率)

2. 消费税

(1)一般情况

应纳税额 = 销售额 × 税率

不含税销售额 = 含税销售额/(1 + 增值税税率或征收率)

组成计税价格 =(成本 + 利润)/(1 − 消费税率)

组成计税价格 = 成本 ×(1 + 成本利润率)/(1 − 消费税税率)

组成计税价格 =(材料成本 + 加工费)/(1 − 消费税税率)

组成计税价格 =(关税完税价格 + 关税)/(1 − 消费税税率)

(2)从量计征

$$应纳税额=销售数量\times单位税额$$

(3)营业税

$$应纳税额=营业额\times税率$$

3. 关税

(1)从价计征

$$应纳税额=应税进口货物数量\times单位完税价\times适用税率$$

(2)从量计征

$$应纳税额=应税进口货物数量\times关税单位税额$$

(3)复合计征

$$应纳税额=应税进口货物数量\times关税单位税额+应税进口货物数量\times单位完税价格\times适用税率$$

4. 企业所得税

$$应纳税所得额=收入总额-准予扣除项目金额$$

$$应纳税所得额=利润总额+纳税调整增加额-纳税调整减少额$$

$$应纳税额=应纳税所得额\times税率$$

$$月预缴额=月应纳税所得额\times25\%$$

$$月应纳税所得额=上年应纳税所得额\times1/12$$

5. 外商投资企业和外商企业所得税

(1)应纳税所得额

①制造业

$$应纳税所得额=产品销售利润+其他业务利润+营业外收入-营业外支出$$

②商业

$$应纳税所得额=销售利润+其他业务利润+营业外收入-营业外支出$$

③服务业

$$应纳税所得额=业务收入\times净额+营业外收入-营业外支出$$

(2)再投资退税

$$再投资退税=再投资额\times(1-综合税率)\times税率\times退税率$$

6. 个人所得税

(1)工资薪金所得

$$应纳税额=应纳税所得额\times使用税率-速算扣除数$$

(2)稿酬所得

$$应纳税额=应纳税所得额\times使用税率\times(1-30\%)$$

(3)其他各项所得

$$应纳税额=应纳税所得额\times使用税率$$

7. 其他税收

(1)城镇土地使用税

$$年应纳税额=计税土地面积(m^2)\times使用税率$$

(2)房地产税

$$年应纳税额=应税房产原值\times(1-扣除比例)\times1.2\%$$

或

$$年应纳税额=租金收入\times12\%$$

(3)资源税

$$年应纳税额=课税数量\times单位税额$$

(4)土地增值税

$$增值税=转让房地产取得的收入-扣除项目$$

$$应纳税额=\sum(每级距的土地增值额\times适用税率)$$

(5)契税

$$契税=应纳税额计税依据\times税率$$

第六节　劳动保险基金和单独计取费用

一、劳动保险基金

劳动保险基金,是指企业支付离退休职工的退休金和其他属于劳动保险基金内开支的费用。具体执行办法和标准按省建委、省劳动厅、省财政厅、省建设银行的有关规定执行。由各级建委劳保基金行业统筹办公室统一收取和管理。

二、单独计取费用

(1)特殊保健费,是指施工企业参加特殊工程(厂区有毒有害环境、沥青路面、顶管工程、潜水、井下作业等)施工的保健费。

(2)远地施工增加费,是指施工企业到离开公司基地25km及以上施工所增加的费用。包括增加的职工差旅费、探亲费及集中食宿增加的生活用车和生活用具使用费、运输费等。

(3)施工机构迁移费,是指施工企业根据建设任务的需要,经有关部门决定成建制地(指公司或公司所属的工程处、工区)由原住地迁移到25km以外施工的一次性搬迁费用。内容包括职工及随同家属的差旅费,调迁期间的工资,施工机械、工具用具和周转性材料的搬迁费。不包括:

①应由施工企业自行负担的25km以内调动施工力量以及内部平衡施工力量所发生的迁移费用。

②因中标而引起的施工机构迁移所发生的迁移费。

符合计算施工机构迁移费的工程完工后,施工机构调往另一建设单位,其调出的迁移费由新的建设单位负担。如无任务需返回原驻地,其返回费用仍由原调入的建设单位负担。

第七节　材料价差

材料价差就是指材料的市场信息价和定额价之间的差值。

1. 发生的原因

直接材料价格差异发生的原因很多,如市场价格的变动、材料采购来源的变动、订货批量的大小、运输方式与途径不同、可利用的数量折扣、紧急订货等,任何一项脱离制订标准成本时的预定要求,都将形成价格差异。因此对直接材料价格差异的形成和责任,应当根据具体情况作具体的分析,有的属于外部原因,有的则属于企业本身的责任。凡属采购工作所引起的差异应由采购部门负责,也有的是生产上的原因所造成的差异,如紧急订货,则应由生产部门负责。只有明确原因,分清责任,才能发挥价格差异计算分析应有的作用。

材料价格差异的形成受各种主客观因素的影响,较为复杂。但由于它与采购部门的关系更为密切,所以其主要责任部门是采购部门。

2. 计算

$$\begin{aligned}\text{直接材料价格差异} &= \text{实际数量} \times \text{实际价格} - \text{实际数量} \times \text{标准价格} \\ &= (\text{实际价格} - \text{标准价格}) \times \text{实际数量}\end{aligned}$$

例如,某电机厂本月生产产品500件,使用材料3 000kg,材料单价0.55元/kg,每kg材料的标准价格为0.5元,则直接材料价格差异 $= 3\,000 \times (0.55 - 0.5) = 150$(元)

第八节　工程取费标准和计算

一、湖南省建筑工程分类标准

根据建设部,中国人民建设银行建标(1993)894号文件关于"目前可由各地区、各部门依工程规模大小,技术难易程度,工期长短等划分不同工程类型,以编制年度市场价格水平,分别制定具有上下限幅度的指导性费率"的精神,参照建设部(84)城字第84号文颁发的《建筑企业营业管理条例》中划定的营业范围,结合我省现行的取费标准以及我省建筑工程的具体情况,按建筑工程的结构、高度、跨度和施工技术复杂程度将土建工程类别划分如下。

1. 一般土建工程

1)符合下列条件之一者为一类建筑工程

(1)钢网架屋盖工程或升板结构楼盖工程。

(2)12 层(按能计算建筑面积的)以上的或檐口高度 36m 以上的多层建筑。

(3)跨度在 24m 以上或檐口高度在 18m 以上的单层建筑。

(4)设有双层吊车或吊车起重能力在 50t 以上的工业厂房。

(5)单位工程建筑面积在 10 000m^2 以上的建筑物。

(6)钢及钢筋混凝土结构,高度在 50m 以上或直径(其他形状为最小边长)在 20m 以上的构筑物。

(7)砖石或砖混结构,高度在 60m 以上者或直径(其他形状为最小边长)在 20m 以上的构筑物。

(8)铜或钢筋混凝土结构,形状复杂(如球型、椭圆型、双曲线型、圆锥形等)的构筑物和设备基础。

(9)外墙为曲线形或为其他复杂形状,其工程量若占整个外墙工程量的 30% 以上者,且檐口高度在 30m 以上的多层建筑物。

2)达不到一类工程标准,符合下列条件之一者为二类工程

(1)钢结构工程(不含钢网架)或有后张法预应力,后张自锚法结构,其面积占整个面积的 50% 以上的工程;大板或框架轻板工程,内浇外挂,内浇外砌工程或全部现浇钢筋混凝土剪力墙工程,6 层以上的钢筋混凝土框架结构工程。

(2)9 ~ 12 层或檐口高度在 26 ~ 36m 的多层建筑物。

(3)跨度在 18 ~ 24m 或檐口高度在 12 ~ 18m 的单层建筑。

(4)没有吊车,其起重能力为 30 ~ 50t 的工业厂房。

(5)一级施工企业总包的大、中型工业建设项目的生产性建筑物或构筑物中有低于二类工程标准的单位工程按二类工程计费。

(6)单位工程建筑面积在 6 000 ~ 10 000m^2 的建筑物。

(7)钢及铜筋混凝土结构,高度在 45 ~ 50m 或直径(其他形状为最小边长)12 ~ 20m 的构筑物。

(8)砖石或砖混结构,高度在 45 ~ 60m 或直径(其他形状为最小边长)12 ~ 20m 的构筑物。

(9)钢筋混凝土结构的贮仓,囤仓、江边钢筋混凝土水泵房(不受本条第 7 款的限制)。

(10)钢筋混凝土各种形式的支架及栈桥,微波塔。

(11)外墙为曲线型或为其他复杂形状,其工程量若占整个外墙工程量的 15% 以上者,且檐口高度在 20m 以上的多层建筑物。

3)达不到一、二类工程标准,符合下列条件之一者为三类工程

(1)3 ~ 6 层的钢筋混凝土框架结构的工程或屋面梁、屋架、吊车梁、托架、柱、墙板是预应力构件(不含预应力空心板、屋面板、门窗框和门窗扇等)或钢筋混凝土装配式结构的工程。

(2)6 ~ 8 层或檐口高度在 20 ~ 26m 的多层建筑物。

(3)跨度在 12 ~ 18m 或檐口高度 10 ~ 12m 的单层工业厂房,或跨度在 15 ~ 18m 或檐口高度在 12m 以上的单层公共建筑。

(4)设有吊车,其起重能力为 30t 以下的工业厂房。

(5)单位工程建筑面积在 3 000 ~ 6 000m^2 的建筑物。

(6)二级企业总包的工业建设项目的生产性建筑物或构筑物中有低于三类工程标准的单位工程,按三类工程取费。

(7)高度在30~45m的砖烟囱,水塔或直径(其他形状为最小边长)在8~12m的构筑物,8m高以上的砖石挡土墙、护坡。除一、二类工程以外的钢及钢筋混凝土构筑物。形状简单的设备基础(带型、阶梯型、方型等)。

(8)室外排水进管道的铺设。

(9)外墙为曲线型或为其他复杂形状,且檐口高度在20m以下的多层建筑物。

4)达不到一、二、三类工程标准,符合下列条件之一者为四类工程

(1)2~6层或檐口高度在6~20m的多层建筑物。

(2)跨度在6~12m、檐口高度在6~10m的工业建筑,或跨度6~15m、檐口高度6~12m的单层公共建筑。

(3)单位工程建筑面积在500~3 000m^2的建筑物。

(4)3层以下的钢筋混凝土框架构工程。

(5)30m以下的烟囱、水塔及直径在8m以下的砖石水池、油池,5m以上的挡土墙,独立的室外钢筋混凝土结构的零星工程,如化粪池等。

(6)金属结构的围墙或以混凝土为主体的围墙。

5)达不到一、二、三、四类工程标准,符合下列条件之一者为五类工程

(1)单层或檐口高度在6m以下或跨度在6m以下的砖混、砖木、砖石结构的工程。

(2)单位工程建筑面积在500m^2以下的建筑物。

(3)室外零星工程,如砖、刺丝网围墙,排水沟、渠、小型挡土墙、护坡,独立的砖石化粪池,窨井以及排水陶土管的铺设。

2. 土建构件的专业吊装及打桩工程

1)符合下列条件之一者为一类工程

(1)跨度在30m以上的钢筋混凝土屋架的吊装。

(2)跨度在36m以上的钢屋架的吊装。

(3)柱顶标高在25m以上的构件吊装。

(4)单根桩重量在20t以上的柱吊装。

(5)直径为600mm以上的,且以卵石层、微风化层为持力层的机械钻孔桩。

(6)断面周长为1.6m以上的预制方桩。

(7)挖孔深度为20m以上的人工挖孔桩,或孔径为1.4m以下,孔深10m以上的人工挖孔桩。

(8)预应力空心管桩及各类特种桩(如灌注砂桩、碎石桩、搅拌桩等)。

(9)夯击能为200t·m以上的强夯地基工程。

2)达不到一类工程标准,符合下列条件之一者为二类工程

(1)跨度在24~30m的钢筋混凝土屋架的吊装。

(2)跨度在30~36m的钢屋架的吊装。

(3)柱顶高程在20~25m的构件吊装。

(4)直径在600mm以内的机械钻孔桩。

(5)断面周长为1.6m以下的预制方桩。

(6)挖孔深度在10~20m的人工挖孔桩,或孔径1.4m以下,且孔深8~10m的人工挖孔桩。

(7)夯击能为100~200t·m的强夯地基工程。

3)达不到一、二类工程标准,符合下列条件之一者为三类工程

(1)跨度在24m以下的钢筋混凝土屋架吊装。

(2)跨度在30m以下的钢屋架的吊装。

(3)柱顶标高在20m以下的构件吊装。

(4)人工钻孔灌注桩。

(5)挖孔深度在10m以下的人工挖孔桩。

(6)夯击能为100t·m以下的强夯地基工程。

3.有关规定

(1)多跨厂房或仓库按主跨度或高度划分工程类别。

(2)同一单位工程内,如高类别结构部分的建筑面积或体积占本单位工程总建筑面积或体积30%以上者,按高类别结构部分划分工程类别。

(3)建筑物檐口高度(或高度)是指室外设计地坪至檐口滴水的垂直距离,平顶屋面有天沟者算到天沟底,无天沟者算到屋面板底。

(4)构筑物的高度是指构筑物设计正负零到构筑物的最高点的高程。

(5)超出屋面封闭的楼梯出口间、电梯间、水箱间、塔楼、瞭望台、屋面天窗,大于顶层面积50%以上的计算高度和层数。

(6)本分类标准中"××以下"包括"××"本身,"××以上"不包括"××"本身。

(7)工程分类均按单位工程划分,附属于单位工程的零量构件(如化粪池、窖井等)并入单位工程内一并计算。

(8)公共建筑指为满足人们物质文化生活需要和进行社会活动而设置非生产性建筑物,如办公楼、教学楼、试验楼、图书馆、医院、商店(场)、车站、交易市场、影剧院、礼堂、体育馆、纪念馆等相似的工程。除此之外均为其他民用建筑。

(9)建筑工程分类标准,只作为按工程类别取费的依据,各级企业的营业范围,仍按建设部颁发的《建筑企业营业管理条例》执行。

(10)工程分类标准由湖南省建设工程定额管理站负责解释。

二、工程取费标准和计算

1.定额取费表(表1-3-1)

地下工程取费表

表1-3-1

序　号	费用项目名称	计　算　式	金额(元)	备　注
A	直接工程费	(一)+(二)+(三)		
(一)	直接费	①+②+③		

续上表

序　　号	费用项目名称	计　算　式	金额(元)	备　　注
①	按定额估价表计算的费用	Σ工程量×定额基价		
②	人工费调整	Σ定额人工费×费率		
③	机械费调整	Σ定额机械费×费率		
(二)	其他直接费	(一)×费率		
(三)	现场经费	(一)×费率		
B	间接费	A×费率		
C	利润	A×费率		
D	单独计取费用	④		
④	远地施工增加费	A×费率		
E	材料价差	见材料价差表		
F	税前工程造价	A+B+C+D+E		
G	税金	F×费率		
H	劳保基金	(F+G)×费率		
I	工程总造价	F+G+H		
J	工程单位造价			

2. 现行清单计价体系计算表(表1-3-2)

现行清单计价体系计算表(综合单价法)　　表1-3-2

序　　号	费 用 名 称	计　算　式	序　　号
直接费	工程清单项目费		人工费+材料费+机械使用费+管理费+利润 或　综合单价×分部分项清单项目工程量
	工程清单项目费	人工费	Σ(定额人工工日用量×人工单价×工程量)
		材料费	Σ(定额材料消耗量×相应材料单价×工程量)
		机械使用费	Σ(定额机械台班用量×相应机械台班单价×工程量)
		管理费	(人工费+材料费+机械使用费)×相应管理费率
		利润	(人工费+材料费+机械使用费)×相应利润率
	措施费	技术措施费	技术措施工程量×综合单价
		其他措施费	其他措施工程量×综合单价
间接费	规费		直接费×规费费率
税金	税金		计税前工程造价×税率
	工程造价		直接费+间接费+税金

3. 湖南省一般土建(包工包料)工程造价计算程序及取费表(表 1-3-3)

湖南省一般土建(包工包料)工程造价计算程序及取费表

表 1-3-3

序　号	费用名称	计算式	费率(二类)	备　注
(一)	直接工程费	1+2+3		
1	直接费	按单位估价表计算		
2	其他直接费	1×其他直接费率	3.00%	
3	现场经费	1×现场经费费率	6.44%	
(二)	间接费	(一)×间接费率	12.51%	
(三)	利润	(一)×利润费率	8.00%	
(四)	单独计取的费用			
(五)	材料价差调整			调价文件
(六)	预算外点工	按实际发生计		
(七)	计税前造价	前六项之和		
(八)	税金	(七)×费率	3.413%	

4. 湖南土建工程取费标准(定额计价表)(表 1-3-4)

湖南土建工程取费标准(定额计价表)

表 1-3-4

项目名称		间接费		利润		劳保基金	
		计费基础	费率(%)	计费基础	费率(%)	计费基础	费率(%)
一般土建工程	一类工程	直接工程费	14.83		10	单位工程总造价	3.5
	二类工程		12.51		8		
	三类工程		7.61		6		
	四类工程		6.87		5		
	五类工程		4.03		4		
装饰装潢工程	整栋装饰工程	人工费	48.23	人工费	42.31	单位工程总造价	3.5
	局部装饰工程	人工费	42.36	人工费	31.73		
包工不包料工程		人工费	36.33	人工费	26.44	人工费	13.51

5. 湖南省建筑工程取费标准(清单计价表)(表 1-3-5)

湖南省建筑工程取费标准(清单计价表)

表 1-3-5

项目名称		综合费		利润		劳动保险金	
		计费基础	费率(%)	计费基础	费率(%)	计费基础	费率(%)
一般土建工程	一类工程	直接费	21.66	直接费	12.00	单位工程总造价	3.50
	二类工程		17.75		10.00		
	三类工程		12.06		7.00		
	四类工程		7.74		4.50		
	五类工程		4.90		3.00		

续上表

<table>
<tr><th colspan="2" rowspan="2">项目名称</th><th colspan="2">综合费</th><th colspan="2">利润</th><th colspan="2">劳动保险金</th></tr>
<tr><th>计费基础</th><th>费率(%)</th><th>计费基础</th><th>费率(%)</th><th>计费基础</th><th>费率(%)</th></tr>
<tr><td rowspan="3">土建构件专业吊装及打桩工程</td><td>一类工程</td><td rowspan="3">吊装或打桩直接费</td><td>31.65</td><td rowspan="3">吊装或打桩直接费</td><td>13.00</td><td rowspan="3">单位工程总造价</td><td rowspan="3">3.50</td></tr>
<tr><td>二类工程</td><td>28.95</td><td>8.00</td></tr>
<tr><td>三类工程</td><td>21.98</td><td>6.00</td></tr>
<tr><td colspan="2">预制桩制作</td><td>直接费</td><td>12.01</td><td>直接费</td><td>7.00</td><td></td><td>3.50</td></tr>
<tr><td rowspan="3">机械土石方工程</td><td>20 000m³ 以上</td><td rowspan="3">定额人工费</td><td>22.02</td><td rowspan="3">定额人工费</td><td>13.00</td><td rowspan="3">单位工程总造价</td><td rowspan="3">33.50</td></tr>
<tr><td>3 000～20 000m³</td><td>19.06</td><td>9.00</td></tr>
<tr><td>3 000m³ 以下</td><td>16.10</td><td>7.00</td></tr>
<tr><td rowspan="3">人工土石方工程</td><td>5 000m³ 以上</td><td rowspan="3">定额人工费</td><td>94.5</td><td rowspan="3">定额人工费</td><td>90.0</td><td rowspan="3">定额人工费</td><td rowspan="3">25.00</td></tr>
<tr><td>2 000～5 000m³</td><td>60.5</td><td>80.0</td></tr>
<tr><td>2 000m³ 以下</td><td>38.5</td><td>75.0</td></tr>
<tr><td rowspan="2">装饰装潢工程</td><td>整栋二次装修工程</td><td rowspan="2">定额人工费</td><td>140.5</td><td rowspan="2">定额人工费</td><td>100.0</td><td rowspan="2">单位工程总造价</td><td rowspan="2">3.50</td></tr>
<tr><td>局部装修工程</td><td>83.5</td><td>75.0</td></tr>
<tr><td>包工不包料工程</td><td>四类以下工程</td><td>定额人工费</td><td>30.5</td><td>定额人工费</td><td>18.0</td><td>定额人工费</td><td>25.00</td></tr>
</table>

第九节 工程实例

某建筑工程位于长沙市，建筑面积 6 400m²，10 层钢筋混凝土框架结构，属二类工程。土建工程部分由某企业施工（包工包料）承包，约定工程结算按湖南省现行定额及取费标准执行。该企业造价人员已计算出该工程土建部分人工费 192 000 元，材料费 1 920 000 元，机械费 288 000 元。现不考虑单独计取的费用、材料调价以及预算外点工，请计算该工程土建部分的造价。

【解】 计算过程及结果如表 1-3-6 所示。

某建筑工程土建部分造价计算表 表 1-3-6

序号	费用名称	计算式	费率(二类)	金额
(一)	直接工程费	2 400 000 + 72 000 + 154 560		2 626 560
1	直接费	192 000 + 1 920 000 + 288 000		2 400 000
2	其他直接费	2 400 000 × 3.00%	3.00%	72 000
3	现场经费	2 400 000 × 6.44%	6.44%	154 560
(二)	间接费	2 626 560 × 12.51%	12.51%	328 582.8
(三)	利润	2 626 560 × 8.00%	8.00%	210 124.8

续上表

序　号	费用名称	计算式	费率(二类)	金　额
(四)	计税前造价	前三项之和		3 165 267.6
(五)	税金	(四)×费率	3.413%	108 030.58
(六)	工程造价	(四)+(五)		3 273 298.18

思考题

1-3-1　工程费用包括哪些内容?

1-3-2　什么是其他直接费?其他直接费包括哪些内容?

1-3-3　什么是现场经费?现场经费有哪些主要特点?

1-3-4　什么是间接费?间接费由哪两部分组成?

1-3-5　什么是税金?税金包括哪些具体内容?

1-3-6　什么是材料价差?材料价差发生的原因有哪些?

第四章　地下工程施工图预算编制

第一节　概　　述

施工图预算即单位工程预算书，是在施工图设计完成后、工程开工前，根据已审定的施工图纸，在施工方案或施工组织设计已确定的前提下，按照国家或省、市颁发的现行预算定额、费用标准、材料预算价格等有关规定，逐项计算工程量，套用相应定额，进行工料分析，计算直接费、间接费、计划利润、税金等费用，确定单位工程造价的技术经济文件。

第二节　施工图预算

一、施工图预算的作用

施工图预算主要有以下作用：

(1)确定工程造价的依据

施工图预算可作为建设单位招标的标底，也可以作为建筑施工企业投标时报价的参考。

(2)实行建筑工程预算包干的依据和签订施工合同的主要内容

通过建设单位与施工单位协商，可在施工图预算的基础上，考虑设计或施工变更后可能发生的额外费用，故在原费用上增加一定系数，作为工程造价一次包死。同样，施工单位与建设单位签定施工合同，也必须以施工图预算为依据，否则施工合同就失去了约束力。

(3)施工企业和建设单位进行工程结算的依据

当工程竣工验收后，根据设计变更调整后的施工图预算，即为施工企业和建设单位双方工程价款的结算依据。

(4)施工企业安排调配施工力量、组织材料供应的依据

施工单位各职能部门可依此编制劳动力计划和材料供应计划，做好施工前的准备。

(5)建筑安装企业实行经济核算和进行成本管理的依据

正确编制施工图预算和确定工程造价，有利于巩固与加强建筑安装企业的经济核算，有利于发挥价值规律的作用。

(6)进行“两算”对比的依据

二、施工图预算的编制

1. 施工图预算的内容

(1)分层、分部位、分项工程的工程量指标。

(2)分层、分部位、分项工程所需人工、材料、机械台班消耗量指标。

(3)按人工工种、材料种类、机械类型分别计算的消耗总量。

(4)按人工、材料和机械台班的消耗总量分别计算的人工费、材料费和机械台班费,以及按分项工程和单位工程计算的直接费。

2.施工图预算的编制依据

(1)施工图纸及说明书和标准图集。

(2)现行预算定额及单位估价表、建筑安装工程费用定额、工程量计算规则。企业定额也是编制施工图预算的主要依据。

(3)施工组织设计或施工方案、施工现场勘察及测量资料。

(4)材料、人工、机械台班预算价格、工程造价信息及动态调价规定。而且在市场经济条件下,为使预算造价尽可能接近实际,各地区主管部门对此都有明确的调价规定。

(5)预算工作手册及有关工具书。

(6)工程承包协议或招标文件。它明确了施工单位承包的工程范围,应承担的责任、权利和义务。

第三节　工程量计算方法

(1)地下工程预算工程量除依据全国统一定额外,应依据以下文件:

①经审定的施工设计图纸及其说明文件。

②经审定的施工组织设计或施工技术措施方案。

③经审定的其他有关技术经济文件。

(2)本规则的计算尺寸,以设计图纸表示的尺寸或设计图纸能读出的尺寸为准。除另有规定外,工程量的计算单位应按下列规定计算:

①以体积计算的为立方米(m^3)。

②以面积计算的为平方米(m^2)。

③以长度计算的为米(m)。

④以重量计算的为吨或千克(t或kg)。

⑤以件(个或组)计算的为件(个或组)。

汇总工程量时,其准确度取值:立方米、平方米、米以下取两位;吨以下取三位;千克、件取整数。

(3)计算工程量时,应依施工图纸顺序,分部、分项,依次计算,并尽可能采用计算表格及计算机计算,简化计算过程。

一、工程勘察工程量计算

工程勘察工程量计算依据国家计委、建设部制定的《工程勘察设计收费管理规定》(以下简称《规定》)及《工程勘察收费标准》(以下简称《标准》)执行。

(1)工程勘察收费是指勘察人根据发包人的委托,收集已有资料、现场踏勘、制订勘察纲要,进行测绘、勘探、取样、试验、测试、检测、监测等勘察作业,以及编制工程勘察文件和岩土工程设计文件等收取的费用。

(2)工程勘察收费标准分为通用工程勘察收费标准和专业工程勘察收费标准。

①通用工程勘察收费标准适用于工程测量、岩土工程勘察、岩土工程设计与检测监测、水文地质勘察、工程水文气象勘察、工程物探、室内试验等工程勘察的收费。

②专业工程勘察收费标准分别适用于煤炭、水利水电、电力、长输管道、铁路、公路、通信、海洋工程等工程勘察的收费。专业工程勘察中的一些项目可以执行通用工程勘察收费标准。

(3)通用工程勘察收费采取实物工作量定额计费方法计算,由实物工作收费和技术工作收费两部分组成。

对于专业工程勘察收费的方法和标准,《标准》在煤炭、水利水电、电力、长输管道、铁路、公路、通信、海洋工程等章节中分别规定。

(4)通用工程勘察收费按照下列公式计算:

①工程勘察收费 = 工程勘察收费基准价 ×(1 ± 浮动幅度值)

②工程勘察收费基准价 = 工程勘察实物工作收费 + 工程勘察技术工作收费

③工程勘察实物工作收费 = 工程勘察实物工作收费基价 × 实物工作量 × 附加调整系数

④工程勘察技术工作收费 = 工程勘察实物工作收费 × 技术工作收费比例

(5)工程勘察收费基准价

工程勘察收费基准价是按照本收费标准计算出的工程勘察基准收费额,发包人和勘察人可以根据实际情况在规定浮动的幅度内协商确定工程勘察收费合同额。

(6)工程勘察实物工作收费基价

工程勘察实物工作收费基价是完成每单位工程勘察实物工作内容的基本价格。工程勘察实物工作收费基价在相关章节的“实物工作收费基价表”中查找确定。

(7)实物工作量

实物工作量由勘察人按照工程勘察规范、规程的规定和勘察作业实际情况在勘察纲要中提出,经发包人同意后,在工程勘察合同中约定。

(8)附加调整系数

附加调整系数是对工程勘察的自然条件、作业内容和复杂程度差异进行调整的系数。附加调整系数分别列于总则和各章节中。附加调整系数为两个或者两个以上的,附加调整系数不能连乘。将各附加调整系数相加,减去附加调整系数的个数,加上定值1,作为附加调整系数值。

(9)在气温(以当地气象台、站的气象报告为准)不小于35°C 或者不大于 -10°C 条件下进行勘察作业时,气温附加调整系数为1.2。

(10)在海拔高程超过2 000m 地区进行工程勘察作业时,高程附加调整系数如下:

①海拔高程2 000 ~3 000m 为1.1。

②海拔高程3 001 ~3 500m 为1.2。

③海拔高程3 501 ~4 000m 为1.3。

④海拔高程4 001m 以上的,高程附加调整系数由发包人与勘察人协商确定。

(11)建设项目工程勘察由 2 个或者 2 个以上勘察人承担的,其中对建设项目工程勘察合理性和整体性负责的勘察人,按照该建设项目工程勘察收费基准价的 5% 加收主体勘察协调费。

(12)工程勘察收费基准价不包括以下费用:办理工程勘察相关许可,以及购买有关资料费;拆除障碍物,开挖以及修复地下管线费;修通至作业现场道路,接通电源、水源以及平整场地费;勘察材料以及加工费;水上作业用船、排、平台以及水监费;勘察作业大型机具搬运费;青苗、树木以及水域养殖物赔偿费等。发生以上费用的,由发包人另行支付。

(13)工程勘察组日、台班收费基价如下:

①工程测量、岩土工程验槽、检测监测、工程物探:1 000 元/组日。

②岩土工程勘察:1 360 元/台班。

③水文地质勘察:1 680 元/台班。

(14)工程勘察收费根据建设项目投资额的不同情况,分别实行政府指导和市场调节价。建设项目总投资估算额 500 万元及以上的工程勘察收费实行政府指导价;建设项目总投资估算额 500 万元以下的工程勘察收费实行市场调节价。实行政府指导价的工程勘察收费,其基准价根据《工程勘察收费标准》计算。

(15)工程测量

包括地面测量、水域测量、地下管线测量、洞室测量和其他测量。

①工程测量技术工作费收费比例为 22%。

②测量实物工作收费基价根据测量项目类型和复杂程度确定。

(16)工程勘察

①岩土工程勘察技术工作费收费比例由岩土工程勘察等级确定。勘察等级为甲级、乙级和丙级的工程勘察技术工作费分别为 120%、100% 和 80%。

②勘察实物工作收费基价包括工程地质测绘、岩土工程勘探与原位测试、室内土工试验等,根据《标准》执行。

二、土石方工程量计算

1. 一般规则

(1)土方体积,均以挖掘前的天然密实体积为准计算。如遇有必须以天然密实体积折算时,可按表 1-4-1 所列数值换算。

土方体积折算表　　表 1-4-1

虚方体积	天然密实度体积	夯实后体积	松填体积
1.00	0.77	0.67	0.83
1.30	1.00	0.87	1.08
1.50	1.15	1.00	1.25
1.20	0.92	0.80	1.00

(2)挖土一律以设计室外地坪高程为准计算。

2. 平整场地及辗压工程量计算

(1)人工平整场地是指建筑场地在 ±300mm 以内挖、填土方及找平。挖、填土厚度超过 ±300mm以外时,按场地土方平衡竖向布置图另行计算。

(2)平整场地工程量按建筑物外墙外边线每各加 2m,以 m^2 计算。

(3)建筑场地原土辗压以平方米计算,填土辗压按图示填土厚度以 m^3 计算。

3. 挖掘沟槽、基坑土方工程量计算

(1)沟槽、基坑划分

①凡图示沟槽底宽在 3m 以内,且沟槽长大于槽宽 3 倍以上的为沟槽。

②凡图示基坑面积在 $20m^2$ 以内的为基坑。

③凡图示沟槽底宽 3m 以外,坑底面积 $20m^2$ 以外,平整场地挖土方厚度在 300mm 以外,均按挖土方计算。

(2)计算挖沟槽、基坑土方工程量需放坡时,放坡系数按表 1-4-2 规定计算。

放坡系数表　　表 1-4-2

土壤类别	放坡起点(m)	人工挖土	机械挖土	
			在坑内作业	在坑上作业
一、二类土	1.20	1:0.50	1:0.33	1:0.75
三类土	1.50	1:0.33	1:0.25	1:0.67
四类土	2.00	1:0.25	1:0.10	1:0.33
注:沟槽、基坑中土壤类别不同时,分别按基放坡起点、放坡系数,依不同土壤厚度加权平均计算;计算放坡时,在交接处的重复工程量不予扣除。原槽、坑作基础垫层时,放坡自垫层上表面开始计算				

(3)挖沟槽、基坑需支挡土板时,其宽度按图示沟槽、基坑底宽,每边各加 10cm。挡土板面积,按槽、坑垂直支撑面积计算。双面支撑也按单面垂直面积计算,套用双面支挡土板定额,不论连续或断续均执行定额。凡放坡部分不得再计算挡土板,支挡土板后,不得再计算放坡。

(4)基础施工所需工作面,按表 1-4-3 规定计算。

基础施工所需工作面宽度计算表　　表 1-4-3

基础材料	每边各增加工作宽度(mm)
砖基础	200
浆砌毛石、条石基础	150
混凝土基础垫层支模板	300
混凝土基础支模板	300
基础垂直面做防水层	800(防水层面)

(5)挖沟槽长度、外墙按图示中心线长度计算;内墙按图示基础底面之间净长线长度计算;内外突出部分(垛、附墙烟囱等)体积并入沟槽土方工程量内计算。挖基坑土方均以图示尺寸计算。

(6)挖管沟槽按图示中心线长度计算,沟底宽度,设计有规定的,按设计规定尺寸计算,设计无规定的，可按表1-4-4规定宽度计算。

管道地沟沟底宽度计算表

表1-4-4

管　　径（mm）	铸铁管、钢管、石棉水泥管（m）	混凝土、钢筋混凝土、预应力混凝土管（m）	陶　土　管（m）
50～70	0.60	0.80	0.70
100～200	0.70	0.90	0.80
250～350	0.80	1.00	0.90
400～450	1.00	1.30	1.10
500～600	1.30	1.50	1.40
700～800	1.60	1.80	
900～1 000	1.80	2.00	
1 100～1 200	2.00	2.30	
1 300～1 400	2.20	2.60	

注：按上表计算管道沟土方工程量时，各种井类及管道（不含铸铁给排水管）接口处需加宽增加的土方量不另行计算，底面积大于20m² 的井类，其增加工程量并入管沟土方内计算；铺设铸铁给排水管道时其接口等处土方增加量，可按铸铁给排水管道沟土方总量的2.5%计算

（7）沟槽、基坑深度，按图示槽、坑底面至室外地坪深度计算；管道地沟按图示沟底至室外地坪深度计算。

4. 岩石开凿及爆破工程量，区别石质计算

（1）人工凿岩石，按图示尺寸以立方米计算。

（2）爆破岩石按图示尺寸以立方米计算，其沟槽、基坑深度、宽允许超挖量：次、普坚石：200mm；特坚石：150mm。超挖部分岩石并入岩石挖方量内计算。

5. 回填土区分夯填、松填按图示回填体积并依下列规定，以立方米计算

（1）沟槽、基坑回填土，沟槽、基坑回填体积以挖方体积减去设计室外地坪以下埋设砌筑物（包括：基础垫层、基础等）体积计算。

（2）管道沟槽回填，以挖方体积减去管径所占体积计算。管径在500mm以下的不扣除管道所占体积；管径超过500mm以上时按表1-4-5规定扣除所占体积计算。

每米管道扣除土方体积表

表1-4-5

管道名称	管　径　（mm）					
	501～600	601～800	801～1 000	1 001～1 200	1 201～1 400	1 401～1 600
钢管	0.21	0.44	0.71	—	—	—
铸铁管	0.24	0.49	0.77	—	—	—
混凝土管	0.33	0.60	0.92	1.15	1.35	1.55

（3）室内（房心）回填土，按主墙之间的面积乘以回填土厚度计算。

（4）余土或取土工程量计算：

余土外运体积 = 挖土总体积 - 回填土总体积(或按施工组织施工计算)

式中,计算结果为正值时为余土外运体积,负值时为须取土体积。

6. 土方运距计算

(1)推土机推土运距:按挖方区重心至回填区重心之间的直线距离计算。

(2)铲运机运土运距:按挖方区重心至卸土区重心加转向距离45m计算。

(3)自卸汽车运土运距:按挖方区重心至填土区(或堆放地点)重心的最短距离计算。

7. 井点降水区别轻型井点、喷射井点、大口径井点、电渗井点、水平井点,按不同井管深度和井管安装、拆除,以根为单位计算,使用按套、天计算。

井点套组成:轻型井点:50根为一套;喷射井点:30根为一套;大口径井点:45根为一套;电渗井点阳极:30根为一套;水平井点:10根为一套。

井管间距应根据地质条件和施工降水要求,依施工组织设计确定,施工组织设计没有规定时,可按轻型井点管距0.8~1.6m,喷射井点管距2~3m确定。

使用天数应以每昼夜24h为一天,使用天数应按施工组织设计规定的使用天数计算。

8. 围墙、挡土墙、窨井、化烘池等不计算平整场地。

三、钢筋混凝土结构工程量计算

1. 现浇混凝土及钢筋混凝土构件模板和混凝土计算

(1)现和混凝土及钢筋混凝土模板工程量,除另有规定者外,均以混凝土体积以 m^3 计算,不扣除钢筋、铁件、螺栓和预埋木砖所占的体积。

(2)现浇混凝土墙、板上单孔面积在0.3m^2以内的孔洞不予扣除;单孔面积在0.3m^2以外时应予以扣除,但留孔所需的工料不另增加。

(3)基础。

①混凝土基础与墙或柱的划分,均按基础扩大顶面为界。

②框架式设备基础应分别按基础、柱梁、板相应定额计算。楼层上的设备基础按有梁板定额项目计算。

③设备基础定额中未包括地脚螺栓的价值,地脚螺栓一般应包括在成套设备价值内,如成套设备价值中未包括地脚螺栓的价值,其价值应按实际重量计算。

④同一横截面有一阶使用了模板的条形基础,均按条形基础相应定额项目执行;未使用模板而没槽浇灌的带形基础按混凝土基础垫层执行;使用了模板的混凝土垫层按相应定额执行。

⑤杯形基础的颈高大于1.2m时(基础扩大顶面至杯口底面),按柱的定额执行,其杯口部分和基础合并按杯形基础计算。

(4)柱。

按图示断面尺寸乘以柱高计算。柱高按下列规定确定:

①有梁板的柱高,应自柱基上表面至楼板上表面计算。

②无梁板的柱高,应自柱基上表面至柱帽下表面计算。

③框架柱的高应自柱基上表面至柱顶高度计算。

④构造柱按全高计算,与砖墙嵌接部分的体积并入柱身体积内计算。

⑤突出墙面的构造柱全部体积以捣制矩形柱定额执行。

⑥依附柱的牛脚下的体积，并入柱身体积内计算；依附柱上的悬臂梁按单梁有关规定计算。

2. 预制钢筋混凝土构件模板和混凝土计算

（1）预制钢筋混凝土模板工程量按混凝土工程量，以 m^3 计算。

（2）混凝土工程量除另有规定外，均按图示尺寸实体体积以 m^3 计算，不扣除构件内钢筋、铁件及小于 300mm×300mm 以内孔洞面积。

（3）预制桩按桩全长（包括桩尖）乘以桩断面以 m^3 计算。

（4）预制桩尖按虚体积（不扣除桩尖虚体积部分）计算。

（5）混凝土与负杆件结合的构件，混凝土部分按构件实体积以 m^3 计算，钢构件部分按 t 计算，分别套相应的定额项目。

（6）小型池槽按外型体积以 m^3 计算。

（7）漏花按外围面积乘以厚度以 m^3 计算。不扣除孔洞的面积。

（8）预制柱上的钢牛腿按铁件计算。

（9）隔板的混凝土套用小型构件混凝土子目。

3. 预制钢筋混凝土构件制作、运输、安装损耗率（表 1-4-6）

预制钢筋混凝土构件制作、运输、安装损耗率表　　表 1-4-6

名　　称	制作废品率（%）	运输堆放损耗率（%）	安装（打桩）损耗率（%）
各类预制构件	0.2	0.8	0.5
预制钢筋混凝土桩	0.1	0.4	1.5

（1）混凝土预制构件制作工程量 = 预制构件图示实体积 ×（1 +1.5%）

（2）混凝土预制构件运输工程量 = 预制构件图示实体积 ×（1 +1.3%）

（3）混凝土预制构件安装工程量 = 预制构件图示实体积 ×（1 +0.5%）

4. 钢筋工程量计算

（1）钢筋工程应区别现浇、预制构件不同钢种和规格。分别按设计长度乘以单位重量，以 t 计算。

（2）计算钢筋工程量时，设计已规定钢筋搭接长度的，按规定搭接长度计算，设计未规定搭接长度的，已包括在钢筋的损耗之内，不另计算搭接长度。钢筋电渣压力焊接、锥螺纹连接以个计算。

（3）普通钢筋。钢筋长度 = 构件长度 − 端部保护层厚度 + 增加长度

纵向受力的普通钢筋和预应力钢筋，其混凝土保护层厚度不应小于钢筋的公称直径，且应符合设计规范规定。增加长度指弯钩、弯起、搭接和锚固等增加的长度，按下列规则计算：

①HPB235 级（Ⅰ级）钢筋半圆弯钩增加长度为 $6.25d$。

②弯起钢筋增加长度的计算，在弯起角度为 30°时，增加长度（弯起斜长与水平长之差）为 $0.268h$（h 为构件高度减去保护层厚度）；弯起角度为 45°时，增加长度为 $0.414h$；弯起角度为 60°时，增加长度为 $0.577h$。

③钢筋搭接增加长度,设计已规定钢筋搭接长度的,按规定搭接长度计算;设计未规定搭接长度的,已包括在钢筋的损耗率之内,不另计算搭接长度。钢筋电渣压力焊接、套筒挤压等接头,以个计算。

④钢筋锚固增加长度,每个锚固点锚固长度与钢筋的搭接长度相同,但对Ⅰ级钢筋,每个锚固长度还需增加一个半圆弯钩增加长度。

对于箍筋,每一构件箍筋总长度 = 每根箍筋长度 × 箍筋根数。

每根箍筋长度:直径10mm以下的,按混凝土构件外围周长计算;直径在10mm以上时,按混凝土构件外围周长再加25mm计算。

(4)预应力钢筋。先张法预应力钢筋,按构件外形尺寸计算长度,后张法预应力钢筋按设计图纸规定的预应力钢筋预留孔道长度,并区别不同的锚具类型,分别按有关规定计算。

(5)先张法预应力钢筋,按构件外形尺寸计算长度,后张法预应钢筋,按设计图规定的预应力钢筋预留孔道长度,并区别不同的锚具类型,按下列规定计算:

①低合金钢筋两端采用螺杆锚具时预应力的钢筋按预留孔道长度减0.35m,螺杆要另行计算。

②低合金钢筋一端采用镦头插片,另一端采用帮条锚具时,预应力钢筋增加0.15m,两端均采用帮条锚具时预应力钢筋共增加0.3m计算。

③低合金钢筋一端采用镦头插片,另一端螺杆锚具时,预应力钢筋长度按预留孔道长度计算,螺杆另行计算。

④低合金钢筋采用后张混凝土自锚时,预应力钢筋长度增加0.35m计算。

⑤低合金钢筋或钢铰线采用JM、XM、QM型锚具孔道长度在20m以内时,预应力钢筋长度增加1m;孔道长度在20m以上时,预应力钢筋长度增加1.8m计算。

⑥碳素钢丝采用锥形锚具,孔道在20m以内时,预应力钢筋长度增加1.8m计算。

⑦碳素钢丝两端采用墩粗头时,预应力钢筋长度增加0.35m计算。

⑧后张法预应力钢筋项目内已包括孔道灌浆,实际孔道长度和直径与定额不同时,不作调整按定额执行。

5. 钢筋混凝土构件预埋铁件,以t计算,按以下规定计算

(1)铁件重量不论何种型钢,均按设计尺寸,按单位重量计算,焊条重量不计算。

(2)精加工铁件重量按毛重量计算,不扣除刨光、车丝、钻眼部分的重量,焊条重量不计算。

(3)固定预埋螺栓、铁件的支架、固定双层钢筋的铁马凳、垫铁件,按审定的施工组织设计规定计算,套相应定额项目。

6. 钢筋混凝土构件接头灌缝

(1)钢筋混凝土构件接头灌缝,包括构件座浆、灌缝、堵板孔、塞板、梁缝等。均按预制钢筋混凝土构件实体积以m^3计算。

(2)柱与柱基灌缝,按底层柱体积计算;底层以上柱灌缝按各层柱体积计算。

(3)空心板堵孔的人工、材料已包括定额内。$10m^3$空心板体积包括$0.23m^3$预制混凝土块,2.2个工日。

四、桩基工程量计算

(1)打预制钢筋混凝土桩的体积,按设计桩长(包括桩尖不扣除桩尖虚体积)乘以桩截面面积计算。管桩的空心体积应扣除,如管桩的空心部分按设计要求灌注混凝土或其他填充材料时,应另行计算。

(2)接桩:电焊接桩按设计接头,以个计算;硫磺胶泥接桩按桩断面以 m^2 计算。

(3)送桩:按桩截面面积乘以送桩长度(即按桩顶面至自然地坪面另加0.5m)计算。

(4)打拔钢板桩按钢板桩重量以t计算。

(5)打孔灌注桩

①砂桩、碎石桩的体积,按设计规定的桩长(包括桩尖不扣除桩尖虚体积)乘以钢管管箍外径截面面积计算。

②打孔前先埋入预制混凝土桩尖,再灌注混凝土者,桩尖按钢筋混凝土章节规定计算体积,灌注桩按设计长度(自桩尖顶面至桩设计顶面高度)增加0.25m,乘以钢管管箍外径截面面积计算。

③扩大桩的体积按单桩体积乘以次数计算。

④打孔灌注混凝土桩的钢筋笼按设计规定以t计算。

(6)钻孔灌注桩,按设计桩长(包括桩尖,不扣除桩尖虚体积)0.25m乘以设计断面面积计算。

(7)人工挖孔桩(混凝土护壁)按设计桩(桩芯加混凝土护壁)的横断面面积乘以挖孔深度以 m^3 计算(设计桩为圆柱体或分段圆台体)。如设计混凝土强度等级及种类与定额所示不同时可以换算。

(8)人工挖孔桩(红砖护壁)按设计桩(混凝土桩芯加红砖护壁)的横断面面积乘以挖孔深度,以 m^3 计算(设计桩为圆柱体或分段圆台体)。在红砖护壁内,灌注混凝土,如设计强度等级及种类与定额所示不同时可以换算。

(9)红砖护壁内浇混凝土桩芯按设计混凝土桩芯的横断面面积乘以设计深度,以 m^3 计算。

(10)人工挖孔桩的入岩费,按设计入岩部分的体积计算。

(11)夯扩桩单桩体积为:[设计桩长+(夯扩投料长度-0.2×夯扩次数)×0.88]+0.25m,乘以外钢管管箍外径截面面积,以 m^3 计算(夯扩投料长度为夯扩次数的投料累计长度)。

(12)粉喷桩按设计桩长乘以设计断面面积计算。

(13)复喷桩按设计桩长乘以设计断面面积计算。

(14)现场振动沉管灌注混凝土桩,单桩体积计算同现场灌注混凝土桩的单桩体积计算规定。

(15)高压旋喷水泥桩的工程量按设计长度进行计算,空孔部分另行计算。

(16)钢筋笼吊焊接头按钢筋笼重量,以t计算。

(17)泥浆运输工程量按钻孔体积,以 m^3 计算。

(18)安拆导向夹具,按设计图纸规定的水平延长米计算。

(19)液压静力压桩的体积按设计桩长(包括桩尖,不扣除桩尖虚体积)乘以桩截面面积计算。

(20)灰土挤密桩的体积按设计桩长(包括桩尖,不扣除桩尖虚体积)乘以钢管下端最大外径的截面面积计算。

(21)预制方桩和灌注桩(或钻桩)凿桩头体积按预制方桩截面面积乘以凿断长度和按灌注桩(或钻孔桩)截面乘凿断长度,以 m^3 计算。

(22)锚杆护壁计算

①锚杆钻孔按入土长度以延长米计算。

②锚杆制作安装按 t 计算。

③喷射混凝土工程量按设计图纸以 m^2 计算,定额中未包括搭设平台的费用。

④护坡砂浆土钉按设计图纸以 t 计算。

【例 1-4-1】 某工程打预制 RC 方桩(400×400),计 621 根,设计桩长 12m。其中有 321 根按设计要求需送桩,接长 4m,请按打预制 RC 桩计算公式,计算 RC 工作量(该工程不属于小型打桩工程,故不考虑 1.5% 打桩损耗率)。

【解】 (1)打桩工程量:$(12+0.5)\times0.04\times0.4=2\times621=1\ 242(m^3)$

(2)送桩工程量:$(4+0.5)\times0.4\times0.4=0.72\times321=231.12(m^3)$

(3)总工程量:$1\ 242+231.12=1\ 473.12(m^3)$

五、地基处理工程量计算

1. 换填地基

换填地基以换填材料种类和压实系数为依据,包括材料运输、铺筑和压实。

工程量计算规则:按设计图示尺寸以体积计算。

2. 预压地基

预压地基以排水竖井种类、断面尺寸、排列方式、间距、深度、预压荷载和砂垫层厚度为依据,包括设置排水竖井、盲沟、滤水管、铺设砂垫层密封膜。

工程量计算规则:按设计图示尺寸以体积计算。

3. 强夯地基

强夯地基以夯击能量、夯击遍数、夯填材料种类为依据,包括设置排水竖井、盲沟、滤水管,铺设砂垫层、密封膜和预压。

工程量计算规则:按设计图示尺寸以体积计算。

4. 振冲桩

振冲桩以地层情况,空桩长度、桩长、桩径和填充材料种类为依据,包括振冲成孔、填料、振实和材料运输。

工程量计算规则:按设计图示尺寸以桩长计算。

5. 砂石桩

砂石桩以地层情况,空桩长度、桩长、桩径和砂石级配为依据,包括成孔,填充、振实和材料运输。

工程量计算规则:按设计图示尺寸以桩长(包括桩尖)计算。

6. 水泥粉煤灰碎石桩

水泥粉煤灰碎石桩以地层情况,空桩长度、桩长、桩径和混合料强度等级为依据,包括成孔,混合料制作、运输、灌注和养护。

工程量计算规则:按设计图示尺寸以桩长(包括超灌高度、桩尖)计算。

7. 深层搅拌桩

深层搅拌桩以地层情况,空桩长度、桩长,桩截面尺寸,水泥强度等级、掺量为依据,包括预搅下钻、水泥浆制作、喷浆搅拌提升成桩。

工程量计算规则:按设计图示尺寸以桩长(包括超灌高度)计算。

8. 粉喷桩

粉喷桩以地层情况,空桩长度、桩长,桩径,粉体种类、掺量,水泥强度等级和石灰粉要求为依据,包括预搅下钻、喷粉搅拌提升成桩。

工程量计算规则:按设计图示尺寸以桩长(包括超灌高度)计算。

9. 夯实水泥土桩

夯实水泥土桩以地层情况,空桩长度、桩长,桩径,水泥强度等级和混合料配比为依据,包括预成孔、夯底,水泥土拌合、运输、夯实。

工程量计算规则:按设计图示尺寸以桩长(包括超灌高度、桩尖)计算。

10. 高压喷射注浆桩

高压喷射注浆桩以地层情况,空桩长度、桩长,桩截面和水泥强度等级为依据,包括成孔,水泥浆制作、运输和注浆。

工程量计算规则:按设计图示尺寸以桩长(包括超灌高度、桩尖)计算。

11. 石灰桩

石灰桩以地层情况,空桩长度、桩长,桩径,掺和料种类和配合比为依据,包括成孔,混合料制作、运输、夯填。

工程量计算规则:按设计图示尺寸以桩长(包括超灌高度、桩尖)计算。

12. 灰土(土)挤密桩

灰土(土)挤密桩以地层情况,空桩长度、桩长,桩径,掺和料种类和灰土级配为依据,包括成孔,灰土拌和、运输、填充、夯实。

工程量计算规则:按设计图示尺寸以桩长(包括超灌高度、桩尖)计算。

13. 柱锤冲扩桩

柱锤冲扩桩以空桩长度、桩长,桩径,柱锤重量,桩体材料种类、配合比为依据,包括桩体材料制作、运输,冲孔、填料、夯实。

工程量计算规则:按设计图示尺寸以桩长(包括超灌高度)计算。

14. 注浆地基

注浆地基以地层情况,钻孔深度、间距,浆液种类及配比,水泥强度等级为依据,包括钻孔,注浆导管制作、安装，浆液制作、运输、压浆。

工程量计算规则：以 m 计量，按设计图示尺寸以钻孔深度计算，以 m^3 计量，按设计图示尺寸以加固体积计算。

15. 褥垫层

褥垫层以厚度，材料品种及比例为依据，包括材料拌和、运输、铺设、压实。

工程量计算规则：按设计图示尺寸以铺设面积计算。

六、深基坑支护与护坡工程量计算

1. 地下连续墙

褥垫层以地层情况，导墙类型、截面，墙体厚度，成槽深度和混凝土强度等级为依据，包括导墙制作、安装，挖土成槽、固壁，混凝土制作、运输、灌注、养护，锁口管吊拔，泥浆制作、运输。

工程量计算规则：按设计图示墙中心线长乘以厚度乘以槽深以体积计算。

2. 抗滑桩

抗滑桩以地层情况，空桩长度、桩长，桩截面，护壁材料、长度、厚度，混凝土强度等级为依据，包括人工挖孔，护壁制作，混凝土制作、运输、灌注、养护。

工程量计算规则：以米计量，按设计图示尺寸以桩长（包括超灌高度）计算，以根计量，按设计图示数量计算。

3. 锚杆（索）

锚杆（索）以地层情况，锚杆（索）类型、部位，钻孔深度，钻孔直径，杆体材料品种、规格、数量，浆液种类、强度等级为依据，包括钻孔、浆液制作、运输、压浆，锚杆（索）制作、安装、张拉锚固。

工程量计算规则：以米计量，按设计图示尺寸以钻孔深度计算，以根计量，按设计图示数量计算。

4. 土钉

土钉以地层情况，钻孔深度，钻孔直径，杆体材料品种、规格、数量，浆液种类、强度等级为依据，包括钻孔、浆液制作、运输、压浆，土钉制作、安装。

工程量计算规则：以米计量，按设计图示尺寸以钻孔深度计算，以根计量，按设计图示数量计算。

5. 喷射混凝土

喷射混凝土以部位，厚度，混凝土强度等级为依据，包括修整边坡，混凝土制作、运输、喷射、养护，钻排水孔、安装排水管。

工程量计算规则：按设计图示尺寸以面积计算。

6. 喷射水泥砂浆

喷射水泥砂浆以部位，厚度，砂浆强度等级为依据，包括修整边坡，混凝土制作、运输、喷射、养护，钻排水孔、安装排水管。

工程量计算规则:按设计图示尺寸以面积计算。

七、隧道工程工程量计算

参照《全国统一市政工程预算定额》(GYD-301—1999)介绍隧道工程工程量计算规则。

1. 隧道工程预算定额的一般规定

1)隧道开挖与出渣

(1)隧道开挖与出渣工程定额的岩石分类,如表1-4-7所示。

岩石分类表

表1-4-7

定额岩石类别	岩石按16级分类	岩石按紧固系数(f)分类
次坚石	Ⅵ~Ⅷ	f=4~8
普坚石	Ⅸ~Ⅹ	f=8~12
特坚石	Ⅺ~Ⅻ	f=12~18

(2)平硐全断面开挖4m² 以内和斜井、竖井全断面开挖5m² 以内的最小断面不得小于2m²;如果实际施工中,断面小于2m² 和平硐全断面开挖的断面大于100m²,斜井全断面开挖的断面大于20m²,竖井全断面开挖断面大于25m² 时,各省、自治区、直辖市可另编补充定额。

(3)平硐全断面开挖的坡度在5°以内;斜井全断面开挖的坡度在15°~30°范围内。平硐开挖与出渣定额,适用于独头开挖和出渣长度在500m内的隧道。斜井和竖井开挖与出渣定额,适用于长度在50m内的隧道。硐内地沟开挖定额,只适用于硐内独立开挖的地沟,非独立开挖地沟不得执行本定额。

(4)开挖定额均按光面爆破制定,如采用一般爆破开挖时,其开挖定额应乘以系数0.935。

(5)平硐各断面开挖的施工方法,斜井的上行和下行开挖,竖井的正井和反井开挖,均已综合考虑,施工方法不同时,不得换算。

(6)爆破材料仓库的选址由公安部门确定,2km内爆破材料的领退运输用工已包括在定额内,超过2km时,其运输费用另行计算。

(7)出渣定额中,岩石类别已综合取定,石质不同时不予调整。

(8)平硐出渣“人力、机械装渣,轻执斗车运输”子目中,重车上坡,坡度在2.5%以内的工效降低因素已综合在定额内,实际在2.5%以内的不同坡度,定额不得换算。

(9)斜井出渣定额,是按向上出渣制定的,若采用向下出渣时可执行本定额,若从斜井底通过平硐出渣时,其平硐段的运输应执行相应的平硐出渣定额。

(10)斜井和竖井出渣定额,均包括硐口外50m内的人工推斗车运输,若出硐口后运距超过50m,运输方式也与本运输方式相同时,超过部分可执行平硐出渣、轻轨斗车运输,每增加50m运距的定额;若出硐后,改变了运输方式,应执行相应的运输定额。

(11)本定额是按无地下水制定的(不含施工湿式作业积水),如果施工出现地下水时,积水的排水费和施工的防水措施费,另行计算。

(12)隧道施工中出现塌方和溶洞时,由于塌方和溶洞造成的损失(含停工、窝工)及处理塌方和溶洞发生的费用,另行计算。

(13)隧道工程硐口的明槽开挖执行土石方工程的相应开挖定额。

(14)各开挖子目是按电力起爆编制的,若采用火雷管导火索起爆时,可按如下规定换算:电雷管换为火雷管,数量不变,将子目中的两种胶质线扣除,换为导火索,导火索的长度按每个雷管2.12m计算。

2)临时工程

(1)本定额适用于隧道硐内施工所用的通风、供水、压风、照明、动力管线以及轻便轨道线路的临时性工程。

(2)本定额按年摊销量计算,一年内不足一年按一年计算,超过一年按每增一季定额增加,不足一季(3个月)按一季计算(不分月)。

3)隧道内衬

(1)现浇混凝土及钢筋混凝土边墙,拱部均考虑了施工操作平台,竖井采用的脚手架,已综合考虑在定额内,不另计算。喷射混凝土定额中未考虑喷射操作平台费用,如施工中需搭设操作平台时,执行喷射平台定额。

(2)混凝土及钢筋混凝土边墙、拱部衬砌,已综合了先拱后墙、先墙后拱的衬砌比例,因素不同时,不另计算。边墙如为弧形时,其弧形段每$10m^3$衬砌体积按相应定额增加人工1.3工日。

(3)定额中的模板是以钢拱架、钢模板计算的,如实际施工的拱架及模板不同时,可按各地区规定执行。

(4)定额中的钢筋是以机制手绑、机制电焊综合考虑的(包括钢筋除锈),实际施工不同时,不作调整。

(5)料石砌拱部,不分拱跨大小和拱体厚度均执行本定额。

(6)隧道内衬施工中,凡处理地震、涌水、流砂、坍塌等特殊情况所采取的必要措施,必须做好签证和隐蔽验收手续,所增加的人工、材料、机械等费用,另行计算。

(7)本定额中,采用混凝土输送泵浇筑混凝土或商品混凝土时,按各地区的规定执行。

4)隧道沉井

(1)本章预算定额包括沉井制作、沉井下沉、封底、钢封门安拆等共13节45个子目。

(2)本章预算定额适用于软土隧道工程中采用沉井方法施工的盾构工作井及暗埋段连续沉井。

(3)沉井定额按矩形和圆形综合取定,无论采用何种形状的沉井,定额不作调整。

(4)定额中列有几种沉井下沉方法,套用何种沉井下沉定额由批准的施工组织设计确定。挖土下沉不包括土方外运费,水力出土不包括砌筑集水坑及排泥水处理。

(5)水力机械出土下沉及钻吸法吸泥下沉等子目均包括井内、外管路及附属设备的费用。

5)盾构法掘进

(1)本章定额包括盾构掘进、衬砌拼装、压浆、管片制作、防水涂料、柔性接缝环、施工管线路拆除以及负环管片拆除等共33节139个子目。

(2)本章定额适用于采用国产盾构掘进机,在地面沉降达到中等程度(盾构在砖砌建筑物下穿越时允许发生结构裂缝)的软土地区隧道施工。

(3)盾构及车架安装是指现场吊装及试运行,适用于ϕ7 000mm以内的隧道施工,拆除是指拆卸装车。ϕ7 000mm以上盾构及车架安拆按实计算。盾构及车架场外运输费按实另计。

(4)盾构掘进机选型,应根据地质报告,隧道复土层厚度、地表沉降量要求及掘进机技术性能等条件,由批准的施工组织设计确定。

(5)盾构掘进在穿越不同区域土层时,根据地质报告确定的盾构正掘面含砂性土的比例,按表1-4-8所示系数调整该区域的人工、机械费(不含盾构的折旧及大修理费)。

盾构掘进在穿越不同区域图层时　　表1-4-8

盾构正掘面土质	隧道横截面含砂性土比例	调整系数
一般软黏土	不大于25%	1.0
黏土夹层砂	25% ~50%	1.2
砂性土(干式出土盾构掘进)	大于50%	1.5
砂性土(水力出土盾构掘进)	大于50%	1.3

(6)盾构掘进在穿越密集建筑群、古文物建筑或堤防、重要管线时,对地表升降有特殊要求者,按表1-4-9系数调整该区域的掘进人工、机械费(不含盾构的折旧及大修理费)。

盾构掘进在穿越对地表升降有特殊要求时　　表1-4-9

盾构直径 ϕ(mm)	允许地表升降量(mm)			
	±250	±200	±150	±100
≥7 000	1.0	1.1	1.2	—
<7 000	—	—	1.0	1.2

注:①允许地表升降量是指复土层厚度大于1倍盾构直径处的轴线上方地表升降量;②如第(5)、(6)条所列两种情况同时发生时,调整系数相加减1计算

(7)采用干式出土掘进,其土方以吊出井口装车止。采用水力出土掘进,其排放的泥浆水以送至沉淀池止,水力出土所需的地面部分取水、排水的土建及土方外运费用另计。水力出土掘进用水按取用自然水源考虑,不计水费,若采用其他水源需计算水费时可另计。

(8)盾构掘进定额中已综合考虑了管片的宽度和成环块数等因素,执行定额时不得调整。

(9)盾构掘进定额中含贯通测量费用,不包括设置平面控制网、高程控制网、过江水准及方向、高程传递等测量,如发生时费用另计。

(10)预制混凝土管片采用高精度钢模和高标号混凝土,定额中已含钢模摊销费,管片预制场地费另计,管片场外运输费另计。

6)垂直顶升

(1)本章预算定额包括顶升管节、复合管片制作、垂直顶升设备安拆、管节垂直顶升、阴极保护安装及滩地揭顶盖等共6节21个子目。

(2)本章预算定额适用于管节外壁断面小于4m^2、每座顶升高度小于10m的不出土垂直顶升。

(3)预制管节制作混凝土已包括内模摊销费及管节制成后的外壁涂料。管节中的钢筋已归入顶升钢壳制作的子目中。

(4)阴极保护安装不包括恒电位仪、阳极、参比电极的原值。

(5)滩地揭顶盖只适用于滩地水深不超过0.5m的区域,本定额未包括进出水口的围护工

程，发生时可套用相应定额计算。

7）地下连续墙

（1）本章预算定额包括导墙、挖土成槽、钢筋笼制作吊装、锁口管吊拔、浇捣连续墙混凝土、大型支撑基坑土方及大型支撑安装、拆除等共7节29个子目。

（2）本章预算定额适用于在黏土、砂土及冲填土等软土层地下连续墙工程，以及采用大型支撑围护的基坑土方工程。

（3）地下连续墙成槽的护壁泥浆采用比重为1.055的普通泥浆。若需取用重晶石泥浆可按不同比重泥浆单价进行调整。护壁泥浆使用后的废浆处理另行计算。

（4）钢筋笼制作包括台模摊销费，定额中预埋件用量与实际用量有差异时允许调整。

（5）大型支撑基坑开挖定额适用于地下连续墙、混凝土板桩、钢板桩等作围护的跨度大于8m的深基坑开挖。定额中已包括湿土排水，若需采用井点降水或支撑安拆需打拔中心稳定桩等，其费用另行计算。

（6）大型支撑基坑开挖由于场地狭小只能单面施工时，挖土机械按表1-4-10调整。

挖土机械单面施工　　表1-4-10

宽　度	两边停机施工	单边停机施工
基坑宽15m内	15t	25t
基坑宽15m外	25t	40t

8）地下混凝土结构

（1）本章预算定额包括护坡、地梁、底板、墙、柱、梁、平台、顶板、楼梯、电缆沟、侧石、弓型底板、支承墙、内衬侧墙及顶内衬、行车道槽形板以及隧道内车道等地下混凝土结构共11节58个子目。

（2）本章预算定额适用于地下铁道车站、隧道暗埋段、引道段沉井内部结构、隧道内路面及现浇内衬混凝土工程。

（3）定额中混凝土浇捣未含脚手架费用。

（4）圆形隧道路面以大型槽形板作底模，如采用其他形式时定额允许调整。

（5）隧道内衬施工未包括各种滑模、台车及操作平台费用，可另行计算。

9）地基加固、监测

（1）本章定额分为地基加固和监测二部分共7节59个子目，地基加固包括分层注浆、压密注浆、双重管和三重管高压旋喷，监测包括地表和地下监测孔布置、监控测试等。

（2）本章定额按软土地层建筑地下构筑物时采用的地基加固方法和监测手段进行编制。地基加固是控制地表沉降，提高土体承载力，降低土体渗透系数的一个手段。适用于深基坑底部稳定、隧道暗挖法施工和其他建筑物基础加固等。监测是地下构筑物建造时，反映施工对周围建筑群影响程度的测试手段。本定额适用于建设单位确认需要监测的工程项目，包括监测点布置和监测二部分，监测单位需及时向建设单位提供可靠的测试数据，工程结束后监测数据立案成册。

（3）分层注浆加固的扩散半径为0.8m，压密注浆加固半径为0.75m，双重管、三重管高压旋喷的固结半径分别为0.4m、0.6m。浆体材料（水泥、粉煤灰、外加剂等）用量按设计含量计算,若设计未提供含量要求时,按批准的施工组织设计计算。检测手段只提供注浆前后 N 值之变化。

(4)本定额不包括泥浆处理和微型桩的钢筋费用,为配合土体快速排水需打砂井的费用另计。

10)金属构件制作

(1)本定领包括顶升管片钢壳、钢管片、顶升止水框、联系梁、车架、走道板、钢跑板、盾构基座、钢围令、钢闸墙、钢轨枕、钢支架、钢扶梯、钢栏杆、钢支撑、钢封门等金属构件的制作共8节26个子目。

(2)本定额适用于软土层隧道施工中的钢管片、复合管片钢壳及盾构工作井布置、隧道内施工用的金属支架、安全通道、钢闸墙、垂直顶升的金属构件以及隧道明挖法施工中大型支撑等加工制作。

(3)本章预算价格仅适用于施工单位加工制作,需外加工者则按实结算。

(4)本定额钢支撑按 ϕ600mm 考虑,采用12mm 钢板卷管焊接而成,若采用成品钢管时定额不作调整。

(5)钢管片制作已包括台座摊销费,侧面环板燕尾槽加工不包括在内。

(6)复合管片钢壳包括台模摊销费,钢筋在复合管片混凝土浇捣子目内。

(7)垂直顶升管节钢骨架已包括法兰、钢筋和靠模摊销费。

(8)构件制作均按焊接计算,不包括安装螺栓在内。

2. 隧道工程预算定额工程量计算规则

1)隧道开挖与出渣

(1)隧道的平硐,斜井和竖井开挖与出渣工程量,按设计图开挖断面尺寸,另加允许超挖量以 m^3 计算。本定额光面爆破允许超挖量:拱部为15cm,边墙为10cm,若采用一般爆破,其允许超挖量:拱部为20cm,边墙为15cm。

(2)隧道内地沟的开挖和出渣工程量,按设计断面尺寸,以 m^3 计算,不得另行计算允许超挖量。

(3)平硐出渣的运距,按装渣重心至卸载重心的直线距离计算,若平硐的轴线为曲线时,硐内段的运距按相应的轴线长度计算。

(4)斜井出渣的运距,按装渣重心至斜井口摘钩点的斜距离计算。

(5)竖井的提升运距,按装渣重心至井口吊斗摘钩点的垂直距离计算。

2)临时工程

(1)粘胶布通风筒及铁风筒按每一硐口施工长度减30m 计算。

(2)风、水钢管按硐长加100m 计算。

(3)照明线路按硐长计算,如施工组织设计规定需要安双排照明时,应按实际双线部分增加。

(4)动力线路按硐长加50m 计算。

(5)轻便轨道以施工组织设计所布置的起、止点为准,定额为单线,如实际为双线应加倍计算,对所设置的道岔,每处按相应轨道折合30m 计算。

(6)硐长 = 主硐 + 支硐(均以硐口断面为起止点,不含明槽)。

3)隧道内衬

(1)隧道内衬现浇混凝土和石料衬砌的工程量,按施工图所示尺寸加允许超挖量(拱部为15cm,边墙为10cm)以 m^3 计算,混凝土部分不扣除0.3m^2 以内孔洞所占体积。

(2)隧道衬砌边墙与拱部连接时,以拱部起拱点的连线为分界线,以下为边墙,以上为拱部。边墙底部的扩大部分工程量(含附壁水沟),应并入相应厚度边墙体积内计算。拱部两端支座,先拱后墙的扩大部分工程量,应并入拱部体积内计算。

(3)喷射混凝土数量及厚度按设计图计算,不另增加超挖、填平补齐的数量。

(4)喷射混凝土定额配合比,按各地区规定的配合比执行。

(5)混凝土初喷5cm为基本层,每增5cm按增加定额计算,不足5cm按5cm计算,若作临时支护可按一个基本层计算。

(6)喷射混凝土定额已包括混合料200m运输,超过200m时,材料运费另计。运输吨位按初喷5cm拱部26t/100m^2,边墙23t/100m^2;每增厚5cm拱部16t/100m^2,边墙14t/100m^2。

(7)锚杆按ϕ22计算,若实际不同时,定额人工、机械应按表1-4-11中所示系数调整,锚杆按净重计算不加损耗。

人工机械系数调整

表1-4-11

锚杆直径	ϕ28	ϕ25	ϕ22	ϕ20	ϕ18	ϕ16
调整系数	0.62	0.78	1	1.21	1.49	1.89

(8)钢筋工程量按图示尺寸以t计算。现浇混凝土中固定钢筋位置的支撑钢筋、双层钢筋用的架立筋(铁马),伸出构件的锚固钢筋均按钢筋计算,并入钢筋工程量内。钢筋的搭接用量:设计图纸已注明的钢筋接头,按图纸规定计算;设计图纸未注明的通长钢筋接头,ϕ25以内的,每8m计算1个接头,ϕ25以上的,每6m计算1个接头,搭接长度按规范计算。

(9)模板工程量按模板与混凝土的接触面积以 m^2 计算。

(10)喷射平台工程量,按实际搭设平台的最外立杆(或最外平杆)之间的水平投影面积以 m^2 计算。

4)隧道沉井

(1)沉井工程的井点布置及工程量,按批准的施工组织设计计算,执行通用项目相应定额。

(2)基坑开挖的底部尺寸,按沉井外壁每侧加宽2.0m计算,执行通用项目中的基坑挖土定额。

(3)沉井基坑砂垫层及刃脚基础垫层工程量按批准的施工组织设计计算。

(4)刃脚的计算高度,从刃脚踏面至井壁外凸口计算,如沉井井壁没有外凸口时,则从刃脚踏面至底板顶面为准。底板下的地梁并入底板计算。框架梁的工程量包括切入井壁部分的体积。井壁、隔墙或底板混凝土中,不扣除单孔面积0.3m^2 以内的孔洞所占体积。

(5)沉井制作的脚手架安、拆,不论分几次下沉,其工程量均按井壁中心线周长与隔墙长度之和乘以井高计算。

(6)沉井下沉的土方工程量,按沉井外壁所围的面积乘以下沉深度(预制时刃脚底面至下沉后设计刃脚底面的高度),并分别乘以土方回淤系数计算。回淤系数:排水下沉深度大于10m为1.05;不排水下沉深度大于15m为1.02。

(7)沉井触变泥浆的工程量,按刃脚外凸口的水平面积乘以高度计算。

(8)沉井砂石料填心、混凝土封底的工程量,按设计图纸或批准的施工组织设计计算。

(9)钢封门安、拆工程量,按施工图用量计算。钢封门制作费另计,拆除后应回收70%的主材原值。

5)盾构法掘进

(1)掘进过程施工阶段划分

①负环段掘进:从拼装后靠管片起至盾尾离开出洞井内壁止。

②出洞段掘进:从盾尾离开出洞井内壁至盾尾离开出洞井内壁40m止。

③正常段掘进:从出洞段掘进结束至进洞段掘进开始的全段掘进。

④进洞段掘进:按盾构切口距进洞井外壁5倍盾构直径的长度计算。

(2)掘进定额中盾构机按摊销考虑,若遇下列情况时,可将定额中盾构掘进机台班内的折旧费和大修理费扣除,保留其他费用作为盾构使用费台班进入定额,盾构掘进机费用按不同情况另行计算。

①顶端封闭采用垂直顶升方法施工的给排水隧道。

②单位工程掘进长度不大于800m的隧道。

③采用进口或其他类型盾构机掘进的隧道。

④由建设单位提供盾构机掘进的隧道。

(3)衬砌压浆量根据盾尾间隙,由施工组织设计确定。

(4)柔性接缝环适合于盾构工作井洞门与圆隧道接缝处理,长度按管片中心圆周长计算。

(5)预制混凝土管片工程量按实体积加1%损耗计算,管片试拼装以每100环管片拼装1组(3环)计算。

6)垂直顶升

(1)复合管片不分直径,管节不分大小,均执行本定额。

(2)顶升车架及顶升设备的安拆,以每顶升一组出口为安拆一次计算。顶升车架制作费按顶升一组摊销50%计算。

(3)顶升管节外壁如需压浆时,则套用分块压浆定额计算。

(4)垂直顶升管节试拼装工程量按所需顶升的管节数计算。

7)地下连续墙

(1)地下连续墙成槽土方量按连续墙设计长度、宽度和槽深(加超深0.5m)计算。混凝土浇注量同连续墙成槽土方量。

(2)锁口管及清底置换以段为单位(段指槽壁单元槽段),锁口管吊拔按连续墙段数加1段计算,定额中已包括锁口管的摊销费用。

8)地下混凝土结构

(1)现浇混凝土工程量按施工图计算,不扣除单孔面积0.3m^2以内的孔洞所占体积。

(2)有梁板的柱高,自柱基础顶面至梁、板顶面计算,梁高以设计高度为准。梁与柱交接,梁长算至柱侧面(即柱间净长)。

(3)结构定额中未列预埋件费用,可另行计算。

(4)隧道路面沉降缝、变形缝按道路工程相应定额执行,其人工、机械乘以1.1系数。

9)地基加固、监测

(1)地基注浆加固以孔为单位的子目,定额按全区域加固编制,若加固深度与定额不同时可内插计算;若采取局部区域加固,则人工和钻机台班不变,材料(注浆阀管除外)和其他机械台班按加固深度与定额深度同比例调减。

(2)地基注浆加固以 m^3 为单位的子目,已按各种深度综合取定,工程量按加固土体的体积计算。

(3)监测点布置分为地表和地下两部分,其中地表测孔深度与定额不同时可内插计算。工程量由施工组织设计确定。

(4)监控测试以一个施工区域内监控3项或6项测定内容划分步距,以组日为计量单位,监测时间由施工组织设计确定。

10)金属构件制作

(1)金属构件的工程量按设计图纸主材(型钢,钢板,方、圆钢等)的重量,以t计算,不扣除孔眼、缺角、切肢、切边的重量。圆形和多边形的钢板按作方计算。

(2)支撑由活络头、固定头和本体组成,本体按固定头单价计算。

八、地铁工程工程量计算

参照《全国统一市政工程预算定额》GYD-301—1999介绍地铁工程工程量计算规则。

1. 土建工程

1)土方与支护

(1)盖挖土方按设计结构净空断面面积乘以设计长度,以 m^3 计算,其设计结构净空断面面积是指结构衬墙外侧之间的宽度乘以设计顶板底至底板(或垫层)底的高度。

(2)隧道暗挖土方按设计结构净空断面(其中拱、墙部位以设计结构外围各增加10cm)面积乘以相应设计长度,以 m^3 计算。

(3)车站暗挖土方按设计结构净空断面面积乘以车站设计长度,以 m^3 计算,其设计结构净空断面面积为初衬墙外侧各增加10cm之间的宽度乘以顶板初衬结构外放10cm至设计底板(或垫层)下表面的高度。

(4)竖井挖土方按设计结构外围水平投影面积乘以竖井高度,以 m^3 计算,其竖井高度指实际自然地面标高至竖井底板下表面标高之差计算。

(5)竖井提升土方按暗挖土方的总量以 m^3 计算(不含竖井土方)。

(6)回填素土、级配砂石、三七灰土按设计图纸回填体积以 m^3 计算。

(7)小导管制作、安装按设计长度以延长米计算。

(8)大管棚制作、安装按设计图纸长度以延长米计算。

(9)注浆根据设计图纸注明的注浆材料,分别按设计图纸注浆量以 m^3 计算。

(10)预应力锚杆、土钉锚杆和砂浆锚杆按设计图纸长度以延长米计算。

2)结构工程

(1)喷射混凝土按设计结构断面面积乘以设计长度,以 m^3 计算。

(2)混凝土按设计结构断面面积乘以设计长度,以 m^3 计算(靠墙的梗斜混凝土体积并入墙的混凝土体积计算,不靠墙的梗斜并入相邻顶板或底板混凝土计算),计算扣除洞口大于 $0.3m^2$ 的体积。

(3)混凝土垫层按设计图纸垫层的体积以 m^3 计算。

(4)混凝土柱按结构断面面积乘以柱的高度,以 m^3 计算(柱的高度按柱基上表面至板或梁的下表面高程之差计算)。

(5)填充混凝土按设计图纸填充量以 m^3 计算。

(6)整体道床混凝土和检修沟混凝土按设计断面面积乘以设计结构长度,以 m^3 计算。

(7)楼梯按设计图纸水平投影面积以 m^2 计算。

(8)格栅、网片、钢筋及预埋件按设计图纸重量以 t 计算。

(9)模板工程按模板与混凝土的实际接触面积以 m^2 计算。

(10)施工缝、变形缝按设计图纸长度以延长米计算。

(11)防水工程按设计图纸面积以 m^2 计算。

(12)防水保护层和找平层按设计图纸面积以 m^2 计算。

3)其他工程

(1)拆除混凝土项目按拆除的体积以 m^3 计算。

(2)洞内材料运输、材料竖井提升按洞内暗挖施工部位所用的水泥、砂、石子、砖及钢材折算重量以 t 计算。

(3)洞内通风按隧道的施工长度减 30m 计算。

(4)洞内照明按隧道的施工长度以延长米计算。

(5)洞内动力线路按隧道的施工长度加 50m 计算。

(6)洞内轨道按施工组织设计所布置的起止点为准,以延长米计算。对所设置的道岔,每处道岔按相应轨道折合 30m 计算。

2. 轨道工程

1)铺轨

(1)隧道、桥面铺轨按道床类型、轨型、轨枕及扣件型号、每公里轨枕布置数量划分,线路设计长度扣除道岔所占长度,以 km 计算。

(2)地面碎石道床铺轨,按轨型、轨枕及扣件型号、每公里轨枕布置数量划分,线路设计长度扣除道岔所占长度和道岔尾部无枕地段铺轨长度,以 km 计算。

(3)道岔长度是指从基本轨前端至辙叉根端的距离。特殊道岔以设计图纸为准。

(4)道岔尾部无枕地段铺轨,按道岔根端至末根岔枕的中心距离以 km 计算。

(5)长钢轨焊接按焊接工艺划分,接头设计数量以个计算。

(6)换铺长轨按无缝线路设计长度以 km 计算。

2)铺道岔

铺设道岔按道岔类型、岔枕及扣件型号、道床形式划分,以组计算。

3)铺道床

(1)铺碎石道床底碴应按底碴设计断面乘以设计长度,以 1 000m^3 为单位计算。

(2)铺碎石道床线间石碴应按线间石碴设计断面乘以设计长度,以 1 000m^3 为单位计算。

(3)铺碎石道床面碴应按面碴设计断面乘以设计长度,并扣除轨枕所占道床体积,以 1 000m^3 为单位计算。

4)安装轨道加强设备及护轨轮

(1)安装绝缘轨距杆按直径、设计数量以 100 根为单位计算。

(2)安装防爬支撑分木枕、混凝土枕地段按设计数量以 1 000 个为单位计算。

(3)安装防爬器分木枕、混凝土枕地段按设计数量以 1 000 个为单位计算。

(4)安装钢轨伸缩调节器分桥面、桥头引线以对计算。

(5)铺设护轮轨工程量,单侧安装时按设计长度以单侧 100 延长米为单位计算,双侧安装时按设计长度折合为单侧安装工程量,仍以单侧 100 延长米计算。

5)线路其他工程

(1)平交道口分单线道口和股道间道口,均按道口路面宽度以 10m 宽为单位计算。遇有多个股道间道口时,应按累加宽度计算。

(2)车挡分缓冲滑动式车挡和库内车挡,均以处计算。

(3)安装线路及信号标志按设计数量,洞内标志以个计算,洞外标志和永久性基标以百个计算。

(4)线路沉落整修按线路设计长度扣除道岔所占长度,以 km 计算。

(5)道岔沉落整修以组计算。

(6)加强沉落整修按正线线路设计长度(含道岔)以正线公里为单位计算。

(7)机车压道按线路设计长度(含道岔)以 km 计算。

(8)改动无缝线路,按无缝线路设计长度以 km 计算。

6)接触轨安装

(1)接触轨安装分整体道床和碎石道床,按接触轨单根设计长度扣除接触轨弯头所占长度,以 km 计算。

(2)接触轨焊接,按设计焊头数量以个计算。

(3)接触轨弯头安装分整体道床和碎石道床,按设计数量以个计算。

(4)安装接触轨防护板分整体道床和碎石道床,按单侧防护板设计长度以 km 计算。

7)轨料运输

轨道车运输按轨料重量以 t 计算。

3. 通信工程

1)导线敷设

(1)导线敷设子目均按照导线敷设方式、类型、规格以 100m 为单位计算。

(2)导线敷设引入箱、架(或设备)的计算,应计算到箱、架中心部(或设备中心部)。

2)电缆、光缆敷设及吊、托架安装

(1)电缆、光缆敷设均是按照敷设方式根据电、光缆的类型、规格分别以 10m、100m 为单位计算。

(2)电缆、光缆敷设计算规则

①电缆、光缆引入设备,工程量计算到实际引入汇接处,预留量从引入汇接处起计算。

②电缆、光缆引入箱(盒),工程量计算到箱(盒)底部水平处,预留量从箱(盒)底部水平处起计算。

(3)安装托板托架、漏缆吊架子目均以套计算。

3)电缆接焊、光缆接续与测试

(1)电缆接焊头按缆芯对数以个计算。

(2)电缆全程测试以条或段计算。

(3)光缆接续头按光缆芯数以个计算。

(4)光缆测试按光缆芯数以光中继段为单位计算。

4)通信电源设备安装

(1)蓄电池安装按其额定工作电压、容量大小划分,以蓄电池组为单位计算。

(2)安装调试不间断电源和数控稳压设备定额是按额定功率划分,以台计算。

(3)安装调试充放电设备以套计算。

(4)安装蓄电池机柜、架分别以架计算。

(5)安装组合电源、配电设备自动性能调测均是以台计算。

5)通信电话设备安装

(1)程控交换机安装调试定额,按门数划分以套计算。

(2)安装终端及打印设备、计费系统、话务台、程控调度交换设备、程控调度电话、双音频电话、数字话机均以套计算。

(3)修改局数据以路由为单位计算。

(4)增减中继线以回线为单位计算。

(5)安装远端用户模块以架计算。

(6)安装交接箱、交接箱模块支架、卡接模块均以个计算。

6)无线设备安装

(1)安装基地电台、安装调测中心控制台、安装调测列车电台,均以套计算。

(2)安装调试录音记录设备、安装调试便携电台(或集群电话),均以台计算。

(3)固定台天线、列车电台天线以副计算。

(4)场强测试以区间为单位计算。

(5)同轴软缆敷设均以根计算。

(6)系统联调以系统为单位计算。

7)光传输、网管及附属设备安装

(1)安装调试多路复用光传输设备,安装调试中心网管设备,安装调试车站网管设备,均以套计算。

(2)安装光纤配线架、数字配线架、音频终端架,均以架计算。

(3)放绑同轴软线,尾纤制作连接均以条计算。

(4)安装光纤终端盒以个计算。

(5)传输系统稳定观测,网管系统运行试验均以系统为单位计算。

8)时钟设备安装

(1)安装调试中心母钟、安装调试二级母钟均以套计算。

(2)安装调试卫星接收天线、以副计算。

(3)安装调试数显站台子钟、数显发车子钟、数显室内子钟、指针室内子钟均以台计算。

(4)车站时钟系统调试、全网时钟系统调试均以系统为单位计算。

9)专用设备安装

(1)中心广播控制台设备、车站广播控制台设备、车站功率放大设备、车站广播控制盒、防灾广播控制盒、列车间隔钟、设备通电 24h 均以套计算。

(2)中心广播接口设备、车站广播接口设备、扩音转接机、电视遥控电源单元、专用操作键盘,均以台计算。

(3)广播分线装置、扩音通话柱、音箱、纸盆扬声器、吸顶扬声器、号码标志牌、隧道电话插销、监视器防护外罩,均以个计算。

(4)安装号筒扬声器子目以对计算。

(5)系统稳定性调试以系统为单位计算。

4. 信号工程

1)室内设备安装

(1)单元控制台安装,按横向单元块数,以台计算。

(2)调度集中控制台安装、信息员工作台安装、调度长工作台安装、调度员工作台安装、微机连锁数字化仪工作台安装、微机连锁应急台安装,以台计算。

(3)电源屏安装、电源切换箱安装,以个计算。

(4)电源引入防雷箱安装,按规格类型以台计算。

(5)电源开关柜安装、熔丝报警电源装置安装、灯丝报警电源装置安装、降压点灯电源装置安装,以台计算。

(6)电气集中组合架安装、电气集中新型组合柜安装、分线盘安装、列车自动运行(ATO)架安装、列车自动防护轨道架安装、列车自动防护码发生器架安装、列车自动监控(RTU)架安装及交流轨道电路与滤波器架安装,分别以架计算。

(7)走线架安装与工厂化配线槽道安装,以 10 架为单位计算。

(8)电缆柜电缆固定,以 10 根为单位计算。

(9)人工解锁按钮盘安装、调度集中分机柜安装、调度集中总机柜安装、列车自动监控(DPU)柜安装、列车自动监控(LPU)柜安装、微机连锁接口柜安装及熔丝报警器安装,以台计算。

(10)电缆绝缘测试,以 10 块为单位计算。

(11)轨道测试盘,按规格型号以台计算。

(12)交流轨道电路防雷组合安装、列车自动防护(ATP)维修盘安装及微机连锁防雷柜安装,以个计算。

(13)中心模拟盘安装,以面计算。

(14)电气集中继电器柜安装,以台计算。

2)信号机安装

(1)矮型色灯信号机安装,高柱色灯信号机安装,分二显示、三显示,以架计算。

(2)进路表示器矮型二方向、矮型三方向、高柱二方向、高柱三方向,以组计算。

(3)信号机托架安装,以个计算。

3)电动道岔转辙装置安装

(1)电动道岔转辙装置单开道岔(一个牵引点)安装、电动道岔转辙装置重型单开道岔(两个牵引点)安装、电动道岔转辙装置(可动心轨)安装及电动道岔转辙装置(复式交分)安装,以组计算。

(2)四线制道岔电路整流二极管安装,以10组为单位计算。

4)轨道电路安装

(1)50Hz交流轨道电路安装,以一送一受、一送二受、一送三受划分子目,以区段为单位计算。

(2)FS2500无绝缘轨道电路安装,以区段为单位计算。

(3)轨道绝缘安装按钢轨重量及普通和加强型绝缘划分,以组计算。

(4)道岔连接杆绝缘安装,按组计算。

(5)钢轨接续线焊接,以点计算。

(6)单开道岔跳线、复式交分道岔跳线安装焊接,以组计算。

(7)极性交叉回流线焊接,以点为单位计算(每点含2根95mm的2×3.5m橡套软铜线)。

(8)列车自动防护(ATP)道岔区段环路安装,按环路长度分为30m、60m、90m、120m,以个计算。

(9)列车识别(PTI)环路安装,日月检环路安装,列车自动运行(ATO)发送环路安装,列车自动运行(ATO)接收环路安装,以个计算。

5)室外电缆防护、箱盒安装

(1)电缆过隔断门防护,以10m为单位计算。

(2)电缆穿墙管防护,以100m为单位计算。

(3)电缆过洞顶防护,以m计算。

(4)电缆梯架,以m计算。

(5)终端电缆盒安装、分向盒安装及变压器箱安装,分型号规格以个计算。

(6)分线箱安装,按用途划分,以个计算。

(7)发车计时器安装,以个计算。

6)箱盒安装基础

(1)矮型信号机基础(一架用),分土、石,以个计算。

(2)变压器箱基础及分向盒基础,分土、石,以10对为单位计算。

(3)终端电缆盒基础及信号机梯子基础,分土、石,以10个为单位计算。

(4)固定连接线用混凝土枕及固定Z(X)型线用混凝土枕,以10个为单位计算。

(5)信号机卡盘、电缆或地线埋设标,分土、石,以10个为单位计算。

7)车载设备调试

(1)列车自动防护车载设备(ATP)静态调试,以车组为单位计算。

(2)列车自动防护车载设备(ATP)动态调试,以车组为单位计算。

(3)列车自动运行车载设备(ATO)静态调试,以车组为单位计算。

(4)列车自动运行车载设备(ATO)动态调试,以车组为单位计算。

(5)列车识别装置车载设备(PTI)静态调试,以车组为单位计算。

8)系统调试

(1)继电联锁及微机联锁站间联系系统调试,以处计算。

(2)继电联锁及微机联锁道岔系统调试,以组计算。

(3)调度集中系统远程终端(RTU)调试,以站计算。

(4)列车自动防护(ATP)系统联调及列车自动运行(ATO)系统调试,以车组为单位计算。

(5)列车自动监控局部处理单元(LPU)系统调试,列车自动监控远程终端单元(RTU)系统调试及列车自动监控车辆段处理单元(DPU)系统调试,以站计算。

(6)列车自动控制(ATC)系统调试,以系统为单位计算。

9)其他

(1)室内设备接地连接,电气化区段室外信号设备接地,以处计算。

(2)电缆屏蔽连接,以10处为单位计算。

(3)信号机安全连接,以10根为单位计算。

(4)信号设备加固培土,信号设备干砌片石,信号设备浆砌片石,信号设备浆砌砖,以“m^3”为单位计算。

(5)分界标安装,以处计算。

(6)地铁信号车站预埋(一般型),地铁信号车站预埋(其他型),以站计算。

(7)转辙机管预埋(单动),转辙机管预埋(双动),转辙机管预埋(复式交分),调谐单元管预埋,以处计算。

第四节　施工图预算编制方法和步骤

一、施工图预算编制方法

1.单价法编制施工图预算

(1)单价法的含义

单价法是用事先编制好的分项工程的单位估价表来编制施工图预算的方法。按施工图计算的各分项工程的工程量,并乘以相应单价,汇总相加,得到单位工程的人工费、材料费、机械使用费之和;再加上按规定程序计算出来的其他直接费、现场经费、间接费、计划利润和税金,便可得出单位工程的施工图预算造价。

单价法编制施工图预算的计算公式表述为:单位工程施工图预算直接费 = Σ(工程量 × 预算定额单价)

(2)单价法编制施工图预算的步骤

单价法编制施工图预算的步骤:搜集各种编制依据资料→熟悉施工图纸和定额→计算工程量→套用预算定额单价→编制工料分析表→计算其他各项费用汇总造价→复核→编制说明、填写封面。具体步骤如下:

①搜集各种编制依据资料。

②熟悉施工图纸和定额。

③计算工程量。

④套用预算定额单价。

⑤编制工料分析表。

⑥计算其他各项应取费用和汇总造价。

单位工程造价 = 直接工程费(直接费 + 其他直接费 + 现场经费) + 间接费 + 计划利润 + 税金

⑦复核。

⑧编制说明、填写封面。

2. 实物法编制施工图预算

(1)实物法的含义

实物法是首先根据施工图纸分别计算出分项工程量,然后套用相应预算人工、材料、机械台班的定额用量,再分别乘以工程所在地当时的人工、材料、机械台班的实际单价,求出单位工程的人工费、材料费和施工机械使用费,并汇总求和,进而求得直接工程费,最后按规定计取其他各项费用,最后汇总就可得出单位工程施工图预算造价。

实物法编制施工图预算,其中直接费的计算公式为:

单位工程预算直接费 = Σ(工程量 × 人工预算定额用量 × 当时当地人工工资单价) +
Σ(工程量 × 材料预算定额用量 × 当时当地材料预算价格) +
Σ(工程量 × 施工机械台班预算定额用量 × 当时当地机械台班单价)

(2)实物法编制施工图预算的步骤

搜集各种编制依据资料→熟悉施工图纸和定额→计算工程量→套用预算人工、材料、机械定额用量→求出各分项人工、材料、机械消耗数量→按当时当地人工、材料、机械单价,汇总人工费、材料费和机械费→计算其他各项目费用,汇总造价→复核→编制说明、填写封面。

实物法与单价法首尾部分的步骤是相同的,所不同的主要是中间的三个步骤:

①工程量计算后,套用相应预算人工、材料、机械台班定额用量。定额消耗量标准,是由工程造价主管部门按照定额管理分工进行统一制定,并根据技术发展适时地补充修改。

②求出各分项工程人工、材料、机械台班消耗数量并汇总单位工程所需各类人工工日、材料和机械台班的消耗量。各分项工程人工、材料、机械台班消耗数量由分项工程的工程量分别乘以预算人工定额用量、材料定额用量和机械台班定额用量而得出的,然后汇总便可得出单位工程各类人工、材料和机械台班的消耗量。

③用当时当地的各类人工、材料和机械台班的实际单价分别乘以相应的人工、材料和机械台班的消耗量,并汇总便得出单位工程的人工费、材料费和机械使用费。

二、施工图预算编制步骤

施工图预算编制步骤如下：

(1)收集基础资料,做好准备主要收集编制施工图预算的编制依据,包括施工图纸、有关的通用标准图、图纸会审记录、设计变更通知、施工组织设计、预算定额、取费标准及市场材料价格等资料。

(2)熟悉施工图等基础资料编制施工图预算前,应熟悉并检查施工图纸是否齐全、尺寸是否清楚,了解设计意图,掌握工程全貌。另外,针对要编制预算的工程内容搜集有关资料,包括熟悉并掌握预算定额的使用范围、工程内容及工程量计算规则等。

(3)了解施工组织设计和施工现场情况编制施工图预算前,应了解施工组织设计中影响工程造价的有关内容。例如,各分部分项工程的施工方法,土方工程中余土外运使用的工具、运距,施工平面图对建筑材料、构件等堆放点到施工操作地点的距离等,以便能正确计算工程量和正确套用或确定某些分项工程的基价。这对于正确计算工程造价,提高施工图预算质量有重要意义。

(4)计算工程量。计算应严格按照图纸尺寸和现行定额规定的工程量计算规则,遵循一定的顺序逐项计算分项子目的工程量。计算各分部分项工程量前,最好先列项。也就是按照分部工程中各分项子目的顺序,先列出单位工程中所有分项子目的名称,然后再逐个计算其工程量。这样,可以避免工程量计算中,出现盲目、零乱的状况,使工程量计算工作有条不紊地进行,也可以避免漏项和重项。

(5)汇总工程量、套预算定额基价(预算单价)。各分项工程量计算完毕,并经复核无误后,按预算定额手册规定的分部分项工程顺序逐项汇总,然后将汇总后的工程量抄入工程预算表内,并把计算项目的相应定额编号、计量单位、预算定额基价以及其中的人工费、材料费、机械台班使用费填入工程预算表内。

(6)计算直接工程费。计算各分项工程直接费并汇总,即为一般土建工程定额直接费,再以此为基数计算其他直接费、现场经费,求和得到直接工程费。

(7)计取各项费用。按取费标准(或间接费定额)计算间接费、计划利润、税金等费用,求和得出工程预算价值,并填入预算费用汇总表中,同时计算技术经济指标,即单方造价。

(8)进行工料分析计算出该单位工程所需要的各种材料用量和人工工日总数,并填入材料汇总表中。这一步骤通常与套定额单价同时进行,以避免二次翻阅定额。如果需要,还要进行材料价差调整。

(9)编制说明,填写封面,装订成册。

第五节　工程实例

一、桩基工程施工图预算书

1. 工程概况

人工挖孔桩的孔径1m,水平间距1.5m,桩长9m。

其中纵筋配筋为 10ϕ20，HRB400，间距 350mm；螺旋箍筋选用 ϕ8，间距为 150mm；加强筋 ϕ14，间距为 2m；混凝土保护层厚取 50mm = 0.05m；桩芯的混凝土选用 C25，砾 40（用 R32.5 普硅水泥），混凝土护壁混凝土选用 C15 砾 20（R32.5）。

2. 预算编制计算

（1）工程量计算

①桩混凝土灌量

$$V_{注} = (\pi/4)D_1^2 l_1 n = (\pi/4)\times 1^2 \times 9 \times 50 = 353.25(m^3)$$

②人工挖孔入岩量

$$V_{入} = (\pi/4)D_2^2 l_3 n = (\pi/4)\times 1.2^2 \times 0.5 \times 50 = 28.26(m^3)$$

③人工挖孔挖土量

$$V_{土} = (\pi/4)D_2^2 l_2 n = (\pi/4)\times 1.2^2 \times 8.5 \times 50 = 480.42(m^3)$$

④钢筋笼制作安装量

$$m = m_1 + m_2 + m_3$$

Ⅲ级钢筋，10 根 ϕ20 主筋量：

$$\begin{aligned} m_1 &= [(l_1 - 2c + l_g + l_t + l_k)\times n_g + 2l_d]\times q \times 10^{-3} \times n \\ &= [(9 - 2\times 0.05 + 6.25\times 0.02 + 3\times 20\times 0.02 + 0.5)\times 10 + 2\times 0.5]\times 2.47\times 10^{-3}\times 50 \\ &= 13.37(t) \end{aligned}$$

间距 2m，ϕ14，加强筋量：

$$\begin{aligned} m_2 &= [\pi(D_1 - 2c - 2d_2 - 2d_1) + l_t]\times[(l_1 - 2c)\div x + 1]\times q\times 10^{-3}\times n \\ &= [3.14\times(1 - 2\times 0.05 - 2\times 0.008 - 2\times 0.02) + 20\times 0.014]\times \\ &\quad [(9 - 2\times 0.05)\div 2 + 1]\times 1.21\times 10^{-3}\times 50 \\ &= 0.966(t) \end{aligned}$$

ϕ8 螺旋箍筋量：

$$\begin{aligned} m_3 &= (l_1 - 2c)\times\sqrt{1 + \pi\left(\frac{D_1 - 2c}{b}\right)^2}\times q\times 10^{-3}\times n \\ &= (9 - 2\times 0.05)\times\sqrt{1 + \pi\left(\frac{1 - 2\times 0.05}{0.15}\right)^2}\times 0.395\times 10^{-3}\times 50 \\ &= 3.32(t) \end{aligned}$$

式中：l_1 为灌注桩长，m；l_2 为挖土桩长，m；l_3 为桩入岩长，m；n 为桩数，根；l_g 为勾长，m；l_t 为搭接长度，m；l_k 为承台嵌入筋长，m；n_g 为主筋根数，根；l_d 为吊筋长，m；b 为螺距，m；q 为钢筋每米重量，t；x 为加强筋间距，m；D_1 为桩径，m；D_2 为算挖土、岩时的计算桩径，m。c 为混凝土保护层厚度；d_2 为螺旋箍筋直径；d_1 为纵筋直径。

则钢筋笼制安量：

$$m = m_1 + m_2 + m_3 = 13.369 + 0.966 + 3.316 = 17.65(\text{t})$$

⑤挖孔体积

$$V_{挖} = (\pi/4) \times D_1^2 \times l \times n = (\pi/4) \times 1^2 \times 9 \times 50 = 353.25(\text{m}^3)$$

(2)工料分析计算

因本预算为包工包料工程，因此只需计算主材消耗量。

主要材料用量包括：

①$\phi20$、$\phi14$、$\phi8$ 钢筋，共用量计算结果见前工程量计算部分。

由现场灌注桩混凝土配合比及基价表知 C25 砾 40 混凝土(用 R32.5 普硅水泥)，每 1m^3 混凝土配比为 R32.5 水泥 373kg、砂子 0.47m^3、石子 0.83m^3；由定额 A3-31 可知，灌注 10m^3 混凝土桩，需混凝土 10.15m^3；由定额 A3-28，桩护壁 10m^3，需砖 9.025m^3；由定额 A3-30 知，混凝土护壁 10m^3，需 C15 砾 20(R32.5) 10.15m^3；由定额 A3-29，混凝土护壁模板 10m^2，需模板 $0.071\,9\text{m}^3$。

②32.5 水泥用量

$$m = 353.25 \times 1.015 \times 0.373 = 133.74(\text{t})$$

③砂子用量

$$V_{砂} = 353.25 \times 1.015 \times 0.47 = 168.52(\text{m}^3)$$

④40 砾石用量

$$V_{石} = 353.25 \times 1.015 \times 0.83 = 297.60(\text{m}^3)$$

⑤模板木材

$$V_{板} = 353.25 \times 0.07 \times 0.1 = 2.47(\text{m}^3)$$

⑥砖

$$V_{砖} = 353.25 \times 9.03 \times 0.1 = 318.99(\text{m}^3)$$

(3)材料价差计算

①钢筋

查定额编号 A5-3 可知，$\phi10$ 以内钢筋定额单价为 4 331.36 元/t，$\phi10$ 以上钢筋定额单价为 4 700 元/t，本月株洲地区公布的钢材实价为 $\phi10$ 以内 4 800 元/t，$\phi10$ 以上为 5 200 元/t。

因此钢筋差价为：

$$\begin{aligned} \phi20、\phi14\ 钢筋差价 &= 钢材消耗量 \times 钢材单位差价 \\ &= (13.37 + 0.97) \times (5\,200 - 4\,700) = 7\,167.5(元) \\ \phi8\ 钢筋差价 &= 3.316 \times (4\,800 - 4\,331.36) = 1\,554(元) \end{aligned}$$

②水泥

查定额 A3-31 代码 P2-45 可知，32.5 水泥定额单价为 319.11 元/t，株洲地区定额站公布本月水泥平均价为 350.00 元/t，有：

水泥差价 = 水泥用量 × 水泥单位差价 = 133.74 × (350.00 − 319.11) = 4 131.23(元)

③模板

查定额 A3-29 可知，模板木材定额单价为 1 843.28 元/m^3，株洲地区本月市场价为 1 700.00元/m^3，有：

模板木材差价 = 模板用量 × 模板价差 = 2.47 × (1 700.00 − 1 843.28) = −353.90(元)

④砂

查定额 A3-28 知,砂定额单价为 278.77 元/m^3,株洲地区本月砂市场价为 310.00 元/m^3,有:

砂价差 = 砂用量 × 砂价差 = 168.52 × (310.00 − 278.77) = 5 262.88(元)

⑤砖

查定额 A3-28 知,砖定额单价为 252.94 元/m^3,株洲地区本月市场价为 270.00 元/m^3,有:

砖价差 = 砖用量 × 砖差价 = 318.99 × (270.00 − 252.94) = 5 441.97(元)

3. 湖南省株洲市某小区 5 号楼人工挖孔桩工程预算(图 1-4-1)

工程名称:湖南省株洲市××小区 5 号楼人工挖孔桩

建设单位:湖南省××局

工程预算总造价:610 140.52 元

预算单位造价:1 727.22 元/m^3

施工单位:湖南省××工程公司(盖章)

负责人:　(签字)

编　制:　(签字)

审　核:　(签字)

编制日期:2014 年 12 月 23 日

图 1-4-1　湖南省株洲市某小区 5 号楼人工挖孔桩工程预算书(封面)

1)预算编制说明

(1)本预算工程计算依据建设单位提供的招标文件、某勘察设计院提供本工程地质勘察报告、某建设设计院提供的人工挖孔桩的设计施工图及设计说明,工程现场踏勘及招标答疑会纪要等文件进行的。

(2)本工程预算取费执行 2014 湖南省建设厅(湘建[2014]价字第 296 号文)颁发的《湖南省建筑工程计价消耗量标准》。

(3)本工程定额基价执行 2014 年湖南省建设厅批准,由湖南省建设工程定额管理站编制的《湖南省建设工程单位估价表》。

(4)主材价格执行 2014 年第四季度株洲地区市场价,工程结算时按与当地当时实际价或当地定额站发布的价格信息进行调整。

(5)人工挖孔入岩单孔按平均 0.5m 入岩计算。

(6)本预算未包括施工场地"三通一平",测量定点及其他需要现场签证费用。

(7)本工程均按三类工程计。

2)预算表

(1)岩土工程预算取费表(表 1-4-12)

岩土工程预算取费表 表1-4-12

序号	费用项目名称	计算式	金额(元)	备注
A	直接工程费	(一)+(二)+(三)	474 612.22	执行株洲地区2014第四季度人工调整系数和机械费调整系数
(一)	直接费	①+②+③	437 834.15	
①	按定额估价表计算的费用	∑工程量×定额基价	433 952.84	
②	人工费调整	∑定额人工费×2.32%	3 713.01	
③	机械费调整	∑定额机械费×1.45%	168.30	
(二)	其他直接费	(一)×3.00%	13 135.03	
(三)	现场经费	(一)×5.40%	23 643.04	
B	间接费	A×5.40%	36 117.99	
C	利润	A×6.00%	28 476.73	
D	单独计取费用	④	7 641.26	
④	远地施工增加费	A×1.61%	7 641.26	50km以内计
E	材料价差	见材料价差表	23 203.68	
F	税前工程造价	A+B+C+D+E	570 051.88	
G	税金	F×3.413%	19 455.87	
H	劳保基金	(F+G)×3.50%	20 632.77	
I	工程总造价	F+G+H	610 140.52	
J	工程单位造价	I/桩混凝土体积	1 727.22元/m^3	

(2)岩土工程预算表(表1-4-13)

岩土工程预算表 表1-4-13

序号	定额编号	项目名称	单位	工程量	定额直接费(元)		定额机人工(元)		定额机械费(元)		备注
					基价	合价	基价	合价	基价	合价	
1	A3-31	桩芯混凝土浇筑	10m^3	35.325	4 063.53	143 544.2	715.40	25 271.51	68.38	2 415.52	
2	A3-22	挖孔入岩	10m^3	2.826	2 706.70	7 649.13	2 618.70	7 400.45	—	—	
3	A3-20	挖孔入土	10m^3	48.042	1 121.40	53 874.30	1 086.40	52 192.83	—	—	
4	A5-3	ϕ8钢筋	t	3.316	5 743.16	19 044.32	1 309.70	4 342.97	102.10	338.56	
5	A3-32	钢筋笼安装	t	17.651	397.02	7 007.80	81.20	1 433.26	315.82	5 574.54	
6	A1-12	土石方外运	10m^3	5.086 8	1 339.80	6 815.30	1 339.80	6 815.30	—	—	运距以30m计
7	A3-29	混凝土护壁模板	10m^3	141.3	347.88	49 155.44	210.49	29 742.24	4.86	686.72	
8	A3-28	砖护壁	10m^3	15.543	4 449.99	69 166.20	1 561.70	24 273.50	31.34	487.12	
9	A5-21	三级钢筋20	t	13.369	5 401.33	72 210.38	586.00	7 834.236	145.67	1 947.46	
10	A5-18	三级钢筋14	t	0.966	5 678.85	5 485.77	763.00	737.06	162.52	157.00	
11	合计		—	—	—	433 952.84	—	160 043.35	—	11 606.92	

(3)工程量计算表(表 1-4-14)

工 程 量 计 算 表　　表 1-4-14

序号	工程项目名称	单位	数量	计 算 式	备注
1	挖孔桩混凝土	$10m^3$	35.325	$V_{注}=(\pi/4)D_1^2l_1n=(\pi/4)\times1^2\times9\times50=353.25(m^3)$	桩长 9m
2	挖孔桩入岩	$10m^3$	2.826	$V_{入}=(\pi/4)D_2^2l_3n=(\pi/4)\times1.2^2\times0.5\times50=28.26(m^3)$	入岩 0.5m
3	挖孔桩入土	$10m^3$	48.042	$V_{土}=(\pi/4)D_2^2l_2n=(\pi/4)\times1.2^2\times8.5\times50=480.42(m^3)$	挖土 8.5m
4	钢筋笼安装	t	17.656	$m=m_1+m_2+m_3$	
	ϕ20 主筋	t	13.37	$m_1=[(l_1-2c+l_g+l_t+l_k)\times n_g+2l_\alpha]\times q\times10^{-3}\times n=13.37(t)$	
	ϕ14 加强筋	t	0.966	$m_2=[\pi(D_1-2c-2d_2-2d_1)+l_t]\times[(l_1-2c)\div x+1]\times q\times10^{-3}\times n=0.966(t)$	
	ϕ8 螺旋箍筋	t	3.32	$m_3=(l_1-2c)\times\sqrt{1+\pi\left(\frac{D_1-2c}{b}\right)^2}\times q\times10^{-3}\times n=3.32(t)$	
	合计	t	17.656	$m=13.37+0.966+3.32=17.656(t)$	
5	土方外运	$10m^3$	480.42	$V_{土}=(\pi/4)D_2^2l_2n=(\pi/4)\times1.2^2\times8.5\times50=480.42(m^3)$	
6	岩方外运	$10m^3$	2.826	$V_{入}=(\pi/4)D_2^2l_3n=(\pi/4)\times1.2^2\times0.5\times50=28.26(m^3)$	
7	混凝土护壁模板	$10m^3$	141.3	$V=\pi\cdot D_1\cdot l\cdot n=1\,413(m^3)$	
8	砖护壁	$10m^3$	15.543	$V_{土}=(\pi/4)D_2^2l_2n=(\pi/4)\times(D_2^2-D_1^2)\times l\times n=155.43(m^3)$	

(4)工料汇总表(表 1-4-15)

工 料 汇 总 表　　表 1-4-15

序　号	工料名称	规格	单位	数量	计 算 式
1	钢筋	ϕ20 主筋	t	13.37	$m_1=[(l_1-2c+l_g+l_t+l_k)\times n_g+2l_\alpha]\times q\times10^{-3}\times n=13.37(t)$
		ϕ14 加强筋	t	0.966	$m_2=[\pi(D_1-2c-2d_2-2d_1)+l_t]\times[(l_1-2c)\div x+1]\times q\times10^{-3}\times n=0.966(t)$
		ϕ8 螺旋箍筋	t	3.32	$m_3=(l_1-2c)\times\sqrt{1+\pi\left(\frac{D_1-2c}{b}\right)^2}\times q\times10^{-3}\times n=3.32(t)$
		小于 ϕ10	t	3.32	ϕ8
		大于 ϕ10	t	14.34	ϕ20 + ϕ14 加强筋
2	水泥	32.5	m^3	133.74	$353.25\times1.015\times0.373=133.74(t)$
3	砂子	中砂	m^3	168.52	$V_{砂}=353.25\times1.015\times0.47=168.52(m^3)$
4	石子	砾 40	m^3	297.60	$V_{石}=353.25\times1.015\times0.83=297.60(m^3)$
5	模板		m^3	2.47	$V_{板}=353.25\times0.07\times0.1=2.47(m^3)$
6	砖	240×115×53	m^3	318.99	$V_{砖}=353.25\times9.03\times0.1=318.99(m^3)$

(5)材料价差表(表 1-4-16)

材料价差表

表 1-4-16

序号	材料名称	单位	数量	单价(元)			合价(元)	备注
				定额单价	实际单价	差价		
1	钢筋小于ϕ10	t	3.32	4 431.36	4 800.00	468.64	1 554.00	按株洲地区 2014 年第四季度市场价计
	钢筋大于ϕ10	t	14.34	4 700.00	5 200.00	500.00	7 167.50	
2	水泥	t	133.74	319.11	350.00	30.89	4 131.23	
3	模板	m^3	2.47	1 843.28	1 700.00	-143.28	-353.90	
4	砂	m^3	168.52	278.77	310.00	31.23	5 262.88	
5	砖	m^3	318.99	252.94	270.00	17.06	5 441.97	
合计							23 203.68	

(6)计算相关定额

5 号楼人工挖孔灌注混凝土桩的预算定额参照 2014《湖南省建筑工程计价消耗量标准》P79 第五节人工挖孔灌注混凝土桩。

①成孔(表 1-4-17),工作内容:挖土石,100m 以内运距运土石;孔内安全照明,架子塔拆。

成孔(单位:$10m^3$)

表 1-4-17

编号					A3-20	A3-21	A3-22	A3-23
项目					桩孔深 20m 内			
					普通土	坚土	Ⅳ级岩体	Ⅲ级岩体
基价(元)					1 121.40	2 109.20	2 706.70	3 577.71
其中	人工费				1 086.40	2 041.20	2 618.70	2618.70
	材料费				35.00	68.00	88.00	88.00
	机械费				—	—	—	871.01
名称		代码	单位	单价	数量			
人工	综合人工	00001	工日	70.00	15.52	29.16	37.41	37.41
材料	照明及安全费占人工费	410 854	元	1.00	35.00	68.00	88.00	88.00
机械	电动空气压缩机 $3m^3/min$	J10-13	台班	219.63	—	—	—	3.62
	风动凿岩机手持式	J1-74	台班	10.49	—	—	—	7.24

注:①安全及照明设施费指井口护栏及孔内安全架子搭投、安全照明费;

②Ⅴ级岩体按第一章说明第一条第二款执行;

③地下水一下部分,每米计电动单级离心 ϕ50 清水 1.5 台班;在洞口 5m 以下开始送风,每挖 1m 深,计算吹风机 1 台班;

④挖流沙流砂层按发生流砂层区域范围内设计体积(包括护壁)计算,每 m^3 增加 2.5 工日

②护壁(表 1-4-18),工作内容:砖护壁:调运砂浆、砌砖;混凝土护壁模板:模板制、安、拆;混凝土搅拌、浇筑、养护。

护　　壁

表 1-4-18

编号					A3-28	A3-29	A3-30
项目					护壁		
					砖护壁	混凝土护壁模板	混凝土护壁混凝土
单位					$10m^3$	$10m^3$	$10m^3$
基价(元)					4 449.99	347.88	4637.46
其中		人工费			1 561.70	210.49	1 238.30
		材料费			2 856.95	132.53	3 219.20
		机械费			31.34	4.86	179.96
名称		代码	单位	单价	数量		
人工	综合人工	00001	工日	70.00	22.31	3.007	17.69
材料	标准砖 240mm×115mm×53mm	040238	m^3	252.94	9.025	—	—
	水	410649		4.38	1.25	—	9.39
	现浇混凝土 C15 砾 20(32.5)	050090		1 843.28	—	0.071 9	—
	水泥砂浆 M10(32.5)	P2-23		313.11	—	—	10.15
		P9-14		278.77	2.04	—	—
机械	载货汽车 6t	J4-6	台班	452.34	—	0.008	—
	单卧轴式混凝土搅拌机 350L	J6-11		179.96	—	—	1.00
	灰浆搅拌机 200L	J6-16		92.19	0.34	—	—
	木工圆锯机 ϕ500mm	J7-12		30.95	—	0.04	—

③安放钢筋笼、桩芯混凝土浇筑(表 1-4-19),工作内容:混凝土搅拌、浇筑、养护;安放钢筋笼。

安放钢筋笼、桩芯混凝土浇筑

表 1-4-19

编号					A3-31	A3-32
项目					桩芯混凝土浇筑	安放钢筋笼
单位					$10m^3$	T
基价(元)					4 063.53	397.02
其中		人工费			715.40	81.20
		材料费			3 279.75	—
		机械费			68.38	315.82
名称		代码	单位	单价	数量	
人工	综合人工	00001	工日	70.00	10.22	1.16
材料	现浇混凝土 C20 砾 40(32.5)	P2-25	m^3	319.11	10.15	—
	水	410 649	m^3	4.38	9.31	—
机械	汽车式起重机 20t	J3-21	台班	1 089.04	—	0.29
	单卧轴式混凝土搅拌机 350L	J6-11	台班	179.96	0.38	—

④普通钢筋(表1-4-20),工作内容:制作、绑扎、安装。

普通钢筋(单位:t)　　表1-4-20

编号					A5-3	A5-18	A5-21
项目					圆钢筋(直径 mm)	带肋钢筋(直径 mm)	
					8	14	20
基价(元)					5 743.16	5 678.85	5 401.33
其中			人工费		1 309.70	763.00	586.60
			材料费		4 331.36	4 753.33	4 669.06
			机械费		102.10	162.52	145.67
名称		代码	单位	单价	数量		
人工	综合人工	00001	工日	70.00	18.71	10.90	8.38
材料	HPB300 直径 8mm	011413	kg	4.20	1 020.00	—	—
	HRB400 直径 14mm	011427	kg	4.59	—	1 020.00	—
	HRB400 直径 30mm	011430	kg	4.50	—	—	1 020.00
	镀锌铁丝 22 井	011453	kg	5.75	8.00	3.56	1.97
	电焊条	011322	kg	7.00	—	7.20	9.60
	水	410649	m^3	4.38	0.31	0.15	0.12
机械	电动卷扬机 50mm	J5-10	台班	128.66	0.31	0.22	0.16
	钢筋切断机 ϕ40mm	J7-2	台班	49.51	—	0.10	0.09
	钢筋弯曲机 ϕ40mm	J7-3	台班	26.98	0.15	0.20	0.17
	对焊机容量 75	J9-12	台班	216.81	0.85	0.11	0.10
	直流电弧焊机 32kW	J9-8	台班	188.70	0.13	0.53	0.50

⑤土方运输(表1-4-21),工作内容:人工运土包括装土、运土、卸土及平整。

土方运输(单位:$100m^2$)　　表1-4-21

编号					A1-12	A1-13
项目					人工运土方	
					运距 30m 以内	每增加 20m
基价(元)					1 339.80	319.20
其中			人工费		1 339.80	319.20
			材料费		—	—
			机械费		—	—
名称		代码	单位	单价	数量	
人工	综合人工	00001	工日	70.00	19.14	4.56

二、深基坑支护施工图预算书

预算书编制的条件需要收集和准备工程招标文件、工程地质勘测报告、桩基础设计施工图纸及设计说明、实际现场考察情况、当地执行定额及有关价格标准。

1. 工程概况

湖南株洲江海房地产开发有限公司拟在株洲市太子路西侧蛇咀处新建江海·南国公馆商业住宅楼小区。设地上18层,地下2层,地下室埋深7.5m,基坑长60m,宽50m,周长220m,基坑形状为长方形,基坑开挖体积为24 000m^2。地面以下底层依次为:0～4.7m杂填土,4.7～10m淤泥质粉质黏土。基坑支护设计为土钉墙支护结构,设计支护参数为:土钉孔径120mm,土钉纵横向间距为1.0m,土钉钢筋条采用直径为28mm的三级螺纹钢,土钉排数为5排,土钉的平均长度为6.5m,不放坡垂直开挖,钢筋网面规格为直径为6mm的二级螺纹钢筋,尺寸100mm×100mm,土钉头外加焊0.6m长的直径为16mm的光圆钢筋,"井"字钢筋作为加强筋,面层喷射C25细石混凝土,厚100mm,分2次施喷。

2. 预算编制计算

1)工程量计算

(1)土钉支护工程量 m_1

土钉钢筋以重量表示,本工程设计基坑长度60m,宽50m,周长220m,基坑深8.0m,土钉间距1.0m。

故土钉行数:$n=220/1+1=221$ 行

设计土钉排为5排,每排单根土钉个数为6.5m,直径为28mm的二级螺纹钢 $q=4.834\text{kg/m}$,有:

土钉工程量 $m_1=l_{\pm}\times q\times 10^{-3}=221\times 5\times 6.5\times 4.834\times 10^{-3}=34.7(\text{t})$

式中:$l_{\pm}$为土钉总长度,m。

(2)墙面钢筋网工程量 m_2

设计钢筋网面规格为直径为6mm的二级螺纹钢筋,尺寸100×100,$q=1.58\text{kg/m}$。

设计每个土钉头带"井"字架钢筋长度 $l_2=4\times 0.6=2.4(\text{m/个})$

土钉头数 $y=$ 土钉行数 × 排数 $=221\times 5=1\,105$(个)

直径为16mm的加强钢筋总长:$l=y\times l_1=2\,652\text{m}$

直径为16mm的加强钢筋工程量:$m_3=lq/1\,000\approx 4.1(\text{t})$

(3)墙面喷射混凝土工程量 F

以喷射墙面面积为单位计算,故:

$$F=l_{周长}\times(H+0.5)=1\,870(\text{m}^2)$$

墙面复喷时按每增加1cm计费,本工程墙厚10cm,初喷5cm,复喷5cm,因此等效复喷工程量为:

$$1\,870\times 5=9\,350(\text{m}^2)$$

2)套用定额

基坑中土钉支护及喷射混凝土挂网定额套用。

3)工料分析计算

(1)钢筋用量,见工程量计算内容。

(2)由"混凝土配合比及基价"表可知,C20细石现浇混凝土每1m^2混凝土配比为R32.5:

水泥0.484t,砂子0.58m³,石子0.71m³,由定额鄂2-153可知,前5cm的初喷工程量为:$100m^2 \times 0.05m = 5m^3$,混凝土面墙需消耗混凝土10.21m³,则每喷1m³墙需要混凝土2.04m³,每增加1cm墙厚需要消耗混凝土1.28m³,由此可得水泥用量m。

$$m = F \times (0.05 \times 2.04 + 0.01 \times 5 \times 1.28) \times 0.484 = 150.2(t)$$

$$V_{砂} = 1\,870 \times (0.05 \times 2.04 + 0.05 \times 1.28) \times 0.58 = 180.0(m^3)$$

$$V_{石} = 1\,870 \times (0.05 \times 2.04 + 0.05 \times 1.28) \times 0.71 = 220.4(m^3)$$

式中:F为喷射混凝土面积;$V_{砂}$为砂子用量;$V_{石}$为石头用量。

4)预算费用计算

将以上计算的各项工程量分别套用该项目定额即可计算出各项的定额直接费、定额人工费、定额机械费,再将各项项目费用合计即可得到基坑支护工程的定额直接费,定额总人工费、定额机械费,用于其他费用的计算,见后面预算表。

3. 湖南省江海房大厦基坑支护预算书(图1-4-2)

工程名称:湖南江海房大厦基坑支护
建设单位:湖南××投资有限公司
工程预算总造价:492 271.11元
预算单位造价:295.67元/m²
施工单位:中国建筑第五局基础公司(盖章)
负责人: (签字)
编 制: (签字)
审 核: (签字)

编制日期:2014年12月26日

图1-4-2 湖南江海房大厦基坑支护预算书(封面)

1)预算编制说明

(1)本预算工程计算是依据建设单位提供的招标文件,某勘察文件设计院提供的场地工程地质勘察报告,某设计院提供的基坑开挖支护设计图纸及设计文件、工程现场踏勘及招标答疑会纪要等文件进行的。

(2)本工程预算取费执行2014年湖南省建设厅《湖南省建筑工程计价消耗量标准》。

(3)本工程基坑土钉支护及喷射砼项目执行《湖南省建筑工程计价消耗量标准》。

(4)主材价格执行2014年第二季度长沙地区市场价,人工费及机械费调整系数采用2014年上半年湖南省定额站公布的调整系数。

(5)本工程按三类工程计费。

(6)本预算未包括施工现场地签证费用。

2)预算表

(1)岩土工程预算取费表(表1-4-22)

岩土工程预算取费表(单位:元)　　表1-4-22

序　号	费用项目名称	计　算　式	金　额
A	直接工程费	㈠+㈡+㈢	396 727.68
(一)	直接费	①+②+③	365 984.96
①	定额估价费用	工程量×定额基价	362 573.22
②	人工费调整	定额人工费×2.32%	1 396.10
③	机械费调整	定额机械费×1.45%	2 015.64
㈡	其他直接费	㈠×3.00%	10 979.54
㈢	现场经费	㈠×5.40%	19 763.18
B	间接费	A×7.61%	30 190.97
C	利润	A×6.00%	2 380.66
D	单独计取费用	④+⑤	9 204.07
④	远地施工增加费	A×1.61%	6 387.31
⑤	副食品价格调节基金	A×0.7%	2 816.76
E	材料差价	—	—
F	税前工程造价	A+B+C+D+E	459 926.97
G	税金	F×3.413%	15 697.30
H	劳保基金	(F+G)×3.5%	16 646.84
I	工程总造价	F+G+H	492 271.11
J	工程单位造价	I/支护面积	295.67

(2)岩土工程预算表(表1-4-23)

岩土工程预算表(单位:元)　　表1-4-23

序号	定额编号	项目名称	单位	工程量	定额直接费		定额人工费		定额机械费	
					单价	合价	单价	合价	单价	合价
1	2-153	网喷混凝土初喷	$100m^2$	13.75	4 561.73	62 723.78	1 012.34	13 919.67	1 273.36	17 508.7
2	2-154	网喷混凝土复喷	$100m^2$	68.75	577.63	39 712.06	132.68	9 121.75	159.22	10 946.37
3	2-114	面墙挂网钢筋	t	14.935	3 698.61	55 238.74	730.36	10 907.92	319.01	4 764.41
4	2-115	护坡砂浆土钉	t	34.7	5 904.86	204 898.6	755.84	26 227.64	978.92	33 968.52
5		合计				362 573.18		60 176.98		67 188.00

(3)工程量计算表(表1-4-24)

工　程　量　计　算　表　　表1-4-24

序　号	工程项目名称	单　位	数　量	计　算　式
1	网喷混凝土初喷	$100m^2$	13.75	F=基坑周长×(基坑深度+0.5)
2	网喷混凝土复喷	$100m^2$	68.75	$F'=F$×复喷混凝土厚度

续上表

序号	工程项目名称	单位	数量	计算式
3	墙面挂钢筋网	t	14.935	$m = m_1 + m_2$
	ϕ16 加强筋	t	4.1	m_1 = 加强筋总长 $\times q \times 10^{-3}$
	ϕ6 网筋	t	10.835	m_2 = 墙面网筋总长 $\times q \times 10^{-3}$
	合计	t	14.935	$m = m_1 + m_2$
4	护坡砂浆土钉	t	34.7	$m = l_{\pm} \times q \times 10^{-3}$

（4）工料汇总表（表 1-4-25）

工料汇总表 表 1-4-25

序号	工料名称	规格	单位	数量
1	钢筋	ϕ25	t	34.7
		ϕ16	t	4.1
		ϕ6	t	10.8
2	水泥	R32.5	t	150.2
3	砂子	中砂	m^3	180.0
4	石子	砾石 20	m^3	220.4

（5）计算相关定额

①土钉（表 1-4-26），工作内容：①钻孔、清孔、移机；②配置浆液、安插注浆管、注浆、检测注浆效果。

土钉（单位：100m） 表 1-4-26

编号					A2-41	A2-42
项目					土钉成孔	土钉灌注
基价（元）					2 493.94	2 612.23
其中	人工费				1 400.00	840.00
	材料费				89.30	1 157.52
	机械费				1 004.64	614.71
名称		代码	单位	单价	数量	
人工	综合人工	00001	工日	70.00	20.00	12.00
材料	合金钻头	320210	个	3.40	0.50	—
	水	410649	m^3	4.38	20.00	—
	灌注注浆 1:0.45:0.25	P8-3	m^3	578.76	—	2.00
机械	轻便钻机 XJ-100	J12-68	台班	201.15	3.00	—
	电动多级离心清水泵 50mm	J8-11	台班	133.73	3.00	—
	内燃空气压缩机 $12m^3/min$	J10-21	台班	751.77	—	0.30
	电动灌浆机	J12-38	台班	102.40	—	2.00
	灰浆搅拌机 200L	J6-16	台班	92.19	—	2.00

②钢筋运输（表1-4-27），工作内容：附属加工厂成型钢筋装车，室内运输，施工现场卸车。

钢筋运输（单位：10t）　　表1-4-27

编号					A5-74	A5-75	A5-76
项目					成型钢筋运输		
					载重汽车运输人装人卸（运距）		
					1km以内	3km以内	每增加1km
基价（元）					1 532.75	1 582.50	22.62
其中	人工费				1 311.10	1 311.10	—
	材料费				—	—	—
	机械费				221.65	271.40	22.62
名称		代码	单位	单价	数量		
人工	综合人工	00001	工日	70.00	18.73	18.73	—
机械	载货汽车6t	J4-6	台班	452.34	0.49	0.60	0.05

③喷射混凝土支护（表1-4-28），工作内容：配料、投料、搅拌、混合料场内运输；喷射机操作、喷射、冲洗岩石收回弹料、喷试块。

喷射混凝土支护（单位：$100m^2$）　　表1-4-28

编号				2-153	2-154
项目				网喷射混凝土	
				初喷5cm	每增加1cm
基价（元）				4 561.73	577.63
其中	人工费			1 012.34	132.68
	材料费			2 017.82	253.03
	机械费			1 273.36	159.22
	综合费			2 58.21	32.70
名称		单位	单价	数量	
人工	综合人工	工日	24.80	40.82	5.35
材料	现浇混凝土C25，碎石20mm	m^3	188.91	10.21	1.28
	水	m^3	1.00	21.24	2.66
	高压风管	m	8.16	3.70	0.46
	其他材料费	元	1.00	37.62	4.81
机械	轨道平车　5t	台班	21.05	4.22	0.53
	双锥反转出料混凝土搅拌机　500L	台班	118.22	1.60	0.20
	混凝土喷射机　$5m^3/h$	台班	142.77	1.60	0.20
	电动空压机　$10m^3/min$	台班	341.95	1.44	0.18
	轴流风机　30kW	台班	2.43	2.56	2.00

④现浇及现场就位预支混凝土配合比及基价表(表1-4-29)

现浇及现场就位预支混凝土配合比及基价表 表1-4-29

定额编号			P02010	P02011	P02012	P02013	P02014	P02015
项目			砾石最大粒径20mm					
			C10	C15	C20	C25	C30	
材料名称	单位	单价	数量					
水泥425号	kg	0.28	247.00	287.00	327.00	383.00	424.00	—
水泥525号	kg	0.36	—	—	—	—	—	361.00
水泥625号	kg	0.50	—	—	—	—	—	—
中净砂	kg	34.00	0.65	0.80	0.54	0.49	0.44	0.51
砾石20mm	m^3	41.00	0.77	0.77	0.81	0.82	0.82	0.81
水	m^3	0.89	0.18	0.18	0.18	0.18	0.18	0.18
基价	元		122.99	133.38	143.29	157.68	167.46	180.67
定额编号			P02016	P02017	P02018	P02019	P02020	P02021
项目			砾石最大粒径20mm					
			C35	C40		C50		C60
材料名称	单位	单价	数量					
水泥425号	kg	0.28	—	—	—	—	—	—
水泥525号	kg	0.36	399.00	437.00	—	510.00	—	—
水泥625号	kg	0.50	—	—	391.00	—	437.00	496.00
中净砂	kg	34.00	0.47	0.44	0.48	0.38	0.44	0.39
砾石20mm	m^3	41.00	0.82	0.82	0.82	0.81	0.82	0.82
水	m^3	0.89	0.18	0.18	0.18	0.18	0.18	0.18
基价	元		193.40	206.06	245.60	229.89	267.24	295.04

三、地基处理施工图预算书

某强夯地基施工图预算书的编制如下。

1. 预算书编制条件

收集和准备包括工程招标文件、场地工程地质勘察报告、强夯地基处理工程设计施工图、招标文件要求的执行定额及预算取费标准等。

2. 工程概况

某房地产开发项目,设计对场区人工填土进行强夯处理后作为建筑物的地基,设计处理区长350m,宽180m,设计采用夯锤重量15t,夯锤直径2m,锤落距12m,夯击3遍,采用3台强夯机械同时作业。

3. 工程预算编制计算

(1)工程量计算

F =(加固处理有效长 + 夯锤直径)×(加固处理有效宽 + 夯锤直径)

=(350 + 2) × (180 + 2)

=64064(m^2)

(2)工料分析计算

因强夯处理只涉及人工及机械消耗,没有材料消耗,因此无此项内容。

(3)材料价差计算

同理,无材料价差。

(4)预算费用计算

夯击能 = 夯锤重 × 落距 = 15 × 10 × 12 = 1 800(kN · m),夯击遍的定额编号为01079。

定额基价:1 607.60 元/100m^2

人工费单价:151.49 元/100m^2

机械费单价:1 456.11 元/100m^2

①强夯处理预算费用

定额直接费 = 工程量 × 定额基价 = 640.64 × 1 607.60 = 1 029 892.86(元)

定额人工费 = 工程量 × 定额人工费单价 = 640.64 × 151.49 = 97 050.55(元)

定额机械费 = 工程量 × 定额机械费单价 = 640.64 × 1 456.11 = 932 842.31(元)

②强夯机械进出场费

定额基价:5 000.92 元/台次

人工费:165.68 元

机械费:4 259.95 元/台次

强夯机械进出场费 = 机械台数 × 定额基价 = 3 × 5 000.92 = 15 002.76(元)

强夯机械进出场人工费 = 机械台数 × 每台人工费 = 3 × 165.68 = 497.04(元)

强夯机械进出场机械费 = 机械台数 × 每台机械费 = 3 × 4 259.95 = 12 779.85(元)

③工程预算费用

定额直接费 = 1 029 892.86 + 15 002.76 = 1 044 895.62(元)

定额人工费 = 97 050.55 + 497.04 = 97 547.59(元)

定额机械费 = 932 842.31 + 12 779.85 = 945 622.16(元)

④工程预算费用

人工费调整 = 定额人工费 × 调整系数 = 97 547.59 × 2.32% = 2 263.10(元)

机械费调整 = 定额机械费 × 调整系数 = 945 622.16 × 1.45% = 13 711.52(元)

直接费 = 定额直接费 + 人工费调整 + 机械费调整

= 1 044 895.62 + 2 263.10 + 13 711.52

= 1 058 833.24(元)

其他直接费 = 直接费 × 费率 = 1 058 833.24 × 3.00% = 31 765.00(元)

现场经费 = 直接费 × 费率 = 1 058 833.24 × 5.40% = 57 176.99(元)

直接工程费 = 直接费 + 其他直接费 + 现场经费

= 1 058 833.24 + 31 765.00 + 57 176.99

= 1 147 775.23(元)

间接费 = 直接工程费 × 费率 = 1 147 775.23 × 7.61% = 87 345.70(元)

利润 = 直接工程费 × 费率 = 1 147 775.23 × 6.00% = 68 866.51(元)

远地施工增加费 = 直接工程费 × 费率 = 1 147 775.23 × 1.61% = 18 479.18(元)

税前工程造价 = 直接工程费 + 间接费 + 利润 + 远地施工增加费

= 1 147 775.23 + 87 345.70 + 68 866.51 + 18 479.18

= 1 322 466.62(元)

税金 = 税前工程造价 × 税率 = 1 322 466.62 × 3.413% = 45 135.79(元)

劳保基金 = (1 322 466.62 + 45 135.79) × 3.50% = 47 866.08(元)

工程总造价 = 1 322 466.62 + 45 135.79 + 47 866.08 = 1 415 468.49(元)

工程单位造价 = 1 415 468.49/(350 × 180) = 22.47(元/m^2)

4. 某强夯地基施工图预算书(图 1-4-3)

工程名称:某强夯地基

建设单位:湖南 × × 投资有限公司

工程预算总造价:1 415 468.49 元

预算单位造价:22.47 元/m^2

施工单位:中国建筑第三局基础公司(盖章)

负责人: (签字)

编　制: (签字)

审　核: (签字)

编制日期:2014 年 12 月 28 日

图 1-4-3　某强夯地基施工图预算书(封面)

1)预算编制说明

(1)本预算工程计算是依据建设单位提供的招标文件,某勘察文件设计院提供的场地工程地质勘察报告,某设计院提供的设计图纸及设计文件、工程现场踏勘及招标答疑会纪要等文件进行的。

(2)本工程预算取费执行 2014 年湖南省建设厅《湖南省建筑工程计价消耗量标准》。

(3)人工费及机械费调整系数采用 2014 年上半年湖南省定额站公布的调整系数。

(4)本工程按三类工程计费。

(5)本预算未包括施工现场地签证费用。

2)预算表

(1)岩土工程预算取费表(表1-4-30)

岩土工程预算取费表(单位:元)　　表1-4-30

序　号	费用项目名称	计　算　式	金　额
A	直接工程费	(一)+(二)+(三)	1 147 775.23
(一)	直接费	①+②+③	1 058 833.24
①	定额估价费用	工程量×定额基价	1 044 895.62
②	人工费调整	定额人工费×2.32%	2 263.10
③	机械费调整	定额机械费×1.45%	13 711.52
(二)	其他直接费	(一)×3.00%	31 765.00
(三)	现场经费	(一)×5.40%	57 176.99
B	间接费	A×7.61%	87 345.70
C	利润	A×6.00%	68 866.51
D	单独计取费用	④+⑤	18 479.18
④	远地施工增加费	A×1.61%	18 479.18
⑤	副食品价格调节基金	—	—
E	材料差价	—	—
F	税前工程造价	A+B+C+D+E	1 322 466.62
G	税金	F×3.413%	45 135.79
H	劳保基金	(F+G)×3.5%	47 866.08
I	工程总造价	F+G+H	1 415 468.49
J	工程单位造价	I/面积	22.47 元/m^2

(2)岩土工程预算表(表1-4-31)

岩土工程预算表(单位:元)　　表1-4-31

序号	定额编号	项目名称	单位	工程量	定额直接费		定额人工费		定额机械费	
					单价	合价	单价	合价	单价	合价
1	01079	强夯	100m^2	640.64	1 607.60	1 029 892.86	151.49	97 050.55	1 456.11	932 842.31
2	J13038	强夯机械进出场费	台次	3	5 000.92	15 002.76	165.68	497.04	4 259.95	12 779.85
3		合计				1 044 895.62		97 547.59		945 622.16

(3)计算相关定额

①地基强夯定额(表1-4-32),工作内容:准备机具,按设计要求布置锤位线、夯击;夯锤位移、施工道路平整。

地基强夯定额(单位:100m)　　表1-4-32

编号					01078	01079
项目					夯击能2 000kN·m以内	
					夯击遍数	
					2	3
基价(元)					1 185.38	1 607.60
其中	人工费				111.50	151.49
	材料费				—	—
	机械费				1 073.88	1 456.11
名　称		代码	单位	单价	数量	
人工	综合人工	—	工日	19.70	5.66	7.69
材料	合金钻头	—	个	3.40	0.50	—
	水	—	m^3	4.38	20.00	—
	灌注注浆1:0.45:0.25	—	m^3	578.76	—	2.00
机械	强夯机械2 000kN·m	—	台班	1 373.53	0.59	0.80
	推土机75kW以内	—	台班	446.61	0.59	0.80

②特、大型施工机械进(出)场费用定额(表1-4-33)

特、大型施工机械进(出)场费用定额　　表1-4-33

定额编号	机械名称	规格型号	单位	基价(元)	其中		
					人工费	材料费	机械费
J13038	强夯机械	1 200kN·m	台次	5 000.92	165.68	575.29	4 259.95
J13039		200-300	台次	5 787.71	165.68	575.29	5 046.74

四、暗挖车站土石方及桩柱工程施工图预算书

1.预算书编制条件

收集和准备包括工程招标文件、场地工程地质勘察报告,暗挖工程设计施工图,招标文件要求的执行定额及预算取费标准等。

2.工程概况

地坡岭二号线暗挖车站土石方及桩柱工程,其中三类土人工开挖1 000m^3,机械开挖1 000m^3;四类土人工开挖80 000m^3,机械开挖80 000m^3;挖淤泥、流砂100m^3。

3. 地坡岭二号线暗挖车站土石方及桩柱工程预算书(图1-4-4)

工程名称:地坡岭二号线暗挖车站土石方及桩柱工程	工程地点:××××
建筑面积:	结构类型:
工程造价:68 619 626.69 元	单方造价:××××
建设单位:××××	设计单位:××××
施工单位:××××	编制人:
审核人:	编制日期:
建筑单位:　　(公章)	施工单位:　　(公章)

图1-4-4　地坡岭二号线暗挖车站土石方及桩柱工程预算书(封面)

预算表如表(1-4-34)~表(1-4-37)所示。

(1)单位工程费用表(表1-4-34)

单位工程费用表　　表1-4-34

序号	费用名称	费率(%)	金额
一	定额直接费		56 136 470.19
	其中:人工费		32 489 925
二	现场管理费		3 368 188.22
	①临时设施费	3	1 684 094.11
	②现场经费	3	1 684 094.11
三	直接费		59 504 658.41
四	企业管理费	4.22	2 511 096.58
五	利润	7	4 341 102.85
六	税金	3.41	2 262 768.85
	定额直接费汇总		56 136 470.19
	工程造价		68 619 626.69

(2)单位工程预算表(表1-4-35)

单位工程预算表(与费用表合一)　　表1-4-35

序号	编号	名称	工程量		价值(元)		其中(元)	
			单位	数量	单价	合价	人工费	材料费
1	借F4-26	盖挖、暗挖车站土石方及暗挖、盖挖车站桩柱工程　暗挖车站土方　暗挖土方(人工开挖)　三类土	100m³	10	3 519.71	35 197.1	31 050	1 671.6
2	借F4-31	盖挖、暗挖车站土石方及暗挖、盖挖车站桩柱工程　暗挖车站土方　暗挖土方(机械开挖)　三类土	100m³	10	2 539.82	25 398.2	2 610	1 671.6
3	借F4-32	盖挖、暗挖车站土石方及暗挖、盖挖车站桩柱工程　暗挖车站土方　暗挖土方(机械开挖)　四类土	100m³	8 000	2 798.65	22 389 200	2 088 000	1 337 280

续上表

序号	编号	名称	工程量		价值(元)		其中(元)	
			单位	数量	单价	合价	人工费	材料费
4	借 F4-27	盖挖、暗挖车站土石方及暗挖、盖挖车站桩柱工程 暗挖车站土方 暗挖土方(人工开挖) 四类土	$100m^3$	8 000	4 209.71	33 677 680	30 360 000	1 337 280
5	借 F4-28	盖挖、暗挖车站土石方及暗挖、盖挖车站桩柱工程 暗挖车站土方 暗挖土方(人工开挖) 挖淤泥、流砂	$100m^3$	1	8 994.89	8 994.89	8 265	333.81
		分部小计				56 136 470.2	32 489 925	2 678 237
1		定额直接费			56 136 470.2	56 136 470.2		
2		其中:人工费			32 489 925	32 489 925		
3		现场管理费			3 368 188.22	3 368 188.22		
4		①临时设施费	%	3	56 136 470.2	1 684 094.11		
5		②现场经费	%	3	56 136 470.2	1 684 094.11		
6		直接费			59 504 658.4	59 504 658.4		
7		企业管理费	%	4.22	59 504 658.4	2 511 096.58		
8		利润	%	7	62 015 755	4 341 102.85		
9		税金	%	3.41	66 356 857.8	2 262 768.85		
10		工程造价			68 619 626.7	68 619 626.7		

(3)单位工程工程量计算书(表 1-4-36)

单位工程工程量计算书 表 1-4-36

序号	定额编号	定额名称	单位	数量	工程量表达式
1	借 F4-26	盖挖、暗挖车站土石方及暗挖、盖挖车站桩柱工程 暗挖车站土方暗挖土方(人工开挖) 三类土	$100m^3$	10	1 000
2	借 F4-31	盖挖、暗挖车站土石方及暗挖、盖挖车站桩柱工程 暗挖车站土方 暗挖土方(机械开挖) 三类土	$100m^3$	10	1 000
3	借 F4-32	盖挖、暗挖车站土石方及暗挖、盖挖车站桩柱工程 暗挖车站土方 暗挖土方(机械开挖) 四类土	$100m^3$	8 000	800 000
4	借 F4-27	盖挖、暗挖车站土石方及暗挖、盖挖车站桩柱工程 暗挖车站土方 暗挖土方(人工开挖) 四类土	$100m^3$	8 000	800 000
5	借 F4-28	盖挖、暗挖车站土石方及暗挖、盖挖车站桩柱工程 暗挖车站土方 暗挖土方(人工开挖) 挖淤泥、流砂	$100m^3$	1	100

(4)单位工程人材机汇总表(表 1-4-37)

单位工程人材机汇总表 表 1-4-37

序号	名称及规格	单位	数量	市场价	合计
一	人工类别				
1	综合工日(地铁建筑)	工日	1 082 997.5	30	32 489 925

续上表

序号	名称及规格	单位	数量	市场价	合计
三	材料类别				
1	其他材料费	元	26 596.51	1	26 596.51
2	竖井龙门架(钢构件)	kg	530 328.1	5	2 651 640.5
四	机械类别				
1	机动翻斗车装载质量(t)1	台班	64 080	92.81	5 947 264.8
2	履带式单斗挖掘机液压斗容量(m^3)1	台班	12 813	862.8	11 055 056.4
3	电动卷扬机双筒慢速牵引力(kN)50	台班	40 054	99.02	3 966 147.08
	合计				56 136 630.29

五、盾构工程施工图预算书

1. 预算书编制条件

收集和准备包括工程招标文件、场地工程地质勘察报告，盾构工程设计施工图，招标文件要求的执行定额及预算取费标准等。

2. 工程概况

地坡岭二号线盾构工程，土压平衡式盾构掘进10km，直径6m。盾构机安装、拆除盾构吊装1台次；车架安装、拆除，整体始发(30t以内)1节，盾构过站1台次。其他工程量见单位工程工程量计算书。

3. 地坡岭二号线盾构工程预算书(图1-4-5)

工程名称：地坡岭二号线盾构工程	工程地点：××××
建筑面积：	结构类型：
工程造价：389 498 094.57元	单方造价：××××
建设单位：××××	设计单位：××××
施工单位：××××	编制人：
审核人：	编制日期：
建筑单位：　（公章）	施工单位：　（公章）

图1-4-5　地坡岭二号线盾构工程预算书(封面)

预算表如表1-4-38～表1-4-43所示。

(1)单位工程费用表(表1-4-38)

单位工程费用表　表1-4-38

序号	费用名称	费率(%)	金额
一	定额直接费		318 641 316.4
	其中：人工费		43 308 317.85
二	现场管理费		19 118 478.98

续上表

序号	费用名称	费率(%)	金额
	①临时设施费	3	9 559 239.49
	②现场经费	3	9 559 239.49
三	直接费		337 759 795.3
四	企业管理费	4.22	14 253 463.36
五	利润	7	24 640 928.11
六	税金	3.41	12 843 907.77
	定额直接费汇总		318 641 316.4
	工程造价		389 498 094.57

(2)单位工程预算表(表1-4-39)

单位工程预算表(与费用表合一)　　表1-4-39

序号	编号	名称	工程量		价值(元)		其中(元)	
			单位	数量	单价	合价	人工费	材料费
1	借F3-103	盾构机安装、拆除及掘进盾构机安装、拆除盾构吊装　φ7 000以内	台·次	1	116 139.39	116 139.39	11 398.5	13 353.87
2	借F3-105	盾构机安装、拆除及掘进车架安装、拆除　车架安装　整体始发　30t以内	节	1	7 256.15	7 256.15	956.25	2 307.48
3	借F3-111	盾构机安装、拆除及掘进　φ≤7 000土压平衡式盾构掘进　负环段掘进	m	10 000	11 351.44	113 514 400	20 685 000	37 606 700
4	借F3-112	盾构机安装、拆除及掘进　φ≤7 000土压平衡式盾构掘进　始发段掘进	m	10 000	6 758.31	67 583 100	7 578 000	31 241 100
5	借F3-113	盾构机安装、拆除及掘进　φ≤7 000土压平衡式盾构掘进　正常段掘进	m	10 000	6 053.54	60 535 400	6 180 000	28 438 400
6	借F3-114	盾构机安装、拆除及掘进　φ≤7 000土压平衡式盾构掘进　到达段掘进	m	10 000	6 772.7	67 727 000	7 047 000	29 565 500
7	借F3-127	管片　预制钢筋混凝土管片制作制作预制钢筋混凝土管片　制作φ7 000以内	$100m^3$	50	87 885.01	4 394 250.5	529 950	2 274 765.5
8	借F3-128	管片　预制钢筋混凝土管片制作制作管片钢筋	t	10	5 607.98	56 079.8	6 192	41 972.4
9	借F3-129	管片　预制钢筋混凝土管片制作成环水平试拼装　预制钢筋混凝土管片成环水平试拼装φ7 000以内	环	100	1 658.25	165 825	40 680	23 745
10	借F3-130	管片　预制钢筋混凝土管片制作管片场内运输	$100m^3$	100	3 611.68	361 168	48 720	14 420
11	借F3-132	管片　管片设置密封条　管片设置三元乙丙　φ7 000以内	环	100	711.43	71 143	17 088	35 810

续上表

序号	编号	名　　称	工程量		价值(元)		其中(元)	
			单位	数量	单价	合价	人工费	材料费
12	借 F3-133	管片　管片嵌缝(管片外径 φ7 000 以内)　氯丁乳胶水泥	环	100	467.39	46 739	21 420	15 062
13	借 F3-136	盾构其他工程　衬砌壁后压浆　水泥砂浆	$100m^3$	10	37 534.82	375 348.2	61 080	193 190.8
14	借 F3-139	盾构其他工程　柔性接缝环　施工阶段临时防水环板	t	1	6 966.62	6 966.62	633.6	4 272.97
15	借 F3-141	盾构其他工程　柔性接缝环　正式阶段拆除临时钢环板	t	10	1 653.93	16 539.3	5 025.9	1 569.8
16	借 F3-141	盾构其他工程　柔性接缝环　正式阶段拆除临时钢环板	t	10	1 653.93	16 539.3	5 025.9	1 569.8
17	借 F3-142	盾构其他工程　柔性接缝环　正式阶段拆除洞口环管片	m^3	100	1 918.29	191 829	55 140	1 914
18	借 F3-143	盾构其他工程　柔性接缝环　正式阶段安装钢环板	t	10	4 987.29	49 872.9	7 602	16 183.4
19	借 F3-144	盾构其他工程　柔性接缝环　正式阶段柔性接缝环	m	100	1 968.02	196 802	30 750	129 851
20	借 F3-145	盾构其他工程　洞口钢筋混凝土环圈非泵送	m^3	100	2 399.29	239 929	38 193	126 241
21	借 F3-147	盾构其他工程　负环管片拆除外径 φ7 000 以内	m	100	3 217.71	321 771	179 685	19 692
22	借 F3-148	盾构其他工程　隧道内管线路拆除外径 φ7 000 以内	100m	100	13 510.96	1 351 096	468 132	152 281
23	借 F3-149	盾构其他工程　盾构基座及手孔封堵盾构基座制作	t	10	5 587.87	55 878.7	4 947	41 204.6
24	借 F3-150	盾构其他工程　盾构基座及手孔封堵手孔封堵	100 个	10	1 248.8	12 488	3 499.2	3 698.6
25	借 F3-151	盾构其他工程　盾构过站	台·次	1	288 119.49	288 119.49	40 500	151 611.67
26	借 F3-152	措施项目　模板工程　衬砌模板弧形模板台车	$100m^2$	10	2 398.36	23 983.6	3 030	5 199.4
27	借 F3-160	措施项目　脚手架　脚手架搭、拆双排	$100m^2$	10	450.48	4 504.8	2 617.5	1 693.9
28	借 F3-160	措施项目　脚手架　脚手架搭、拆双排	$100m^2$	10	450.48	4 504.8	2 617.5	1 693.9

续上表

序号	编号	名称	工程量		价值(元)		其中(元)	
			单位	数量	单价	合价	人工费	材料费
29	借 F3-161	措施项目 脚手架 竖井脚手架搭拆深20m以内	座	50	810.4	40 520	16 309.5	23 095
30	借 F3-164	措施项目 洞内临时工程 洞内通风 一季度以内	100m	100	4 406.05	440 605	94 500	36 985
31	借 F3-165	措施项目 洞内临时工程 洞内通风 每增一季度	100m	10	4 083.42	40 834.2	7 200	2 722.2
32	借 F3-172	措施项目 洞内临时工程 洞内照明 一季度以内	100m	100	1 968.91	196 891	52 350	144 541
33	借 F3-173	措施项目 洞内临时工程 洞内照明 每增一季度	100m	10	1 392.19	13 921.9	900	13 021.9
34	借 F3-174	措施项目 洞内临时工程 洞内轨道 一季度以内	100m	100	1 635.43	163 543	59 175	104 368
35	借 F3-175	措施项目 洞内临时工程洞内轨道每增一季度	100m	10	1 032.77	10 327.7	3 000	7 327.7
		分部小计				318 641 316	43 308 318	130 457 065
1		定额直接费			318 641 316	318 641 316		
2		其中:人工费			43 308 318	43 308 317.9		
3		现场管理费			19 118 479	19 118 479		
4		①临时设施费	%	3	318 641 316	9 559 239.49		
5		②现场经费	%	3	318 641 316	9 559 239.49		
6		直接费			337 759 795	337 759 795		
7		企业管理费	%	4.22	337 759 795	14 253 463.4		
8		利润	%	7	352 013 259	24 640 928.1		
9		税金	%	3.41	37 665 4187	12 843 907.8		
10		工程造价			389 498 095	389 498 095		

(3)单位工程工程量计算书(表1-4-40)

单位工程工程量计算书

表1-4-40

序号	定额编号	定 额 名 称	单位	数量	工程量表达式
1	借 F3-103	盾构机安装、拆除及掘进盾构机安装、拆除 盾构吊装 φ7 000 以内	台·次	1	1
2	借 F3-105	盾构机安装、拆除及掘进 车架安装、拆除车架安装整体始发 30t 以内	节	1	1
3	借 F3-111	盾构机安装、拆除及掘进 $\varphi \leqslant$7 000 土压平衡式盾构掘进负环段 掘进	m	10 000	10 000

续上表

序号	定额编号	定　额　名　称	单位	数量	工程量表达式
4	借 F3-112	盾构机安装、拆除及掘进 φ≤7 000 土压平衡式盾构掘进　始发段　掘进	m	10 000	10 000
5	借 F3-113	盾构机安装、拆除及掘进 φ≤7 000 土压平衡式盾构掘进　正常段　掘进	m	10 000	10 000
6	借 F3-114	盾构机安装、拆除及掘进 φ≤7 000 土压平衡式盾构掘进　到达段　掘进	m	10 000	10 000
7	借 F3-127	管片　预制钢筋混凝土管片制作　制作　预制钢筋混凝土管片制作 φ7000 以内	100m^3	50	5 000
8	借 F3-128	管片　预制钢筋混凝土管片制作　制作　管片钢筋	t	10	10
9	借 F3-129	管片　预制钢筋混凝土管片制作　成环水平试拼装　预制钢筋混凝土管片成环水平试拼装 φ7 000 以内	环	100	100
10	借 F3-130	管片　预制钢筋混凝土管片制作　管片场内运输	100m^3	100	10 000
11	借 F3-132	管片　管片设置密封条　管片设置三元乙丙　φ7 000 以内	环	100	100
12	借 F3-133	管片　管片嵌缝(管片外径 φ7 000 以内)　氯丁乳胶水泥	环	100	100
13	借 F3-136	盾构其他工程　衬砌壁后压浆　水泥砂浆	100m^3	10	1 000
14	借 F3-139	盾构其他工程　柔性接缝环　施工阶段　临时防水环板	t	1	1
15	借 F3-141	盾构其他工程　柔性接缝环　正式阶段　拆除临时钢环板	t	10	10
16	借 F3-141	盾构其他工程　柔性接缝环　正式阶段　拆除临时钢环板	t	10	10
17	借 F3-142	盾构其他工程　柔性接缝环　正式阶段　拆除洞口环管片	m^3	100	100
18	借 F3-143	盾构其他工程　柔性接缝环　正式阶段　安装钢环板	t	10	10
19	借 F3-144	盾构其他工程　柔性接缝环　正式阶段　柔性接缝环	m	100	100
20	借 F3-145	盾构其他工程　洞口钢筋混凝土环圈　非泵送	m^3	100	100
21	借 F3-147	盾构其他工程　负环管片拆除　外径 φ7 000 以内	m	100	100
22	借 F3-148	盾构其他工程　隧道内管线路拆除　外径 φ7 000 以内	100m	100	10 000
23	借 F3-149	盾构其他工程　盾构基座及手孔封堵盾　构基座制作	t	10	10
24	借 F3-150	盾构其他工程　盾构基座及手孔封堵　手孔封堵	100 个	10	1 000
25	借 F3-151	盾构其他工程　盾构过站	台・次	1	1
26	借 F3-152	措施项目　模板工程　衬砌模板　弧形　模板台车	100m^2	10	1 000
27	借 F3-160	措施项目脚　手架脚　手架搭、拆双排	100m^2	10	1 000
28	借 F3-160	措施项目　脚手架　脚手架搭、拆双排	100m^2	10	1 000
29	借 F3-161	措施项目　脚手架　竖井脚手架搭拆　深 20m 以内	座	50	50
30	借 F3-164	措施项目　洞内临时工程　洞内通风　一季度以内	100m	100	10 000
31	借 F3-165	措施项目　洞内临时工程　洞内通风　每增一季度	100m	10	1 000
32	借 F3-172	措施项目　洞内临时工程　洞内照明　一季度以内	100m	100	10 000
33	借 F3-173	措施项目　洞内临时工程　洞内照明　每增一季度	100m	10	1 000
34	借 F3-174	措施项目　洞内临时工程　洞内轨道　一季度以内	100m	100	10 000
35	借 F3-175	措施项目　洞内临时工程　洞内轨道　每增一季度	100m	10	1 000

(4)单位工程人材机汇总表(表1-4-41)

单位工程人材机汇总表 表1-4-41

序号	名称及规格	单位	数量	市场价	合计
一	人工类别				
1	综合工日(地铁建筑)	工日	1 443 610.595	30	43 308 317.85
三	材料类别				
1	水	m^3	4 121 626	1.44	5 935 141.44
2	其他材料费	元	10 673 170.9	1	10 673 170.9
3	铁件	kg	399	5	1 995
4	钢筋 Φ10 以内	t	2.1	3 600	7 560
5	商品混凝土 C25	m^3	101.5	272	27 608
6	钢丝绳	kg	780	6.3	4 914
7	电	kW · h	25 181 950	0.6	15 109 170
8	商品混凝土 C20	m^3	5 600	262	1 467 200
9	电焊条(综合)	kg	58 590.378	6.14	359 744.92
10	型钢	kg	792.4	3.6	2 852.64
11	乙炔气	kg	611.515	13.33	8 151.49
12	防锈漆	kg	170	8.6	1 462
13	钢筋 Φ10 以外	t	8.6	3 600	30 960
14	圆钉	kg	27	5.37	144.99
15	型钢	t	39.835	3 600	143 406
16	板方材	m^3	21.7	1 020	22 134
17	钢轨	kg	13 550	3.2	43 360
18	中砂	m^3	1 404	54	75 816
19	枕木	m^3	63.411	943	59 796.57
20	脱模剂	kg	2 675	1.6	4 280
21	钢板	t	1.96	4 700	9 212
22	水泥 P. c32.5	t	396.1	280	110 908
23	胶合板 18mm	m^2	21	33.59	705.39
24	氧气	m^3	1 773.789	2.83	5 019.82
25	环氧树脂	kg	74	27.72	2 051.28
26	螺栓	kg	227.28	7	1 590.96
27	高压皮龙管 Φ150 × 3m	根	4	156.3	625.2
28	三乙醇胺	kg	207	17	3 519
29	环圈钢板	t	1.06	3 600	3 816
30	橡胶圈(给水)DN100	个	1 280	4.66	5 964.8

续上表

序号	名称及规格	单位	数量	市场价	合计
31	螺栓套管	个	1 280	1.03	1 318.4
32	乳胶水泥	kg	7 812	8.5	66 402
33	焦油聚氨酯涂料	kg	252	14.32	3 608.64
34	结皮海绵橡胶板	kg	2 825	11.05	31 216.25
35	内防水橡胶止水带	m	105	49	5 145
36	氯丁橡胶浆	kg	40	3.8	152
37	聚苯乙烯泡沫塑料板	m^3	6	300	1 800
38	外防水氯丁酚醛胶	kg	1 016	17.89	18 176.24
39	定型钢模	kg	975	4.8	4 680
40	汽油 70～90 号	kg	55	4.93	271.15
41	外掺剂	kg	1 500	0.66	990
42	松节油	kg	29.31	3.99	116.95
43	红丹防锈漆	kg	258.01	11.2	2 889.71
44	钢管 $\Phi51 \times 3.5$	m	749.73	21.8	16 344.11
45	直角扣件	个	287.77	6.72	1 933.81
46	环氧沥青漆	kg	81	17.2	1 393.2
47	粘胶布风筒 $\varphi1\ 000$	m	891	38	33 858
48	醇酸防锈漆	kg	28.05	8.6	241.23
49	熔断器 380V/100A	个	12.75	7.2	91.8
50	松杂木枋板材（周转材）	m^3	1.4	1 381	1 933.4
51	白炽灯泡 100W	只	2 856	1.17	3 341.52
52	防水灯头	个	352.1	0.8	281.68
53	橡胶三芯软缆 3×35	m	662.5	16.6	10 997.5
54	铁壳闸刀 100A/2	个	2.55	35	89.25
55	钢板垫板	kg	2 184.4	4.5	9 829.8
56	对接扣件	个	56.65	4.8	271.92
57	回转扣件	个	116.97	4.8	561.46
58	底座	个	19.17	4	76.68
59	鱼尾板	kg	771.7	3.8	2 932.46
60	鱼尾螺栓	kg	213.2	6	1 279.2
61	道钉	kg	958.9	5.2	4 986.28
62	钢筋	t	25	3 600	90 000
63	镀锌铁丝	kg	1 118.6	3.9	4 362.54
64	钢板（中厚）	t	1.045	4 000	4 180
65	柴油	kg	50	4.36	218

续上表

序号	名称及规格	单位	数量	市场价	合计
66	机油 10～14 号	kg	22.5	4.6	103.5
67	橡胶板 δ3	kg	32.5	4.42	143.65
68	盾构基座	t	0.92	3 200	2 944
69	带帽螺栓	kg	354.16	6	2 124.96
70	轻轨	kg	386 529.582	2.9	1 120 935.79
71	钢管栏杆	kg	702 800	5	3 514 000
72	钢轨枕	kg	865 200	3.8	3 287 760
73	管片连接螺栓	kg	3 524 500	4	14 098 000
74	锭子油 20 号机油	kg	1 727 400	4.8	8 291 520
75	钢支撑	kg	2 388 890	3.8	9 077 782
76	金属支架	kg	662 000	4.8	3 177 600
77	走道板	kg	922 400	3.8	3 505 120
78	风管	kg	817 600	3.5	2 861 600
79	钢管 Φ80	m	251 200	116.6	29 289 920
80	盾尾油脂	kg	935 700	16.5	15 439 050
81	外加剂 SN-2	kg	19 690	2.39	47 059.1
82	压浆孔螺栓	个	5 072.12	2.16	10 955.78
83	管片钢模精加工制作	kg	48 625	15	729 375
84	现浇及现场就位预制构件混凝土 C50 砾 31.5mm	m^3	5 075	290.7	1 475 302.5
85	钢制台座	kg	6 066.7	3.8	23 053.46
86	黏接剂	kg	244	23.52	5 738.88
87	丁醛自黏腻子	kg	122	15.34	1 871.48
88	软木衬垫	m^2	720	24	17 280
89	三元乙丙	m	5 600	1.2	6 720
90	钢平台	kg	1 004.9	3.8	3 818.62
91	氯丁胶乳水泥	kg	2 909	3.8	11 054.2
92	盖堵不大于 Φ75	个	36	9.2	331.2
四	机械类别				
1	土压平衡式盾构机使用费	元	61 320 000	1	61 320 000
2	电动空气压缩机排气量(m^3/min)10	台班	10 510	348.6	3 663 786
3	履带式起重机提升质量(t)25	台班	16 540	632.5	10 461 550
4	电动卷扬机双筒慢速牵引力(kN)100	台班	138.515	176.1	24 392.49
5	钢筋调直机 Φ14	台班	7.23	34.16	246.98

续上表

序号	名 称 及 规 格	单位	数量	市场价	合计
6	电动空气压缩机排气量(m^3/min)1	台班	215.5	71.87	15 487.99
7	履带式起重机提升质量(t)60	台班	3.01	1 852	5 574.52
8	履带式起重机提升质量(t)100	台班	0.658	3 773	2 482.63
9	钢筋切断机 Φ40	台班	4.85	36.99	179.4
10	钢筋弯曲机 Φ40	台班	5.15	21.99	113.25
11	交流弧焊机容量(kVA)32	台班	79 279.18	101.9	8 078 548.44
12	载货汽车装载质量(t)4	台班	1 641.15	291.7	478 723.46
13	汽车式起重机提升质量(t)16	台班	60.7	847.6	51 449.32
14	交流弧焊机容量(kV·A)42	台班	312.4	129.7	40 518.28
15	汽车式起重机提升质量(t)5	台班	321	390.1	125 222.1
16	电动单级离心清水泵出口直径(mm)100	台班	1 861.2	83.79	155 949.95
17	电动卷扬机双筒慢速牵引力(kN)50	台班	0.5	99.02	49.51
18	立式油压千斤顶起重量(t)200	台班	100.8	8.65	871.92
19	轨道平车装载质量(t)5	台班	46 244	15.31	707 995.64
20	盾构同步压浆泵 D2.1m×7m7 000	台班	70	519.1	36 337
21	轴流通风机　功率(kW)7.5	台班	530.04	32.29	17 114.99
22	电动卷扬机　单筒慢速牵引力(kN)100	台班	371.26	144.8	53 758.45
23	半自动割刀	台班	108	101.3	10 940.4
24	模板台车	台班	108.5	145.2	15 754.2
25	载货汽车　装载质量(t)6	台班	3.15	338.4	1 065.96
26	电瓶车　牵引质量(t)8	台班	1.24	194.3	240.93
27	硅整流充电机 90A/190V	台班	20 813.52	99.19	2 064 493.05
28	轨道平车 8t	台班	1.26	37	46.62
29	电动灌浆机小	台班	228	56.08	12 786.24
30	轴流通风机功率(kW)30	台班	3 011.8	112.9	340 032.22
31	灰浆搅拌机　拌筒容量(L)350	台班	210	54.61	11 468.1
32	龙门式起重机　提升质量(t)30	台班	6.77	599.2	4 056.58
33	履带式起重机　提升质量(t)300	台班	7.13	10 944	78 030.72
34	龙门式起重机　提升质量(t)50	台班	22 524.867	1 086	24 462 005.56
35	轴流通风机　功率(kW)100	台班	56 100	351.4	19 713 540
36	电动单级离心清水泵　出口直径(mm)200	台班	54 800	132.7	7 271 960
37	电瓶车　牵引质量(t)10	台班	23 124.2	217.3	5 024 888.66
38	双锥反转出料混凝土搅拌机　出料容量(L)800	台班	450	151	67 950
39	工业锅炉　蒸发量(t/h)2	台班	500	946.9	473 450

续上表

序号	名称及规格	单位	数量	市场价	合计
40	点焊机容量(kV·A)长臂 75	台班	3	144.8	434.4
41	龙门式起重机　提升质量(t)10	台班	121	272.3	32 948.3
42	组合烘箱	台班	48.7	133.7	6 511.19
	合计				318 590 688

(5)分部工程人材机汇总表(表 1-4-42)

表 1-4-42

分部工程人材机汇总表

序号	编码	名称及规格	单位	数量	单价	合价
1	R00001	综合工日(地铁建筑)	工日	1 443 610.595	30	43 308 317.85
2	C00094	型钢	kg	792.4	3.6	2 852.64
3	C01076	钢板(中厚)	t	1.045	4 000	4 180
4	C00052	钢丝绳	kg	780	6.3	4 914
5	C01077	柴油	kg	50	4.36	218
6	C01078	机油 10 ~ 14 号	kg	22.5	4.6	103.5
7	C00097	乙炔气	kg	611.515	13.33	8 151.49
8	C01079	橡胶板 δ3	kg	32.5	4.42	143.65
9	C00141	枕木	m^3	63.411	943	59 796.57
10	C01080	盾构基座	t	0.92	3 200	2 944
11	C00070	电焊条(综合)	kg	58 590.378	6.14	359 744.92
12	C00232	氧气	m^3	1 773.789	2.83	5 019.82
13	C00013	其他材料费	元	10 673 170.9	1	10 673 170.9
14	J03732	龙门式起重机提升质量(t)30	台班	6.77	599.2	4 056.58
15	J03413	履带式起重机提升质量(t)60	台班	3.01	1 852	5 574.52
16	J03733	履带式起重机提升质量(t)300	台班	7.13	10 944	78 030.72
17	J03368	电动卷扬机双筒慢速牵引力(kN)100	台班	138.515	176.1	24 392.49
18	J03420	交流弧焊机容量(kVA)32	台班	79 279.18	101.9	8 078 548.44
19	C01081	带帽螺栓	kg	354.16	6	2 124.96
20	C01082	轻轨	kg	386 529.582	2.9	1 120 935.79
21	J03734	龙门式起重机提升质量(t)50	台班	22 524.867	1 086	24 462 005.56
22	J03414	履带式起重机提升质量(t)100	台班	0.658	3 773	2 482.63
23	C01086	钢管栏杆	kg	702 800	5	3 514 000
24	C01087	钢轨枕	kg	865 200	3.8	3 287 760
25	C01088	管片连接螺栓	kg	3 524 500	4	14 098 000
26	C01089	锭子油 20 号机油	kg	1 727 400	4.8	8 291 520
27	C01090	钢支撑	kg	2 388 890	3.8	9 077 782

续上表

序号	编码	名称及规格	单位	数量	单价	合价
28	C01091	金属支架	kg	662 000	4.8	3 177 600
29	C01092	走道板	kg	922 400	3.8	3 505 120
30	C00057	电	kW·h	25 181 950	0.6	15 109 170
31	C01093	风管	kg	817 600	3.5	2 861 600
32	C00009	水	m^3	4 121 626	1.44	5 935 141.44
33	C01094	钢管 Φ80	m	251 200	116.6	29 289 920
34	C00062	商品混凝土 C20	m^3	5 600	262	1 467 200
35	C01095	土压平衡式盾构机使用费	元	61 320 000	1	61 320 000
36	J03358	电动空气压缩机排气量(m^3/min)10	台班	10 510	348.6	3 663 786
37	J03735	轴流通风机功率(kW)100	台班	56 100	351.4	19 713 540
38	J03367	履带式起重机提升质量(t)25	台班	16 540	632.5	10 461 550
39	J03736	电动单级离心清水泵出口直径(mm)200	台班	54 800	132.7	7 271 960
40	C01096	盾尾油脂	kg	935 700	16.5	15 439 050
41	J03737	电瓶车牵引质量(t)10	台班	23 124.2	217.3	5 024 888.66
42	J03617	硅整流充电机 90A/190V	台班	20 813.52	99.19	2 064 493.05
43	J03531	轨道平车装载质量(t)5	台班	46 244	15.31	707 995.64
44	C01102	外加剂 SN-2	kg	19 690	2.39	47 059.1
45	C01103	压浆孔螺栓	个	5 072.12	2.16	10 955.78
46	C00163	脱模剂	kg	2 675	1.6	4 280
47	C01104	管片钢模精加工制作	kg	48 625	15	729 375
48	C01105	现浇及现场就位预制构件混凝土 C50 砾 31.5mm	m^3	5 075	290.7	1 475 302.5
49	J03740	双锥反转出料混凝土搅拌机出料容量(L)800	台班	450	151	67 950
50	J03741	工业锅炉蒸发量(t/h)2	台班	500	946.9	473 450
51	J03423	载货汽车装载质量(t)4	台班	1 641.15	291.7	478 723.46
52	C00046	钢筋 Φ10 以内	t	2.1	3 600	7 560
53	C00111	钢筋 Φ10 以外	t	8.6	3 600	30 960
54	C00032	铁件	kg	399	5	1 995
55	J03400	钢筋调直机 Φ14	台班	7.23	34.16	246.98
56	J03417	钢筋切断机 Φ40	台班	4.85	36.99	179.4
57	J03418	钢筋弯曲机 Φ40	台班	5.15	21.99	113.25
58	J03742	点焊机容量(kV·A)长臂 75	台班	3	144.8	434.4
59	C01106	钢制台座	kg	6 066.7	3.8	23 053.46

续上表

序号	编码	名 称 及 规 格	单位	数量	单价	合价
60	J03426	汽车式起重机提升质量(t)16	台班	60.7	847.6	51 449.32
61	J03743	龙门式起重机提升质量(t)10	台班	121	272.3	32 948.3
62	C00127	板方材	m^3	21.7	1 020	22 134
63	J03439	汽车式起重机提升质量(t)5	台班	321	390.1	125 222.1
64	C01110	黏接剂	kg	244	23.52	5 738.88
65	C01111	丁醛自黏腻子	kg	122	15.34	1 871.48
66	C01112	软木衬垫	m^2	720	24	17 280
67	C01113	三元乙丙	m	5 600	1.2	6 720
68	J03745	组合烘箱	台班	48.7	133.7	6 511.19
69	C01114	钢平台	kg	1 004.9	3.8	3 818.62
70	C01115	氯丁胶乳水泥	kg	2 909	3.8	11 054.2
71	J03714	电动灌浆机	台班	228	56.08	12 786.24
72	C00191	水泥 P. c32.5	t	396.1	280	110 908
73	C00140	中砂	m^3	1 404	54	75 816
74	C01117	盖堵不大于 $\Phi75$	个	36	9.2	331.2
75	C00567	高压皮龙管 $\Phi150\times3$m	根	4	156.3	625.2
76	C00569	三乙醇胺	kg	207	17	3 519
77	J03731	灰浆搅拌机拌筒容量(L)350	台班	210	54.61	11 468.1
78	J03568	盾构同步压浆泵 D2.1m×7m7 000	台班	70	519.1	36 337
79	C00570	环圈钢板	t	1.06	3 600	3 816
80	J03569	轴流通风机功率(kW)7.5	台班	530.04	32.29	17 114.99
81	J03409	电动空气压缩机排气量(m^3/min)1	台班	215.5	71.87	15 487.99
82	J03570	电动卷扬机单筒慢速 牵引力(kN)100	台班	371.26	144.8	53 758.45
83	C00574	橡胶圈(给水)DN100	个	1 280	4.66	5 964.8
84	C00575	螺栓套管	个	1 280	1.03	1 318.4
85	C00576	乳胶水泥	kg	7 812	8.5	66 402
86	C00273	环氧树脂	kg	74	27.72	2 051.28
87	C00577	焦油聚氨酯涂料	kg	252	14.32	3 608.64
88	C00578	结皮海绵橡胶板	kg	2 825	11.05	31 216.25
89	C00579	内防水橡胶止水带	m	105	49	5 145
90	C00580	氯丁橡胶浆	kg	40	3.8	152
91	C00581	聚苯乙烯泡沫塑料板	m^3	6	300	1 800
92	C00582	外防水氯丁酚醛胶	kg	1 016	17.89	18 176.24
93	C00583	定型钢模	kg	975	4.8	4 680
94	C01039	钢筋	t	25	3 600	90 000

续上表

序号	编码	名称及规格	单位	数量	单价	合价
95	C00048	商品混凝土 C25	m^3	101.5	272	27 608
96	J03427	交流弧焊机容量(kV·A)42	台班	312.4	129.7	40 518.28
97	J03466	电动单级离心清水泵出口直径(mm)100	台班	1 861.2	83.79	155 949.95
98	C00584	汽油 70 ~ 90 号	kg	55	4.93	271.15
99	C00100	防锈漆	kg	170	8.6	1 462
100	C00121	型钢	t	39.835	3 600	143 406
101	C00585	外掺剂	kg	1 500	0.66	990
102	C00190	钢板	t	1.96	4 700	9 212
103	J03514	立式油压千斤顶起重量(t)200	台班	100.8	8.65	871.92
104	J03572	半自动割刀	台班	108	101.3	10 940.4
105	C00206	胶合板 18mm	m^2	21	33.59	705.39
106	J03573	模板台车	台班	108.5	145.2	15 754.2
107	C00653	底座	个	19.17	4	76.68
108	C00598	松节油	kg	29.31	3.99	116.95
109	C00599	红丹防锈漆	kg	258.01	11.2	2 889.71
110	C00600	钢管 Φ51 × 3.5	m	749.73	21.8	16 344.11
111	C00639	对接扣件	个	56.65	4.8	271.92
112	C00640	回转扣件	个	116.97	4.8	561.46
113	C00601	直角扣件	个	287.77	6.72	1 933.81
114	J03625	轨道平车 8t	台班	1.26	37	46.62
115	J03616	电瓶车牵引质量(t)8	台班	1.24	194.3	240.93
116	J03581	载货汽车装载质量(t)6	台班	3.15	338.4	1 065.96
117	J03505	电动卷扬机双筒慢速　牵引力(kN)50	台班	0.5	99.02	49.51
118	C01040	镀锌铁丝	kg	1 118.6	3.9	4 362.54
119	C00281	螺栓	kg	227.28	7	1 590.96
120	C00602	环氧沥青漆	kg	81	17.2	1 393.2
121	C00603	粘胶布风筒 φ1 000	m	891	38	33 858
122	J03721	轴流通风机功率(kW)30	台班	3 011.8	112.9	340 032.22
123	C00609	醇酸防锈漆	kg	28.05	8.6	241.23
124	C00618	白炽灯泡 100W	只	2 856	1.17	3 341.52
125	C00619	防水灯头	个	352.1	0.8	281.68
126	C00612	熔断器 380V/100A	个	12.75	7.2	91.8
127	C00620	橡胶三芯软缆 3 × 35	m	662.5	16.6	10 997.5
128	C00617	松杂木枋板材(周转材)	m^3	1.4	1 381	1 933.4

续上表

序号	编码	名 称 及 规 格	单位	数量	单价	合价
129	C00621	铁壳闸刀 100A/2	个	2.55	35	89.25
130	C00622	钢板垫板	kg	2 184.4	4.5	9 829.8
131	C00139	钢轨	kg	13 550	3.2	43 360
132	C00692	鱼尾板	kg	771.7	3.8	2 932.46
133	C00693	鱼尾螺栓	kg	213.2	6	1 279.2
134	C00113	圆钉	kg	27	5.37	144.99
135	C00694	道钉	kg	958.9	5.2	4 986.28

(6)主要材料价格表(表 1-4-43)

主要材料价格表　　表 1-4-43

序号	材料编码	材 料 名 称	规格、型号	单位	单价(元)
1	C00009	水		m^3	1.44
2	C00013	其他材料费		元	1
3	C00057	电		kW · h	0.6
4	C00062	商品混凝土	C20	m^3	262
5	C00070	电焊条(综合)		kg	6.14
6	C00121	型钢		t	3 600
7	C00191	水泥	P. c32.5	t	280
8	C01082	轻轨		kg	2.9
9	C01086	钢管栏杆		kg	5
10	C01087	钢轨枕		kg	3.8
11	C01088	管片连接螺栓		kg	4
12	C01089	锭子油	20 号机油	kg	4.8
13	C01090	钢支撑		kg	3.8
14	C01091	金属支架		kg	4.8
15	C01092	走道板		kg	3.8
16	C01093	风管		kg	3.5
17	C01094	钢管	Φ80	m	116.6
18	C01096	盾尾油脂		kg	16.5
19	C01104	管片钢模精加工制作		kg	15
20	C01105	现浇及现场就位预制构件混凝土	C50 砾 31.5mm	m^3	290.7

思考题

1-4-1　施工图预算的作用有哪些?

1-4-2　施工图预算的编制依据有哪些?

1-4-3　什么是岩土工程勘察的附加调整系数?

1-4-4　施工图预算编制方法和步骤有哪些?

习题

1-4-1　计算习图 1-4-1 建筑物平整场地工程量。

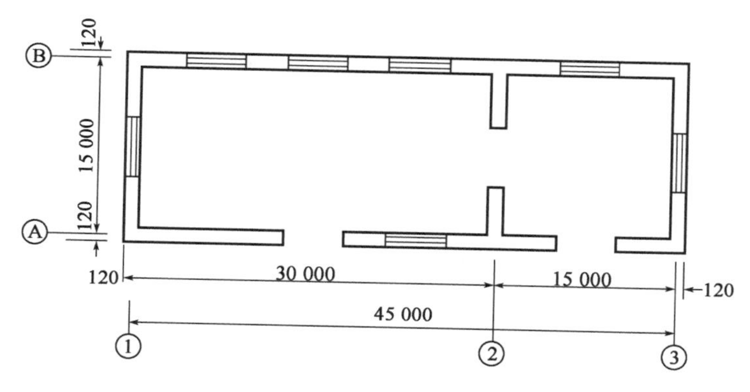

习图 1-4-1　建筑物平面图

1-4-2　某工程坑底面积为矩形,尺寸为 32m × 16m,深为 2.8m,地下水位距自然地面为 2m,土为坚土(习图 1-4-2),试计算人工挖土方的综合基价。

1-4-3　人工挖土,底部尺寸为 5m × 4m(矩形),每边还需增加工作面 0.3m,地下水位高程为 -3.00m,土为普通土(习图 1-4-3),试计算综合基价,并分析人工用量。

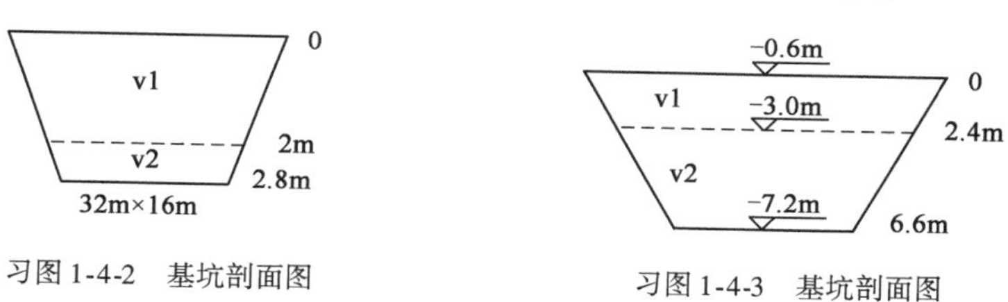

习图 1-4-2　基坑剖面图

习图 1-4-3　基坑剖面图

1-4-4　某工程基础外围尺寸为 46.2m × 16.8m(矩形),采用轻型井点降水,井点间距为 1m,降水时间为 30 天,试计算降水工程的综合基价。

1-4-5　某工程有余土 $280m^3$,用人力运往 180m 处堆放。求:(1)定额基价。(2)定额直接费。(3)合计工日。

1-4-6　某建筑采用预制混凝土板桩基础,桩长 7m,断面尺寸为 350mm × 180mm,共 50 根,土为二级,柴油打桩机施工。求:打桩工程(仅打)的综合基价费。

1-4-7　某工程有 30 根钢筋混凝土柱,每根柱下设 4 根断面为 350mm × 350mm 的预制钢筋混凝土方桩,桩长 30m,由 3 根长 10 的方桩焊接构成。桩顶距自然地面 5m,由预制厂运至工地,运距 13km,一级土,柴油打桩机施工。求综合基价。

1-4-8　某工程用于挡土的钢筋混凝土板桩共 40 根,设计桩长 8m,(一段,包括桩尖),截面尺寸为 450mm × 200mm,混凝土为 C30(20),每根桩钢筋设计用量为 100kg,设计桩顶标高距自然地面 0.60m,土为二级土,运距 5km,试计算打桩的全部综合基价(打桩机的场外运费不计)。

1-4-9　某工程桩基础为柴油打桩机打沉管灌注桩,设计桩长12m,桩径500mm,混凝土为C25(20),每根桩钢筋用量为110kg,共有22根桩,试计算打桩工程的综合基价(采用活瓣桩尖,土为一级土)。

1-4-10　某工程采用喷粉桩进行地基加固,设计桩顶距自然地面1.5m,基础垫层距自然地面2m,桩径0.5m,桩长12m,水泥掺量为每米桩长加水泥50kg,共2 000根桩,试计算该喷粉桩工程的综合基价。

1-4-11　现测定一砖基础墙的时间定额,已知每立方米砌体的基本工作时间为140工分,准备与结束时间、休息时间、不可避免的中断时间占时间定额的百分比分别为:5.45%、5.84%、2.49%,辅助工作时间不计,试确定其时间定额和产量定额。

1-4-12　某工程有钢筋混凝土方形柱$10m^3$,经计算其混凝土模板接触面积为$119m^2$,每$10m^2$模板接触面积需木模板板枋材$0.525m^3$,操作损耗为5%。已知模板周转次数为5,每次周转补损率为15%。试计算模板的摊销量。

第五章　地下工程设计概算编制

第一节　概　　述

设计概算是初步设计文件的重要组成部分，是在投资估算的控制下，在初步设计和扩大初步设计阶段由设计单位根据初步设计（或扩大初步设计）图纸、概算定额（或概算指标）、各项费用定额或取费标准（指标）、建设地区自然、技术经济条件和设备、材料预算价格等资料，编制和确定的建设项目从筹建至竣工交付使用所需全部费用的经济文件。

设计概算文件必须完整地反映工程项目初步设计的内容，严格执行国家有关的方针、政策和制度，实事求是地根据工程所在地的建设条件，按有关的依据和资料进行编制。设计概算文件包括概算编制说明、总概算表、工程建设其他费用计算表、单项工程综合概算表、单位工程概算表、工程量计算表、分年度投资汇总表、分年度资金流量汇总表及主要材料汇总表与工日数量等。

一、设计概算的编制原则

在设计概算的编制过程中，为了保证设计概算的编制质量和准确程度，更好地发挥设计概算在设计阶段工程造价控制中的作用，应遵循以下原则：

（1）严格执行国家的建设方针和经济政策的原则。

（2）要完整、准确地反映设计内容的原则。

（3）要坚持结合拟建工程的实际，反映工程所在地当时的价格水平。

二、设计概算的编制方法

根据范围不同，设计概算分为三级概算，即：单位工程设计概算、单项工程综合概算和建设项目总概算。其相互关系如图 1-5-1 所示。

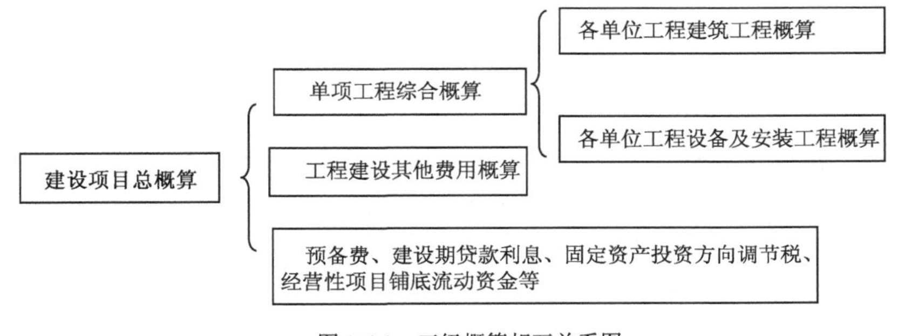

图 1-5-1　三级概算相互关系图

1. 单位工程设计概算

单位工程设计概算是指在初步设计阶段(或扩大初步设计阶段),根据单位工程设计图纸、概算定额(或概算指标),以及各种费用定额等技术资料编制的单位工程建设费用的文件。单位工程设计概算是编制单项工程综合概算的依据,是单项工程综合概算的组成部分。单位工程设计概算按其工程性质分为建筑工程概算和设备及安装工程概算两大类。建筑工程概算包括土建工程概算、给水排水工程概算、空调通风工程概算、电气照明工程概算等;设备及安装工程概算包括机械设备及安装工程概算、电气设备及安装工程概算、热力设备及安装工程概算、工具器具及生产家具购置费概算等。

单位工程概算编制的方法一般有:概算定额法、概算指标法和类似工程预算法。

2. 单项工程综合概算

单项工程综合概算根据单项工程内各专业单位工程概算和工器具及生产家具购置费汇总而成的,是确定单项工程建设费用的综合性文件,建设项目总概算的组成部分,编制总概算工程费用的依据。如果建设项目只含有一个单项工程,则单项工程的综合概算造价中,还应包括建造工程的其他工程和费用的概算造价。

3. 工程项目总概算

建设项目总概算是设计文件的重要组成部分,是确定整个建设项目从筹建到竣工验收、交付使用时所需全部费用的总文件。它是由各个单项工程综合概算、工程建设其他费用概算、预备费和投资方向调节税概算等汇总编制而成的。

第二节　概算定额和概算指标

一、概算定额

1. 概算定额的基本概念

1)基本概念

概算定额亦称扩大结构定额,是在预算定额基础上完成合格的单位扩大分项工程或单位扩大结构构件所需消耗的人工、材料和机械台班的数量标准。是在预算定额基础上根据有代表性的通用设计图和标准图等资料,以主要工序为准,综合相关工序,进行综合、扩大和合并而成的定额。

概算定额是由预算定额的综合与扩大。它将预算定额中有联系的若干个分项工程项目综合为一个概算定额项目,如砖基础概算定额项目,就是一砖基础为主,综合了平整场地、挖地槽、铺设垫层、砌砖基础、铺设防潮层、回填土及运土等预算定额的分项工程项目。又如钻冲孔灌注桩以元/m^2 为单价进行投标报价时,它包含了埋护筒、钻冲孔、泥浆护壁、挖泥浆槽(池)、灌注混凝土、钢筋笼制安等项目。基坑支护中的土钉支护按支护壁面面积以元/m^2 为单位计价,它包含了打土钉孔、土钉钢筋拉杆制安、灌浆、挂网、喷射混凝土等项目。

2)概算定额与预算定额的比较

概算定额是在预算定额基础上经适当的合并、综合与扩大后编制的,两者既相互联系又相互区别。

(1)概算定额与预算定额的相同之处

①概算定额和预算定额都是反映社会平均水平。但它们之间应保留一个必要的合理的幅度差(一般为5%左右),以便用概算定额编制的概算,能控制用预算定额编制的施工图预算。

②概算定额与预算定额都是以建(构)筑物各个结构部分和分部分项工程为单位表示的,内容也包括人工、材料和机械台班使用量定额三个基本部分,并列有基准价。概算定额表达的主要内容、表达的主要方式及基本使用方法都与预算定额相近。

③随着科学技术的进步,社会生产力的发展,人工、材料和机械台班价格的调整以及其他条件的变化,概算定额和预算定额都应进行补充和修订。

(2)概算定额与预算定额的不同之处

①在于项目划分和综合扩大程度上的差异。预算定额是按分项工程或结构构件划分和编号的,而概算定额是按工程的形象部位,以主体结构分部工程为主,将预算定额中一些施工顺序相衔接、相关性较大的分项工程合并成为一个分项工程项目。

②概算定额主要用于设计概算的编制。

③由于概算定额综合了若干分项工程的预算定额,因此使概算工程量计算和概算表的编制,都比编制施工图预算简化一些。

2. 概算定额的作用

(1)扩大初步设计阶段编制设计概算和技术设计阶段编制修正概算的依据。

(2)对设计项目进行技术经济分析和比较的基础资料之一。

(3)编制建设项目主要材料计划的参考依据。

(4)编制概算指标的依据。

(5)编制招标控制价和投标报价的依据。

3. 概算定额的编制依据

由于概算定额的使用范围不同,其编制的依据也略有不同,其编制的依据一般有以下几种:

(1)现行的设计标准和规范。

(2)现行的预算定额。

(3)国务院各有关部门和各省、自治区、直辖市批准颁发的标准设计图集和有代表性的设计图纸等。

(4)现行的概算定额及其编制资料。

(5)编制期人工工资标准、材料预算价格和机械台班预算价格及其他价格资料等。

二、概算指标

1. 概算指标的概念

建筑安装工程概算指标通常是以整个建筑物和构筑物为对象,以建筑面积(100m^2)、体积

($100m^3$)或成套设备装置的台或组为计量单位而规定的人工、材料、机械台班的消耗量标准和造价指标。它是一种比概算定额综合性、扩大性更强的一种定额指标。

2. 建筑安装工程概算定额与概算指标的主要区别

(1)确定各种消耗量指标的对象不同。概算定额是以单位扩大分项工程或单位扩大结构构件为对象,而概算指标则是以单位工程为对象。因此概算指标比概算定额更加综合与扩大。

(2)确定各种消耗量指标的依据不同。概算定额以现行预算定额为基础,通过计算之后才综合确定出各种消耗量指标,而概算指标中各种消耗量指标的确定,则主要来自各种工程(概)预算或结算的经验统计资料。

3. 概算指标的主要作用

(1)可作为编制投资估算的参考。

(2)在初步设计阶段,概算指标是设计单位编制初步设计概算的依据和选择设计方案的依据。

(3)基本建设管理部门编制投资估算和编制基本建设计划,估算主要材料用量计划的依据。

(4)设计单位进行设计方案比较,建设单位选址的一种依据。

(5)编制固定资产投资计划,确定投资拨款额度的主要依据。

第三节 地下工程设计概算编制方法

一、设计概算的编制步骤

1. 设计概算编制的准备工作

在正式编制设计概算前,编制人员应先做好以下准备工作:

(1)概算编制人员应熟悉设计文件,深入现场调查研究,掌握施工现场实际情况。了解项目的技术复杂程度,对新工艺、新材料、新技术、新结构和非标准结构以及专利使用情况等要调查落实清楚,认真收集建设工程所在地区或部门的有关基础资料如概算定额、概算指标、取费标准以及人工工资标准、材料预算价格、施工机械台班预算价格,标准设备和非标准设备价格资料,现行的设备原价及运杂费率,各类造价信息和指数。

(2)根据设计要求、工程总体布置图和全部工程项目一览表等资料,对工程项目的内容、性质、设计单位的要求、工程现场的施工条件等做出概括性的了解。

(3)在上述基础上,拟出设计概算的编制提纲、明确编制工作的主要内容、重点、步骤及审查方法。

(4)根据拟定的编制提纲,合理地选用编制的各项依据、定额、取费标准等。

2. 地下工程设计概算的编制步骤

(1)做好编制设计概算前的各项准备工作:深入现场调查研究,掌握现场实际情况。

(2)熟悉初步设计图纸及设计说明书,了解工程设计内容和意图,掌握施工条件和施工方法。

(3)学习并掌握有关定额及取费标准,了解所采用的定额等文件的各项使用说明、工程内容、工程量计算规则及方法、定额套用条件等。

(4)分列工程项目。概算所列的工程项目,主要是依据概算定额所划分的项目及编排顺序,结合初步设计图纸的内容进行划分和列项。

(5)按有关定额及文件规定计算工作量。计算工程量时要注意根据施工图列出的分项工程的口径必须与定额中相应分项工程的口径一致。

(6)汇总工作量。

(7)套用概算定额或概算指标并计算直接工程费。

(8)计算各项费用。

(9)确定工程概算造价。

(10)进行概算的技术经济分析,比较各设计方案的技术经济指标。

(11)编写地下工程设计概算编制说明。编制说明主要是简单地说明编制情况,一般包括编制依据、计算范围及未包括内容、其他应说明的问题等。

总之,设计概算的编制步骤与施工图预算的编制步骤基本相同,但设计概算的编制相对较简单、粗略一些。

二、设计概算的编制方法

设计概算是在初步设计阶段,按照设计要求和概算定额等有关文件规定,由设计部门编制,概略地计算工程造价及人工、材料和机械用量。其特点是编制方法要简单快速,精度要求不如施工图预算高,但必须保证其正确性。一般要求设计概算与施工图预算之差控制在5%以内。地下工程设计概算的编制方法有:概算定额法、概算指标法和类似工程预算法。

1.概算定额法

概算定额法也叫扩大单价法或扩大结构法。利用概算定额编制设计概算的方法,与利用预算定额编制施工图预算的方法基本相同,它们的不同之处在于概算定额把预算定额中的若干个项目合并为一个项目,因此其项目的划分较预算定额粗。它是根据初步设计(或扩大初步设计)图纸资料和概算定额的项目划分计算出工程量,然后套用概算定额单价(基价)计算汇总后,再计取有关费用而得的概算造价。

利用概算定额编制概算的具体步骤如下:

(1)熟悉图纸,了解设计意图、施工条件和施工方法。

(2)列出分部分项工程或扩大分项工程的项目名称,并计算其工程量。

(3)确定各分部分项工程项目的概算定额单价,计算分部分项工程的直接工程费。

(4)计算措施费、间接费、利润、差价调整等费用。

(5)计算不可竞争费。

(6)计算税金。

(7)计算工程概算总造价和单位工程造价。概算总造价 = 总直接费 + 间接费 + 计划利润 + 税金。单位工程造价 = 总造价/总工程量。

(8)编写概算编制说明及设计概算书。

2. 概算指标法

概算指标是以工程单位造价为计量单位,来综合衡量工程造价和主要材料用量的技术经济指标。它的数据均是来自各种已建工程的预算或决算资料,因此概算指标比概算定额更进一步扩大、更综合,用其编制设计概算比按概算定额编制更简单,但精度相对也低一些。概算指标编制设计概算的方法如下。

(1)直接套用概算指标编制概算

如果拟建工程在建设地点、结构特征、地址及自然条件、建筑面积等方面与概算指标相同或者相近,就可直接套用概算指标编制概算。

该方法是以指标中所规定的工程每平方米或立方米的直接工程费单价,乘以拟建单位工程建筑面积或者体积,得出单位工程的直接工程费,再计算其他费用,即可求出单位工程的概算造价。

直接工程费 = 概算指标每 m^2(m^3)直接工程费单价 × 拟建工程建筑面积(体积)

然后利用直接工程费及相应的费率计算其他的费用,最后计算概算造价:

工程设计概算价格 = 直接费 + 间接费 + 材料差价 + 利润 + 税金

这种简化方法的计算结果参照的是概算指标编制时期的价格标准,未考虑拟建工程建设时期与概算指标编制时期的价差,所以在计算直接工程费后还应用物价指数另行调整。

(2)换算概算指标编制概算

在实际工程项目中,新结构、新技术、新材料的不断应用,随之带来的是工程项目设计的更新,因此拟建工程往往与类似工程的概算指标的技术条件不尽相同,而且概算编制年份的设备、材料、人工等价格与拟建工程当时当地的价格也会不同,在实际工作中,还经常会遇到拟建对象的结构特征与概算指标中规定的结构特征有局部不同的情况,因此必须对概算指标进行修正和换算后方可套用。换算方法如下:

结构变化修正概算指标的工、料、机数量 = 原概算指标的工、料、机数量 + 换入结构件工程量 × 相应定额工、料、机消耗量 - 换出结构件工程量 × 相应定额工、料、机消耗量

下面以地下工程某建筑物基础变更为例介绍如下。

【例1-5-1】 新建一栋宿舍楼,建筑面积为3 600m^2,按地区材料预算价格和概算指标算出每 m^2 建筑面积的单位造价为783.00元,其中,一般土建工程704.00元(其中直接工程费512.00元/m^2);采暖工程32.00元;给水排水工程21.00元;电气安装26.00元。按照当地造价管理部门规定,土建工程措施费费率为8%,间接费费率为15%,利润率为7%,税率为3.4%。但新建单身宿舍资料与概算指标相比较七结构构造有部分变更。原设基础为带形毛石基础,而新建宿舍为钢筋混凝土带形基础。根据当地土建工程预算定额,外墙带形毛石基础

的预算单价为145.57元/m^3，钢筋混凝土带形基础607.00元/m^3，概算指标中每100m^2建筑面积中含外墙带形毛石基础为18m^3，而新建设计资料表明，每100m^2中含外墙带形钢筋混凝土基础18.30m^3。其他结构相同（表1-5-1）。试计算调整后的概算单价和拟建宿舍楼直接费的概算造价。

建筑工概算指标修正表（每100m^2建筑面积）　　表1-5-1

序号	结构名称	单位	数量	单价（元）	合价（元）
	土建工程直接工程费造价				
换出部分					
1	带形毛石基础	m^2	18.00	145.57	2 620.26
2	小计	元			2 620.26
换入部分					
1	带形钢筋混凝土基础	m^2	18.3	607.00	11 108.10
2	小计	元			11 108.10

【解】　由表1-5-1可得：

$$直接工程费单价单位修正值 = 512.00 - 2\ 620.26/100 + 11\ 108.10/100 = 596.88（元/m^2）$$

以上计算结果为直接工程费单价，需取费得到修正后的土建单位工程造价为：

$$596.88 \times (1+8\%) \times (1+15\%) \times (1+7\%) \times (1+3.4\%) = 820.18（元/m^2）$$

其余工程单方造价不变，因此，经过调整后的概算单价为：

$$820.18 + 21 + 26 + 32 = 899.18（元/m^2）$$

新建宿舍楼概算造价为：

$$899.18 \times 3\ 600 = 3\ 237\ 048（元）$$

（3）类似工程预算法

类似工程预算法是利用技术条件与设计对象相类似的已完工程或在建工程的工程造价资料来编制拟建工程设计概算的方法。类似工程预算法就是以原有的相似工程的预算为基础，按编制概算指标方法，求出单位工程的概算指标，再按概算指标法编制设计概算。当建设工程对象尚无完整的初步设计方案，而建设单位又急需上报设计概算时，可采用此法。

当工程设计对象与已建或在建工程相类似，结构基本相同，或者概算定额和概算指标不全，就可以采用这种方法编制单位工程概算。此法可以快速、准确地编制概算。

类似工程预算法适用于拟建工程初步设计与已建工程或在建工程的设计相类似又没有可用的概算指标时，但必须对建筑结构差异和价差进行调整。建筑结构差异的调整方法与概算指标法的调整方法相同。

第四节　工 程 实 例

一、桩基工程设计概算

1. 工程概况

某办公大楼桩基础工程设计为145根长螺旋桩钻孔灌注混凝土桩，平均设计桩长为25m，桩径为1.0m，桩身通长配筋，主筋为12Φ20，HRB400，钢筋笼分为三节制作，主筋之间单面焊接，搭接长度为10d（d为钢筋直径）。钢筋笼加强筋为Φ20，间距为2.0m，其焊接长度为10d（双面焊接）。螺旋箍筋用Φ8，螺距为0.2m，钢筋保护层厚度为50mm，桩身混凝土标号为C30，采用正循环回转钻机施工，设计文件有装平面布置图，桩身结构图及钢筋笼设计图等。

2. 概算编制计算

（1）混凝土灌注工程量计算

按设计桩长乘以设计截面积计算。

$$V=3.14\times D^2/4\times L\times n=3.14\times 1.0^2/4\times 25\times 145=2\,845.63(\mathrm{m^3})$$

（2）钢筋笼制作工程量

主筋Φ20：　　工程量＝主筋总长度×单位质量

$$\begin{aligned}m_1&=[(l_1-2c+l_g+l_t+l_k)\times n_{主}+2l_\alpha]\times q\times 10^{-3}\times n\\&=[(25-2\times 0.05+3\times 10\times 0.02+0.5)\times 12+2\times 0.5]\times\\&\quad 2.47\times 10^{-3}\times 145=112.10(\mathrm{t})\end{aligned}$$

二级及其以上钢筋不考虑180°弯钩。

加强筋Φ20：　　工程量＝箍筋×每箍长度×单位质量

$$\begin{aligned}m_2&=[\pi(D-2c-2d_3-2d_2)+l_t]\times[(l_1-2c)\div x+1]\times q\times 10^{-3}\times n\\&=[3.14\times(1-2\times 0.05-2\times 0.008-2\times 0.02)+10\times 0.02]\times\\&\quad[(25-2\times 0.05)\div 2+1]\times 2.47\times 10^{-3}\times 145=16.44(\mathrm{t})\end{aligned}$$

旋箍筋Φ8：　　工程量＝每米桩长箍重×总桩长

$$\begin{aligned}m_3&=(l_1-2c)\times\sqrt{1+\pi\left(\frac{D-2c}{b}\right)^2}\times q\times 10^{-3}\times n\\&=(25-2\times 0.05)\times\sqrt{1+\pi\left(\frac{1-2\times 0.05}{0.2}\right)^2}\times 0.395\times 10^{-3}\times 145\\&=11.46(\mathrm{t})\end{aligned}$$

钢筋笼安装工程量：

$$\begin{aligned}m&=m_1+m_2+m_3=112.10+16.44+11.46\\&=140.00(\mathrm{t})\end{aligned}$$

式中：l_1 为灌注桩长，m；n 为桩数(根)；l_g 为勾长，m；l_t 为搭接长度，m；l_k 为承台嵌入筋长，m；n_g 为主筋根数，根；l_d 为吊筋长，m；b 为螺距，m；q 为钢筋每米重量，t；x 为加强筋间距，m；D_1 为桩径，m。

3. 湖南省某办公大楼桩基础工程设计概算书(图 1-5-2)

工程名称：湖南省某办公大楼桩基础工程
建设单位：湖南省××局
工程概算总造价：4 188 225.30 元
预算单位造价：1 471.81 元/m^3
施工单位：湖南省××工程公司(盖章)
负 责 人：　　　　(签字)
编　　制：　　　　(签字)
审　　核：　　　　(签字)

编制日期：2014 年 12 月 23 日

图 1-5-2 湖南省某办公大楼桩基础工程设计概算书(封面)

1)概算编制说明

(1)本概算工程计算是依据建设单位提供的初步设计图纸和设计说明、某勘察设计院提供本工程地质勘察报告等文件进行的。

(2)本工程预算取费执行 2014 湖南省建设工程造价管理总站颁发的《湖南省建设工程计价办法》。

(3)本工程定额基价执行 2014 年湖南省建设厅批准，由湖南省建设工程管理总站编制的《湖南省建筑工程消耗量标准(基价表)》。

(4)工程量计算根据。因为新的《湖南省建筑工程概算定额》还在编制中，本单位工程工程量根据《湖南省建筑工程消耗量标准》(2014)桩基础工程的有关工程量计算规则进行。

(5)本概算未包括材料差价，如存在价差应按实际情况进行调整。

(6)本工程均按三类工程计。

2)概算表

(1)工程概算取费表(表 1-5-2)(以人工费和机械费为计价基础)

工程概算取费表 表 1-5-2

序号	取费名称	计算公式	合计	备注
1	直接费	1.1～1.8 项	3 657 571.25	
1.1	人工费	直接工程费和措施费中的人工费	763 096.16	
1.2	材料费	直接工程费和措施费中的材料费	2 277 074.64	
1.3	机械费	直接工程费和措施费中的机械费	447 881.13	
1.4	主材费	(除 1.2 项以外的主材费)		
1.5	大型施工机械进出场及安拆费	(1.1～1.4)×费率 1.5	52 320.78	

续上表

序号	取费名称	计算公式	合计	备注
1.6	工程排水费	(1.1~1.4)×费率0.2	6 976.10	
1.7	冬雨季施工增加费	(1.1~1.4)×费率0.16	5 580.88	
1.8	零星工程费	(1.1~1.4)×费率3.00	104 641.56	
2	企业管理费	按规定计算的(人工费+机械费)×费率5.78	69 994.48	
3	利润	按规定计算的(人工费+机械费)×费率7.35	89 006.83	
4	安全文明施工增加费	按规定计算的(人工费+机械费)×费率6.34	76 775.96	
5	其他			
6	规费	1.1项人工费总额×费率20.20	154 145.42	
7	税金	(1~6)×费率3.477	140 731.36	
8	单位工程概算总价	1~7项之和	4 188 225.30	

(2)工程概算表(表1-5-3)

工程概算表 表1-5-3

序号	定额编号	项目名称	单位	工程量	定额单价(元)			合价(元)			备注
						人工费	机械费		人工费	机械费	
1	A3-10	钻(冲)孔桩	$10m^3$	284.56	9 391.22	2 324.00	1 348.65	2 672 365.56	661 317.44	383 771.84	
2	A5-21	钢筋笼制作	t	128.54	5 401.33	586.6	145.67	694 286.96	75 401.56	18 724.42	
3	A5-3	钢筋笼制作	t	11.46	5 743.16	1 309.70	102.10	65 816.61	15 009.16	1 170.07	
4	A3-32	安放钢筋笼	t	140.00	397.02	81.20	315.82	55 582.80	11 368.00	44 214.80	
5	合计		元					3 488 051.93	763 096.16	447 881.13	

(3)工程量计算表(表1-5-4)

工程量计算表 表1-5-4

序号	工程项目名称	单位	数量	计算公式
1	钻孔灌注桩	m^3	2 845.63	$V=3.14\times D^2/4\times L\times n=3.14\times 1.0^2/4\times 25\times 145=2\,845.63(m^3)$
2	钢筋笼制作	t	$\Phi20$:128.54 $\Phi8$:11.46	主筋 $\Phi20$:m_1 = 主筋总长度×单位质量 $m_1=[(l_1-2c+l_g+l_t+l_k)\times n_g+2l_\alpha]\times q\times 10^{-3}\times n$ $=[(25-2\times 0.05+3\times 10\times 0.02+0.5)\times 12+2\times 0.5]\times$ $2.47\times 10^{-3}\times 145=112.10(t)$ 加强筋 $\Phi20$:m_2 = 箍筋×每箍长度×单位质量 $m_2=[\pi(D-2c-2d_3-2d_2)+l_t]\times$ $[(l_1-2c)\div x+1]\times q\times 10^{-3}\times n$

续上表

序号	工程项目名称	单位	数量	计 算 公 式
2	钢筋笼制作	t	$\Phi20$:128.54 $\Phi8$:11.46	$=[3.14\times(1-2\times0.05-2\times0.008-2\times0.02+10\times0.02]\times[(25-2\times0.05)\div2+1]\times2.47\times10^{-3}\times145$ $=16.44(t)$ 螺旋箍筋 $\Phi8$:m_3 = 每米桩长箍重 × 总桩长 $m_3=(l_1-2c)\times\sqrt{1+\pi\left(\frac{D-2c}{b}\right)^2}\times q\times10^{-3}\times n$ $=(25-2\times0.05)\times\sqrt{1+\pi\left(\frac{1-2\times0.05}{0.2}\right)^2}\times0.395\times10^{-3}\times145$ $=11.46(t)$
3	安放钢筋笼	t	140.00	$m=m_1+m_2+m_3=112.10+16.44+11.46=140.00(t)$

(4)计算相关定额

该办公楼长螺旋钻孔灌注混凝土桩的概算定额参照2014《湖南省建筑工程消耗量标准》第三节长螺旋桩钻孔灌注混凝土桩。

①成孔(表1-5-5)工作内容:移机、钻孔、安放钢筋笼;灌注混凝土;清理钻孔余土,并运至现场50m以内指定地点。

成孔(单位:10m³)　　表1-5-5

编号					A3-10
项目					长螺旋钻孔灌注桩
基价(元)					9 391.22
其中	人工费				2 324.00
	材料费				5 718.57
	机械费				1 348.65
名称		代码	单位	单价	数量
人工	综合人工	00001	工日	70.00	33.2
材料	普通商品混凝土 C30	040263	m³	430.00	13.19
	水	410649	m³	4.38	10.70
机械	履带式单斗挖掘机 液压 0.6m³	J1-41	台班	668.59	0.65
	长螺旋钻机 Φ800mm	J2-33	台班	703.13	1.30

②钢筋制作安装(表1-5-6),工作内容:制作、绑扎、安装。

表1-5-6

钢筋制作安装(单位:t)

编号					A5-3	A5-18	A5-21
项目					圆钢筋(直径mm)	带肋钢筋(直径mm)	
					8	14	20
基价(元)					5 743.16	5 678.85	5 401.33
其中			人工费		1 309.70	763.00	586.60
			材料费		4 331.36	4 753.33	4 669.06
			机械费		102.10	162.52	145.67
名称		代码	单位	单价	数量		
人工	综合人工	00001	工日	70.00	18.71	10.90	8.38
材料	HPB300 直径8mm	011413	kg	4.20	1 020.00	—	—
	HRB400 直径14mm	011427	kg	4.59	—	1 020.00	—
	HRB400 直径30mm	011430	kg	4.50	—	—	1 020.00
	镀锌铁丝22井	011453	kg	5.75	8.00	3.56	1.97
	电焊条	011322	kg	7.00	—	7.20	9.60
	水	410649	M^3	4.38	0.31	0.15	0.12
机械	电动卷抱机50mm	J5-10	台班	128.66	0.31	0.22	0.16
	钢筋切断机 φ40mm	J7-2	台班	49.51	—	0.10	0.09
	钢筋弯曲机 φ40mm	J7-3	台班	26.98	0.15	0.20	0.17
	对焊机容量75	J9-12	台班	216.81	0.85	0.11	0.10
	直流电弧焊机32kW	J9-8	台班	188.70	0.13	0.53	0.50

③安放钢筋笼、桩芯混凝土浇筑(表1-5-7),工作内容:混凝土搅拌、浇筑、养护;安放钢筋笼。

表1-5-7

安放钢筋笼、桩芯混凝土浇筑

编号					A3-31	A3-32
项目					桩芯混凝土浇筑	安放钢筋笼
单位					$10m^3$	t
基价(元)					4 063.53	397.02
其中		人工费			715.40	81.20
		材料费			3 279.75	—
		机械费			68.38	315.82
名称		代码	单位	单价	数量	
人工	综合人工	00001	工日	70.00	10.22	1.16
材料	现浇混凝土C20砾40(32.5)	P2－25	m^3	319.11	10.15	—
	水	410 649	m^3	4.38	9.31	—
机械	汽车式起重机20t	J3-21	台班	1 089.04	—	0.29
	单卧轴式混凝土搅拌机350L	J6-11	台班	179.96	0.38	—

二、地基处理设计概算

1. 工程概况

湖南省某开发区成片开发房地产项目，设计对场区人工填土进行强夯处理后作房屋地基，设计处理区长350m，宽180m，设计采用夯锤质量15t，夯锤直径2m，锤落距12m，每坑9击。试编制该工程设计概算。

2. 预算编制计算

地基强夯按夯坑数计算。低锤满拍处理面积按强夯区域最外边夯点中心线外移1m确定的面积。

$$F=(350+2\times1)\times(180+2\times1)=64\,064(m^2)$$

计算夯击能：

$$夯击能=夯锤重\times落距=15\times12=1\,800(kN\cdot m)$$

又因为2 000kN·m以内规格强夯机对应的坑点面积为9m²/坑，所以该工程的工程量为：

$$64\,064\div9=7\,118(坑)$$

3. 湖南省某开发区地基处理设计概算书（图1-5-3）

工程名称：湖南省某开发区地基处理工程
建设单位：湖南省××局
工程概算总造价：2 724 934.42元
预算单位造价：42.53元/m²
施工单位：湖南省××工程公司（盖章）
负 责 人：　　（签字）
编　　制：　　（签字）
审　　核：　　（签字）

编制日期：2014年12月23日

图1-5-3　湖南省某开发区地基处理设计概算书（封面）

1）概算编制说明

（1）本概算工程计算是依据某建设单位提供的初步设计图纸和设计说明、某勘察设计院提供本工程地质勘察报告等文件进行的。

（2）本工程预算取费执行2014湖南省建设工程造价管理总站颁发的《湖南省建设工程计价办法》。

（3）本工程定额基价执行2014年湖南省建设厅批准，由湖南省建设工程管理总站编制的《湖南省建筑工程消耗量标准（基价表）》。

（4）工程量计算根据。因为新的《湖南省建筑工程概算定额》还在编制中，本单位工程工程量根据《湖南省建筑工程消耗量标准》(2014)桩基础工程的有关工程量计算规则进行。

（5）本概算未包括材料差价，如存在价差应按实际情况进行调整。

(6)本工程均按三类工程计。

2)概算表

(1)工程概算取费表(表1-5-8)(人工费和机械费为计价基础)

表1-5-8

工程概算取费表

序号	取费名称	计算公式	合计(元)	备注
1	直接费	1.1~1.8项	2 130 701.81	
1.1	人工费	直接工程费和措施费中的人工费	529 949.34	
1.2	材料费	直接工程费和措施费中的材料费	0.00	
1.3	机械费	直接工程费和措施费中的机械费	1 501 999.79	
1.4	主材费	(除1.2项以外的主材费)		
1.5	大型施工机械进出场及安拆费	(1.1~1.4)×费率1.5	30 479.24	
1.6	工程排水费	(1.1~1.4)×费率0.2	4 063.90	
1.7	冬雨季施工增加费	(1.1~1.4)×费率0.16	3 251.12	
1.8	零星工程费	(1.1~1.4)×费率3.00	60 958.47	
2	企业管理费	按规定计算的(人工费+机械费)×费率5.78	117 446.66	
3	利润	按规定计算的(人工费+机械费)×费率7.35	149 348.26	
4	安全文明施工增加费	按规定计算的(人工费+机械费)×费率6.34	128 825.57	
5	其他	—	—	
6	规费	1.1项人工费总额×费率20.20	107 049.77	
7	税金	(1~6)×费率3.477	91 562.35	
8	单位工程概算总价	1~7项之和	2 724 934.42	

(2)工程概算表(表1-5-9)

表1-5-9

工程概算表

定额编号	项目名称	单位	定额单价(元)			工程量	合价(元)			备注
				人工费	机械费			人工费	机械费	
A2-17	强夯	100坑	28 546.63	7 445.20	21 101.43	71.18	2 031 949.12	529 949.34	1 501 999.79	
合计		元					2 031 949.12			

(3)工程量计算表(表1-5-10)

表1-5-10

工程量计算表

序号	分项名称	单位	计算结果	计算公式
1	强夯	坑	7 118	面积:$F=(350+2\times1)\times(180+2\times1)=64\,064(\text{m}^2)$ 计算夯击能:夯击能=夯锤重×落距=15×12=1 800(kN·m) 坑数量:64 064÷9=7 118(坑)

(4)计算相关强夯定额(表1-5-11),该地基强夯处理的设计概算定额参照2014《湖南省建筑工程消耗量标准》A2-17。工作内容:①移机、夯击;②推土机推平夯坑。

计算相关强夯定额(单位:100 坑)　　表 1-5-11

编号					A2-17
项目					夯击能 2 000kN·m
					每坑 9 击
基价(元)					28 546.63
其中	人工费				7 445.20
	材料费				—
	机械费				21 101.43
名称		代码	单位	单价	数量
人工	综合人工	00001	工日	70.00	106.36
机械	履带式推土机 75W	J1-2	台班	813.96	9.54
	强夯机械 2 000kN·m	J1-87	台班	1 397.93	10.54

三、隧道工程设计概算

1. 雪峰隧道概算书

1)概算书编制条件

收集和准备包括工程招标文件、场地工程地质勘察报告,工程初步设计施工图,招标文件要求的执行定额及概算取费标准等。

2)工程概况

雪峰隧道采用暗挖土方(机械挖);喷射混凝土(边墙),有筋,初喷 5cm;喷射钢纤维混凝土(边墙),有筋,初喷 3cm;砂浆锚杆;混凝土及钢筋混凝土衬棚平洞拱部,拱跨径 8m,衬砌厚度 30~50cm,厂拌;有排水沟、电缆沟,并进行 20m 内的土体分层沉降、土体水平位移、孔隙水压力;15m 内的水位观测,地表桩、建筑物倾斜、地下管线沉降、地下管线位移、混凝土构件、钢筋应力,隧道纵向沉降及位移;衬砌表面应变计等监测项目。

3)雪峰隧道工程概算书(图 1-5-4)

工程名称:　雪峰隧道

工程造价(大写):伍佰玖拾叁万零玖佰陆拾肆元叁角玖分

工程造价(小写):5 930 964.39 元

编制单位:　××××

编制人:

审核人:

编制时间:

图 1-5-4　雪峰隧道工程概算书(封面)

概算表如表 1-5-12~表 1-5-21 所示。

(1)工程取费表(概算)(表 1-5-12)

工程取费表(概算)

表 1-5-12

序号	名　　称	费率(%)	基 数 说 明	金　　额
1	道路、桥涵、隧道工程		道路、桥涵、隧道工程	5 930 964.39
2	工程造价		专业造价总合计	5 930 964.39

编制日期：

(2)单位工程费用表(表 1-5-13)

单位工程费用表

表 1-5-13

行号	序号	费用名称	费率	取 费 说 明	费用金额
1	1	直接工程费		人工费+材料费+其他材料费+机械费+主材设备费+其他费	3 575 808.09
2	1.1	人工费		人工费+技术措施项目人工费	2 020 194
3	1.2	材料费		材料费-协商项目 A-协商项目 B-协商项目 C+技术措施项目材料费	508 902.55
4	1.3	其他材料费		其他材料费+技术措施其他材料费	7 633.54
5	1.4	机械费		机械费+技术措施项目机械费	1 039 078
6	1.5	主材设备费		主材费+设备费+技术措施项目设备费+技术措施项目主材费	
7	1.6	其他费		其他费+技术措施项目其他费+组织措施项目合计	
8	2	企业管理费	21.82	取费人工费+取费机械费+技术措施人工取费价+技术措施机械取费价	597 736.88
9	3	利润	23.5	取费人工费+取费机械费+技术措施人工取费价+技术措施机械取费价	643 758.79
10	4	安全文明施工费	10.81	取费人工费+取费机械费+技术措施人工取费价+技术措施机械取费价	296 129.04
11	5	其他项目费 A		协商项目 A	
12	6	规费		工程排污费+职工教育经费+工会经费+其他规费+养老保险费(劳保基金)+安全生产责任险	618 241.28
13	6.1	工程排污费	0.4	直接工程费+企业管理费+利润+安全文明施工费+其他项目费 A	20 453.73
14	6.2	职工教育经费	1.5	人工费+技术措施项目人工费	30 302.91
15	6.3	工会经费	2	人工费+技术措施项目人工费	40 403.88
16	6.4	其他规费	16.7	人工费+技术措施项目人工费	337 372.4
17	6.5	养老保险费(劳保基金)	3.5	直接工程费+企业管理费+利润+安全文明施工费+其他项目费 A	178 970.15
18	6.6	安全生产责任险	0.21	直接工程费+企业管理费+利润+安全文明施工费+其他项目费 A	10 738.21

续上表

行号	序号	费用名称	费率	取费说明	费用金额
19	7	其他项目C		协商项目C	
20	8	税金	3.477	直接工程费+企业管理费+利润+安全文明施工费+其他项目费A+规费+其他项目C	199 290.31
21	9	其他项目费B		协商项目B	
22	10	优惠	0	直接工程费+企业管理费+利润+安全文明施工费+其他项目费A+规费+其他项目C+税金+其他项目费B	
23	11	道路、桥涵、隧道工程造价		直接工程费+企业管理费+利润+安全文明施工费+其他项目费A+规费+其他项目C+税金+其他项目费B-优惠	5 930 964.39

编制日期：

（3）工程概算表（表1-5-14～表1-5-18）

工程概算表（一）

表1-5-14

序号	定额编号	项目名称	单位	数量	主材含量	单价			合价		
						主材	基价	人工	主材	基价	人工
1	D4-2换	暗挖土方机械挖如采用一般爆破开挖时	$100m^3$	800			3 587.5	2 233.2		2 870 016	1 786 520
2	D4-60	喷射混凝土（边墙）有筋初喷5cm	$100m^2$	6			7 260.3	1211		43 561.98	7 266
3	D4-68	喷射钢纤维混凝土（边墙）有筋初喷3cm	$100m^2$	6			6 010.3	1 138.9		36 061.68	6 833.4
4	D4-70	砂浆锚杆	100m	3			3 729.2	1 054.2		11 187.63	3 162.6
5	D4-77	混凝土及钢筋混凝土衬棚平洞拱部拱跨径10m以内、衬砌厚度30～50cm厂拌	$10m^3$	60			5 639.9	1 246		338 391	74 760
6	D4-122	排水沟、电缆沟厂拌	$10m^3$	10			5 006.4	813.4		50 064.1	8 134
7	D4-127	土体分层沉降20m	孔	10			2 957	1 039.5		29 569.6	10 395
8	D4-130	土体水平位移20m	孔	10			3 055	1 116.5		30 550	11 165
9	XSXMFA_001	协商项目A									
10	XSXMFB_001	协商项目B									
11	XSXMFC_001	协商项目C									
12	D4-133	孔隙水压力20m	孔	10			2 035.2	685.3		20352.2	6853
13	D4-135	水位观察孔15m	孔	4			1 781.6	669.9		7 126.24	2 679.6
14	D4-136	地表桩	个	6			584.86	315.7		3 509.16	1 894.2

续上表

序号	定额编号	项目名称	单位	数量	主材含量	单价			合价		
						主材	基价	人工	主材	基价	人工
15	D4－138	建筑物倾斜	个	8			373.66	115.5		2 989.28	924
16	D4－140	地下管线沉降	个	8			462.26	254.1		3 698.08	2 032.8
17	D4－141	地下管线位移	个	8			462.26	254.1		3 698.08	2 032.8
18	D4－142	混凝土构件钢筋应力	个	20			793.37	154		15 867.4	3 080
19	D4－155	隧道纵向沉降及位移	个	10			221.1	177.1		2 211	1 771
20	D4－158	衬砌表面应变计	个	6			575.52	331.1		3 453.12	1 986.6
21	D4－160	地面监测6项以内	组日	60			751.2	693		45 072	41 580
22	D4－163	地下监测6项以内	组日	60			846.6	785.4		50 796	47 124
		合计								3 568 175	2 020 194

编制日期：

工程概算表（二）

表1-5-15

序号	定额编号	项目名称	单位	数量	单价(元)	其中			合价(元)
						人工费	材料费	机械费	
1	D4－2换	暗挖土方机械挖如采用一般爆破开挖时	$100m^3$	800	3 587.52	2 233.15	122.86	1 231.51	2 870 016
2	D4－60	喷射混凝土（边墙）有筋初喷5cm	$100m^2$	6	7 260.33	1 211	4 239.04	1 810.29	43 561.98
3	D4－68	喷射钢纤维混凝土（边墙）有筋初喷3cm	$100m^2$	6	6 010.28	1 138.9	3 714.31	1 157.07	36 061.68
4	D4－70	砂浆锚杆	100m	3	3 729.21	1 054.2	1 659.91	1 015.1	11 187.63
5	D4－77	混凝土及钢筋混凝土衬棚平洞拱部拱跨径10m以内、衬砌厚度30～50cm厂拌	$10m^3$	60	5 639.85	1 246	4 280.71	113.14	338 391
6	D4－122	排水沟、电缆沟厂拌	$10m^3$	10	5 006.41	813.4	4 167.09	25.92	50 064.1
7	D4－127	土体分层沉降20m	孔	10	2 956.96	1 039.5	1 216.52	700.94	29 569.6
8	D4－130	土体水平位移20m	孔	10	3 055	1 116.5	1 237.56	700.94	30 550
9	XSXMFA_001	协商项目A							

续上表

序号	定额编号	项目名称	单位	数量	单价(元)	其中			合价(元)
						人工费	材料费	机械费	
10	XSXMFB_001	协商项目 B							
11	XSXMFC_001	协商项目 C							
12	D4－133	孔隙水压力 20m	孔	10	2 035.22	685.3	791.91	558.01	20 352.2
13	D4－135	水位观察孔 15m	孔	4	1 781.56	669.9	592.58	519.08	7 126.24
14	D4－136	地表桩	个	6	584.86	315.7	261	8.16	3509.16
15	D4－138	建筑物倾斜	个	8	373.66	115.5	250	8.16	2 989.28
		本页小计							3 443 378.87

编制日期：

工程概算表（三）

表 1-5-16

序号	定额编号	项目名称	单位	数量	单价(元)	合价(元)	其中		
							人工费	材料费	机械费
1	D4－2 换	暗挖土方机械挖如采用一般爆破开挖时	$100m^3$	800	3 587.52	2 870 016	1 786 520	98 288	985 208
2	D4－60	喷射混凝土（边墙）有筋初喷 5cm	$100m^2$	6	7 260.33	43 561.98	7 266	25 434.24	10 861.74
3	D4－68	喷射钢纤维混凝土（边墙）有筋初喷 3cm	$100m^2$	6	6 010.28	36 061.68	6 833.4	22 285.86	6 942.42
4	D4－70	砂浆锚杆	100m	3	3 729.21	11 187.63	3 162.6	4 979.73	3 045.3
5	D4－77	混凝土及钢筋混凝土衬棚平洞拱部拱跨径 10m 以内、衬砌厚度 30～50cm 厂拌	$10m^3$	60	5 639.85	338 391	74 760	256 842.6	6 788.4
6	D4－122	排水沟、电缆沟厂拌	$10m^3$	10	5 006.41	50 064.1	8 134	41 670.9	259.2
7	D4－127	土体分层沉降 20m	孔	10	2 956.96	29 569.6	10 395	12 165.2	7 009.4
8	D4－130	土体水平位移 20m	孔	10	3 055	30 550	11 165	12 375.6	7 009.4
9	XSXMFA_001	协商项目 A							
10	XSXMFB_001	协商项目 B							
11	XSXMFC_001	协商项目 C							
12	D4－133	孔隙水压力 20m	孔	10	2 035.22	20 352.2	6 853	7 919.1	5 580.1
13	D4－135	水位观察孔 15m	孔	4	1 781.56	7 126.24	2 679.6	2 370.32	2 076.32
14	D4－136	地表桩	个	6	584.86	3 509.16	1 894.2	1 566	48.96
15	D4－138	建筑物倾斜	个	8	373.66	2 989.28	924	2 000	65.28
		本页小计				3 443 378.87	1 920 586.8	487 897.55	1 034 894.52

编制日期：

工程概算表(四)(含主材)

表 1-5-17

序号	定额编号	项目名称	单位	数量	主材含量	单价			合价		
						主材	基价	人工	主材	基价	人工
1	D4-2 换	暗挖土方机械挖如采用一般爆破开挖时	$100m^3$	800			3 587.52	2 233.2		2 870 016	1 786 520
2	D4-60	喷射混凝土(边墙)有筋初喷 5cm	$100m^2$	6			7 260.33	1 211		43 561.98	7 266
3	D4-68	喷射钢纤维混凝土(边墙)有筋初喷 3cm	$100m^2$	6			6 010.28	1 138.9		36 061.68	6 833.4
4	D4-70	砂浆锚杆	100m	3			3 729.21	1 054.2		11 187.63	3 162.6
5	D4-77	混凝土及钢筋混凝土衬棚平洞拱部拱跨径 10m 以内、衬砌厚度 30~50cm 厂拌	$10m^3$	60			5 639.85	1 246		338 391	74 760
6	D4-122	排水沟、电缆沟厂拌	$10m^3$	10			5 006.41	813.4		50 064.1	8 134
7	D4-127	土体分层沉降 20m	孔	10			2 956.96	1 039.5		29 569.6	10 395
8	D4-130	土体水平位移 20m	孔	10			3 055	1 116.5		30 550	11 165
9	XSXMFA_001	协商项目 A									
10	XSXMFB_001	协商项目 B									
11	XSXMFC_001	协商项目 C									
12	D4-133	孔隙水压力 20m	孔	10			2 035.22	685.3		20 352.2	6 853
13	D4-135	水位观察孔 15m	孔	4			1781.56	669.9		7 126.24	2 679.6
14	D4-136	地表桩	个	6			584.86	315.7		3 509.16	1 894.2
15	D4-138	建筑物倾斜	个	8			373.66	115.5		2 989.28	924
16	D4-140	地下管线沉降	个	8			462.26	254.1		3 698.08	2 032.8
17	D4-141	地下管线位移	个	8			462.26	254.1		3 698.08	2 032.8
18	D4-142	混凝土构件钢筋应力	个	20			793.37	154		15 867.4	3 080
19	D4-155	隧道纵向沉降及位移	个	10			221.1	177.1		2 211	1 771
20	D4-158	衬砌表面应变计	个	6			575.52	331.1		3 453.12	1 986.6
21	D4-160	地面监测 6 项以内	组日	60			751.2	693		45 072	41 580
22	D4-163	地下监测 6 项以内	组日	60			846.6	785.4		50 796	47 124
		合计								3 568 175	2 020 194

编制日期:

工 程 概 算 表（五）

表 1-5-18

序号	定额编号	项目名称	单位	数量	单价（元）	其中			合价（元）	其中		
						人工费	材料费	机械费		人工费	材料费	机械费
1	D4 - 2 换	暗挖土方机械挖如采用一般爆破开挖时	$100m^3$	800	3 587.52	2 233.15	122.86	1 231.51	2 870 016	1 786 520	98 288	985 208
2	D4 - 60	喷射混凝土（边墙）有筋初喷5cm	$100m^2$	6	7 260.33	1 211	4 239.04	1 810.29	43 561.98	7 266	25 434.24	10 861.74
3	D4 - 68	喷射钢纤维混凝土（边墙）有筋初喷 3cm	$100m^2$	6	6 010.28	1 138.9	3 714.31	1 157.07	36 061.68	6 833.4	22 285.86	6 942.42
4	D4 - 70	砂浆锚杆	100m	3	3 729.21	1 054.2	1 659.91	1 015.1	11 187.63	3 162.6	4 979.73	3 045.3
5	D4 - 77	混凝土及钢筋混凝土衬棚平洞拱部拱跨径 10m 以内、衬砌厚度 30 ~ 50cm 厂拌	$10m^3$	60	5 639.85	1 246	4 280.71	113.14	338 391	74 760	256 842.6	6 788.4
6	D4 - 122	排水沟、电缆沟厂拌	$10m^3$	10	5 006.41	813.4	4 167.09	25.92	50 064.1	8 134	41 670.9	259.2
7	D4 - 127	土体分层沉降 20m	孔	10	2 956.96	1 039.5	1 216.52	700.94	29 569.6	10 395	12 165.2	7 009.4
8	D4 - 130	土体水平位移 20m	孔	10	3 055	1 116.5	1 237.56	700.94	30 550	11 165	12 375.6	7 009.4
9	XSXMFA_001	协商项目 A										
10	XSXMFB_001	协商项目 B										
11	XSXMFC_001	协商项目 C										

续上表

序号	定额编号	项目名称	单位	数量	单价（元）	其中			合价（元）	其中		
						人工费	材料费	机械费		人工费	材料费	机械费
12	D4 - 133	孔隙水压力 20m	孔	10	2 035.22	685.3	791.91	558.01	20 352.2	6 853	7 919.1	5 580.1
13	D4 - 135	水位观察孔 15m	孔	4	1 781.56	669.9	592.58	519.08	7 126.24	2 679.6	2 370.32	2 076.32
14	D4 - 136	地表桩	个	6	584.86	315.7	261	8.16	3 509.16	1 894.2	1 566	48.96
15	D4 - 138	建筑物倾斜	个	8	373.66	115.5	250	8.16	2 989.28	924	2 000	65.28
16	D4 - 140	地下管线沉降	个	8	462.26	254.1	200	8.16	3 698.08	2 032.8	1 600	65.28
17	D4 - 141	地下管线位移	个	8	462.26	254.1	200	8.16	3 698.08	2 032.8	1 600	65.28
18	D4 - 142	混凝土构件钢筋应力	个	20	793.37	154	480.65	158.72	1 5867.4	3 080	9 613	3 174.4
19	D4 - 155	隧道纵向沉降及位移	个	10	221.1	177.1	44		2 211	1 771	440	
20	D4 - 158	衬砌表面应变计	个	6	575.52	331.1	236	8.42	3 453.12	1 986.6	1 416	50.52
21	D4 - 160	地面监测 6 项以内	组日	60	751.2	693	51.6	6.6	45 072	41 580	3 096	396
22	D4 - 163	地下监测 6 项以内	组日	60	846.6	785.4	54	7.2	50 796	47 124	3 240	432
合计									3 568 174.55	2 020 194	508 902.55	1 039 078

编制日期：

(4)人工、主要材料、机械汇总表(表1-5-19)

人工、主要材料、机械汇总表

表1-5-19

序号	编　　码	名　　称	单　　位	数　　量	单　　价	合　　价	备　　注
1	00001	综合人工(市政)	工日	28 859.96	70	2 020 197.2	
2	010835	六角空心钢	kg	14.706	4.62	67.94	
3	020106	塑料测斜管	m	220	25	5 500	
4	020152	塑料注浆阀管	m	420	8.5	3 570	
5	040031	粗净砂	m^3	0.305 5	140.41	42.9	
6	040087	砾石	m^3	64.706 4	152.01	9 836.02	
7	040139	水泥	kg	307.53	0.39	119.94	
8	040142	水泥	kg	41 176.8	0.44	18 117.79	
9	040144	水泥	kg	15 504	0.51	7 907.04	
10	040204	中净砂	m^3	66.667 2	128.51	8 567.4	
11	120029	促进剂KA	kg	313.2	0.6	187.92	
12	120220	速凝剂	kg	1 235.304	1.6	1 976.49	
13	140036	导向铝管	m	240	11.04	2 649.6	
14	140210	高压胶管	m	4.275	16.08	68.74	
15	140211	高压胶管	m	44.4	37.08	1 646.35	
16	140369	无缝钢管	m	61.6	29.74	1 831.98	
17	140410	泵管	kg	243	19	4 617	
18	150512	透水管	m	4.4	3.6	15.84	
19	250042	屏蔽线二芯	m	651	2.35	1 529.85	
20	310005	钢筋锚杆	m	306.3	14.5	4 441.35	
21	320034	钢筋应力计	个	22	373	8 206	
22	320054	合金钢钻头	个	8.385	20	167.7	
23	320086	孔隙水压计	个	10	607	6 070	
24	320170	应变计	个	6	186	1 116	
25	410082	保护圈盖	套	60	21	1 260	
26	410106	材料摊销费	元	6 336	1	6 336	
27	410119	沉降预埋点	个	11	40	440	
28	410127	磁环	个	110	13	1 430	
29	410128	磁环夹具	个	110	11	1 210	
30	410164	电	kW·h	93.335	0.99	92.4	
31	410273	管线抱箍标志	个	16	200	3 200	
32	410504	膨润土	kg	8891.4	0.36	3 200.9	
33	410544	倾斜预埋件	个	8	250	2 000	
34	410649	水	m^3	23 716.384 2	4.38	103 877.76	

续上表

序号	编码	名称	单位	数量	单价	合价	备注
35	410805	应变计预埋件	个	6	50	300	
36	410831	预埋标志点	个	6	25	150	
37	411014	钢纤维	kg	1 324.08	5.05	6 686.6	
38	040261	普通商品混凝土	m^3	710.5	407	289 173.5	
39	040263	普通商品混凝土	m^3	3	430	1 290	
40	120021	柴油	kg	50 856.998	8.21	417 535.95	
41	411024	仪器摊销	元	828	1	828	
42	J00001	折旧费	元	205 296.046 7	1	205 296.05	
43	J00002	大修理费	元	52 733.05	1	52 733.05	
44	J00003	机械管理费	元	7 562.331	1	7 562.33	
45	J00004	电	kW·h	16 143.735 3	0.99	15 982.3	
46	J00005	安拆费及场外运费	元	852.577	1	852.58	
47	J00008	经常修理费	元	119 394.853	1	119 394.85	
48	JXFTZ	机械费调整	元	-24	1	-24	
49	JXRG	人工(市政)	工日	3 127.49	70	218 924.3	
		合计				3 568 183.62	

编制日期：

(5)工程量计算式表(表1-5-20)

工程量计算式表 表1-5-20

序号	项目编码	项目名称	变量	工程量表达式	计量单位	工程数量
1	D4-2	暗挖土方机械挖如采用一般爆破开挖时		800	$100m^3$	80 000
2	D4-60	喷射混凝土(边墙)有筋初喷5cm		6	$100m^2$	600
3	D4-68	喷射钢纤维混凝土(边墙)有筋初喷3cm		6	$100m^2$	600
4	D4-70	砂浆锚杆		3	100m	300
5	D4-77	混凝土及钢筋混凝土衬棚平洞拱部拱跨径10m以内、衬砌厚度30~50cm厂拌		60	$10m^3$	600
6	D4-122	排水沟、电缆沟厂拌		10	$10m^3$	100
7	D4-127	土体分层沉降20m		10	孔	10
8	D4-130	土体水平位移20m		10	孔	10
9	XSXMFA_001	协商项目A				
10	XSXMFB_001	协商项目B				
11	XSXMFC_001	协商项目C				

续上表

序号	项目编码	项　目　名　称	变量	工程量表达式	计量单位	工程数量
12	D4－133	孔隙水压力 20m		10	孔	10
13	D4－135	水位观察孔 15m		4	孔	4
14	D4－136	地表桩		6	个	6
15	D4－138	建筑物倾斜		8	个	8
16	D4－140	地下管线沉降		8	个	8
17	D4－141	地下管线位移		8	个	8
18	D4－142	混凝土构件钢筋应力		20	个	20
19	D4－155	隧道纵向沉降及位移		10	个	10
20	D4－158	衬砌表面应变计		6	个	6
21	D4－160	地面监测 6 项以内		60	组日	60
22	D4－163	地下监测 6 项以内		60	组日	60

编制日期：

(6)主要材料表(表 1-5-21)

主　要　材　料　表

表 1-5-21

序号	编码	名　　称	单位	数量	单价	合价	备注
1	020106	塑料测斜管	m	220	25	5 500	
2	020152	塑料注浆阀管	m	420	8.5	3 570	
3	040087	砾石	m^3	64.706 4	152.01	9 836.02	
4	040142	水泥	kg	41 176.8	0.44	18 117.79	
5	040144	水泥	kg	15 504	0.51	7 907.04	
6	040204	中净砂	m^3	66.667 2	128.51	8 567.4	
7	120220	速凝剂	kg	1 235.304	1.6	1 976.49	
8	140036	导向铝管	m	240	11.04	2 649.6	
9	140369	无缝钢管	m	61.6	29.74	1 831.98	
10	140410	泵管	kg	243	19	4 617	
11	310005	钢筋锚杆	m	306.3	14.5	4 441.35	
12	320034	钢筋应力计	个	22	373	8 206	
13	320086	孔隙水压计	个	10	607	6 070	
14	410106	材料摊销费	元	6 336	1	6 336	
15	410273	管线抱箍标志	个	16	200	3 200	
16	410504	膨润土	kg	8 891.4	0.36	3 200.9	
17	410544	倾斜预埋件	个	8	250	2 000	
18	410649	水	m^3	23 716.384	4.38	103 877.76	
19	411014	钢纤维	kg	1 324.08	5.05	6 686.6	
20	040261	普通商品混凝土	m^3	710.5	407	289 173.5	
		本页小计				497 765.43	
		合计				497 765.43	

编制日期：

2. 孔家垄隧道概算书

1）概算书编制条件

收集和准备包括工程招标文件、场地工程地质勘察报告，工程初步设计施工图，招标文件要求的执行定额及概算取费标准等。

2）工程情况简介

孔家垄隧道初期支护中喷射混凝土 4 000m^3，消耗钢筋网片 20t，超前小导管（Φ32）2 000m，管棚（Φ200 以内）2 000m，洞内加固（水泥浆）200m^3。

3）孔家垄隧道工程概算书（图 1-5-5）

工程名称：孔家垄隧道	工程地点：××××
建筑面积：	结构类型：
工程造价：5 759 501.80 元	单方造价：××××
建设单位：××××	设计单位：××××
施工单位：××××	编制人：
审核人：	编制日期：
建筑单位：　（公章）	施工单位：　（公章）

图 1-5-5　孔家垄隧道工程概算书（封面）

概算表如表 1-5-22 ~ 表 1-5-24 所示。

（1）单位工程概算表（表 1-5-22）

单位工程概算表

表 1-5-22

序号	定额号	名称	单位	工程量	单价	合价
1	2－38	喷射混凝土	m^3	4 000	989.82	3 959 280
2	2－44	钢筋网片	t	20	5 845.1	116 902
3	2－46	超前小导管 ϕ32	m	2 000	34.12	68 240
4	2－51	管棚 ϕ200 以内	m	2 000	263.71	527 420
5	2－56	洞内加固水泥浆	m^3	200	426.29	85 258
本页小计						4 757 100
合计						4 757 100

（2）单位工程费用表（表 1-5-23）

单位工程费用表

表 1-5-23

序号	费用名称	取 费 说 明	费率	费用金额
1	概算直接费	直接费		4 757 100.00
1.1	人工费	人工费		1 637 619.80
2	综合费用	概算直接费	3.54	168 401.34
3	利润	概算直接费＋综合费用	4.22	207 856.16
4	规费	人工费	18.31	299 848.19
5	概算调整	概算直接费＋综合费用＋利润＋规费	2.51	136 373.46
6	税金	概算直接费＋综合费用＋利润＋规费＋概算调整	3.41	189 922.65
7	概算总造价	概算直接费＋综合费用＋利润＋规费＋概算调整＋税金		5 759 501.80

（3）单位工程人材机汇总表（表1-5-24）

单位工程人材机汇总表　　表1-5-24

序号	材　料　名	单位	数量	预算价	预算价合计	市场价	市场价合计
1	综合工1	工日	29 774.36	55	1 637 589.8	55	1 637 589.8
2	合金钢钻头	个	156	27.13	4 232.28	27.13	4 232.28
3	其他材料费	元	51 789.2	1	51 789.2	1	51 789.2
4	速凝剂	kg	67 140	2.4	161 136	2.4	161 136
5	六角空心钢	kg	28	4.16	116.48	4.16	116.48
6	板方材	m^3	1.6	1 313.52	2 101.63	1 313.52	2 101.63
7	水	m^3	10 000	6.21	62 100	6.21	62 100
8	氧气	m^3	70	5.89	412.3	5.89	412.3
9	乙炔气	kg	40	8.82	352.8	8.82	352.8
10	圆钢	kg	20 400	4.6	93 840	4.6	93 840
11	粘稠剂	kg	22 380	2.89	64 678.2	2.89	64 678.2
12	高压橡胶管	m	1 020	8.88	9 057.6	8.88	9 057.6
13	低碳钢焊条	kg	97	4.9	475.3	4.9	475.3
14	热轧无缝钢管	kg	5 018	4.4	22 079.2	4.4	22 079.2
15	镀锌低碳钢丝	kg	20	5.2	104	5.2	104
16	岩心管	m	254	142.91	36 299.14	142.91	36 299.14
17	热轧无缝钢管	kg	46 638	4.6	214 534.8	4.6	214 534.8
18	普通硅酸盐水泥	t	153	352.77	53 973.81	352.77	53 973.81
19	钻杆	m	92	55	5 060	55	5 060
20	电动卷扬机双筒慢速	台班	191.14	205.9	39 355.73	205.9	39 355.73
21	钢筋切断机	台班	2	41.46	82.92	41.46	82.92
22	灰浆搅拌机	台班	28	70.86	1 984.08	70.86	1 984.08
23	磨床	台班	68	307.77	20 928.36	307.77	20 928.36
24	混凝土喷射机	台班	560	173.47	97 143.2	173.47	97 143.2
25	钢筋调直机	台班	4	51.25	205	51.25	205
26	轨道平车	台班	347.68	70.46	24 497.53	70.46	24 497.53
27	交流电焊机	台班	8.4	82.56	693.5	82.56	693.5
28	电动空气压缩机	台班	594	428.53	254 546.82	428.53	254 546.82
29	单卧轴式混凝土搅拌机	台班	264	144.61	38 177.04	144.61	38 177.04
30	电瓶车	台班	651.68	383.4	249 854.11	383.4	249 854.11
31	管子切断机	台班	14	17.27	241.78	17.27	241.78
32	水平定向钻机	台班	102	1 008.52	102 869.04	1 008.52	102 869.04
33	管子切断套丝机	台班	26	19.4	504.4	19.4	504.4
34	液压注浆机	台班	28	151.28	4 235.84	151.28	4 235.84
35	硅整流充电机	台班	330.44	130.97	43 277.73	130.97	43 277.73
	合计				3 298 529.62		3 298 529.62

思考题

1-5-1　设计概算的编制原则是什么？

1-5-2　什么是单位工程设计概算？

1-5-3　什么是单项工程综合概算？

1-5-4　简述概算定额与预算定额的区别和联系。

1-5-5　概算定额的作用有哪些？

1-5-6　概算定额的编制依据是什么？

1-5-7　设计概算的编制方法有哪些？

习题

1-5-1　某办公大楼桩基础工程设计为145根长螺旋桩钻孔灌注混凝土桩，平均设计桩长为22m，桩径为1.0m，桩身通长配筋，主筋为14Φ20，HRB400，钢筋笼分为三节制作，主筋之间单面焊接，搭接长度为10d（d为钢筋直径）。钢筋笼加强筋为Φ20，间距为2.0m，其焊接长度为10d（双面焊接）。螺旋箍筋用Φ8，螺距为0.2m，钢筋保护层厚度为50mm，桩身混凝土标号为C30，采用正循环回转钻机施工，设计文件有装平面布置图，桩身结构图及钢筋笼设计图等。试编制该工程设计概算。

1-5-2　湖南某开发区成片开发房地产项目，设计对场区人工填土进行强夯处理后作房屋地基，设计处理区长400m，宽280m，设计采用夯锤质量15t，夯锤直径2m，锤落距12m，每坑9击。试编制该工程设计概算。

第六章　地下工程施工预算

第一节　概　　述

地下工程施工预算是编制实施性成本计划的主要依据,是施工企业为了加强企业内部经济核算,在施工图预算的控制下,依据企业的内部施工定额,以建筑安装单位工程为对象,根据施工图纸,施工定额,施工及验收规范,标准图集,施工组织设计(施工方案)编制的单位工程施工所需要的人工,材料,施工机械台班用量的技术经济文件。它是施工企业的内部文件,同时也是施工企业进行劳动调配,物资计划供应,控制成本开支,进行成本分析和班组经济核算的依据。施工预算主要有以下几个方面的作用。

(1)编制施工作业计划的依据。

(2)签发工程施工任务单的依据。

(3)签发限额领料单的依据。

(4)衡量工人劳动成果、计算应得报酬的依据。

(5)施工企业开展经济活动分析,进行“两算”对比的依据。

(6)有效控制施工中的人工、材料、机械台班消耗量的有力手段。

(7)促进实施施工技术组织措施的有效方法。

第二节　施工预算的内容和编制依据

一、施工预算的内容

施工预算内容包括:

(1)按施工定额和施工组织设计口径的分部分项、分层分段的工程量。

(2)材料的明细用量。

(3)分工种的用工数量。

(4)机械的种类和需用台班数量。

(5)混凝土、钢木构件及制品的加工订货数量。

二、施工预算的编制依据

施工预算的编制依据有:

(1)现行施工定额。

(2)施工图纸及其说明书。

(3)现场地质勘察及测量资料。

(4)工程施工组织设计。

(5)工程施工图预算及预算定额等。

(6)有关规定。

第三节　施工预算的编制方法和步骤

一、施工预算的编制方法

编制施工预算的方法主要有实物法、实物金额法和单位估价法三种。

1.实物法

根据施工图纸和施工定额，结合施工组织设计或施工方案所确定的施工技术措施，计算出工程量后，套用施工定额，分析汇总人工、材料数量，但不进行计价，通过实物消耗数量来反映其经济效果。

2.实物金额法

通过实物数量来计算人工费、材料费和直接费的一种方法。根据实物法算出的人工和各种材料的消耗量，分别乘以所在地区的工资标准和材料单价，求出人工费、材料费和直接费，以各项费用的多少来反映其经济效果。

3.单位估价法

根据施工图和施工定额的有关规定，结合施工技术措施，列出工程项目，计算工程量，套用施工定额单价，逐项计算后汇总直接费，并分析汇总人工和主要材料消耗量，同时列出明细表，最后汇编成册。

三种编制方法的主要区别在于计价方法的不同。实物法只计算实物消耗量，运用这些实物消耗量可向施工班组签发施工任务单和限额领料单；实物金额法是先分析、汇总人工和材料实物消耗量，再进行计价；单位估价法则是按分项工程分析进行计价。

以上各种方法的机械台班和机械费，均按照施工组织设计或施工方案要求，根据实际进场的机械数量计算。

二、施工预算的编制步骤

不管采用哪种编制方法，施工预算的编制一般均按以下步骤进行。

1.掌握工程项目现场情况，收集有关资料

编制施工预算之前，首先应掌握工程项目所在地的现场情况，了解施工现场的环境、地质、施工平面布置等有关情况，尤其是对那些关系到施工进程能否顺利进行的外界条件应有全面的了解。然后按前面所述的编制依据，将有关原始资料收集齐全，熟悉施工图纸和会审记录，熟悉施工组织设计或施工方案，了解所采取的施工方法和施工技术措施，熟悉施工定额和工程量计算规则，了解定额的项目划分、工作内容、计量单位、有关附注说明以及施工定额与预算定额的异同点。了解和掌握上述内容，是编制好施工预算的必备前提条件，也是在编制前必须要做好的基本准备工作。

2. 列出工程项目并计算其工程量

列项与计算工程量，是施工预算编制工作中最基本的一项工作，其所费时间最长，工作量最大，技术要求也较高，也是一项十分细致而又复杂的工作。

施工预算的工程项目，是根据已会审的施工图纸和施工方案规定的施工方法，按施工定额项目划分和项目顺序排列的。有时为了签发施工任务单和适应“两算”对比分析的需要，也按照工程项目的施工程序或流水施工的分层、分段和施工图预算的项目顺序进行排列。

工程项目工程量的计算是在复核施工图预算工程量的基础上，按施工预算要求列出的。除了新增项目需要补充计算工程量外，其他可直接利用施工图预算的工程量不必再算，但要根据施工组织设计或施工方案的要求，按分部、分层、分段进行划分。工程量的项目内容和计量单位，一定要与施工定额相一致，否则就无法套用定额。

3. 查套施工定额

工程量计算完毕，经过汇总整理、列出工程项目，将这些工程项目名称、计量单位及工程数量逐项填入“施工预算工料分析表”后，即可查套定额，将查到的定额编号与工料消耗指标，分别填入“施工预算工料分析表”的相应栏目里。

套用施工定额项目时，其定额工作内容必须与施工图纸的构造、做法相符合，所列分项工程名称、内容和计量单位必须与所套定额项目的工作内容和计量单位完全一致。如果工程内容和定额内容不完全一致，而定额规定允许换算或可系数调整时，则应对定额进行换算后才可套用。对施工定额中的缺项，可借套其他类似定额或编制补充定额。编制的补充定额，应经权威部门批准后方可执行。

填写计量单位与工程数量时，注意采用定额单位及与之相对应的工程数量，这样就可以直接套用定额中的工、料消耗指标，而不必改动定额消耗指标的小数点位置，以免发生差错。填写工、料消耗指标时，人工部分应区别不同工种，材料部分应区别不同品种、规格和计量单位，分别进行填写。上述做法的目的是便于按不同的工种和不同的材料品种、规格分别进行汇总。

4. 工料分析

按上述要求将“施工预算工料分析表”上的分部分项工程名称、定额单位、工程数量、定额编号、工料消耗指标等项目填写完毕后，即可进行工料分析，方法同施工图预算。

5. 工料汇总

按分部工程分别将工料分析的结果进行汇总，最后再按单位工程进行汇总，并以此为依据编制单位工程工料计划，计算直接费和进行“两算”对比。

6. 计算直接费和其他费用

根据上述汇总的工料数量与现行的工资标准、材料预算价格和机械台班单价，分别计算人工费、材料费和机械费，三者相加即为本分部工程或单位工程的施工预算直接费。最后再根据本地区或本企业的规定计算其他有关费用。

第四节　施工预算和施工图预算对比

一、“两算”对比的意义

“两算”对比是指施工图预算与施工预算的对比。通过对比分析，找出节约和超出的原因，研究提出解决的措施，防止人工、材料和机械用量及使用费的超支，以避免发生预算成本的亏损。

通过“两算”对比，并在完工后加以总结，取得经验教训，积累资料，加强和改进施工组织管理，以减少工料消耗，提高劳动生产率，降低工程成本，节约资金，增加积累，取得更大的经济效益。

二、施工预算与施工图预算的区别

1. 施工预算与施工图预算的作用及编制方法不同

施工预算用于施工企业内部核算，它主要计算工料机用量和直接费，而施工图预算要确定整个单位工程造价，是签订工程合同、拨付工程价款、办理工程结算的依据。施工预算必须在施工图预算的控制下进行编制。

2. 使用的定额不同

施工预算使用的定额是施工定额，施工图预算使用的是预算定额。两种定额水平不同，施工定额是平均先进水平，而预算定额是平均水平，即使是同一定额项目，两种定额中各自的工、料、机耗用数量都有一定的差别。两种定额项目划分也不同，预算定额的综合性较施工定额大。

3. 工程项目粗细程度不同

施工定额项目按工种划分，其综合程度较低，而且施工预算要满足班组核算的要求，所以项目划分较细。预算定额项目的综合程度较高，其主要任务是用来确定工程造价，所以施工图预算的项目划分较粗。

4. 计算范围不同

施工预算主要计算工、料、机的数量及其相应的直接费，而施工图预算除计算直接费外，还需计算间接费、利润和税金，从而确定整个工程造价。

三、“两算”对比的方法

1. 实物对比法

即将施工预算中的各分部工程的人工、主要材料、机械台班量与施工图预算的人工、主要材料和机械台班消耗量分别进行对比。

2. 金额对比法

将施工预算的人工费、材料费、机械费、直接费与施工图预算中的人工费、材料费、机械费、直接费分别进行对比。

思考题

1-6-1　施工预算主要有哪些作用?

1-6-2　施工预算的内容有哪些?

1-6-3　施工预算的编制依据是什么?

1-6-4　施工预算的编制方法有哪些?

1-6-5　简述施工预算的编制步骤。

1-6-6　为什么要进行施工预算和施工图预算的对比?

1-6-7　施工预算与施工图预算有哪些区别?

第七章　地下工程预算审查与竣工决算

第一节　概　　述

对地下工程预算的编制工作进行认真审查，关系到提高其编制质量，促进并加强经济核算，准确反映基建投资规模，因此是建设主管部门、建设单位、设计单位及建设银行等的共同任务。

地下工程预算审查具有以下意义：

(1)有利于落实建设计划，合理确定工程造价，提高经济效益。

(2)有利于加强建设材料和物资的合理配置。

(3)有利于提高施工企业的经营管理水平。

(4)有利于搞好财务拨款。

总之，搞好工程预算的审查工作，对确保建设单位和施工企业的合法权益和经济效益，核实工程造价，保证工程按时拨款及工程结算，保证工程施工进度及质量要求，避免人、财、物浪费，提高投资效益等都有十分重要的意义。

工程概预算的审查工作主要包括对设计概算的审查、对施工图预算的审查以及建设银行对预决算的审查三个方面。

第二节　地下工程设计概算审查

一、审查内容

地下工程设计概算应主要针对以下几个方面的内容进行审查。

1. 审查编制人员资格

在接到概算资料后，应首先审查编制人员是否持证上岗，是否具有相应的编制资格，否则，应视为该概算无效，责令退回重编。

2. 审查编制依据

(1)审查编制依据的合法性

采用的各种编制依据必须经过有关单位的批准，符合国家的编制规定，未经批准的不能采用。

(2)审查编制依据的时效性

各种依据，如定额、指标、价格、取费标准等，都应根据现行规定执行。

(3)审查编制依据的适用范围

各种编制依据都应按规定的适用范围采用。

3. 审查编制深度

(1)审查编制说明

通过审查编制说明检查概算的编制方法、深度和编制依据等重大原则问题。

(2)审查编制深度

审查编制说明和分级概算总概算表、分段或单项工程概算表、单位工程概算表、分项工程概算表等是否完整,是否按有关规定的深度进行编制。

(3)审查编制范围

审查是否与主管部门批准的建设项目范围及具体工程内容一致;审查分期、分段建设项目的范围及具体工程内容有无重复交叉,是否重复计算或漏算;审查其他费用应列的项目是否符合规定等。

4. 审查建设规模、标准

审查投资规模、设计标准等是否符合原批准可行性研究报告或立项批文的标准,如概算总投资是否超过原批准投资估算10%以上,如有,应进一步审查超估算的原因。

5. 审查设备规格、数量和配置

对于附属配套设备投资较大的项目,应审查所选用的设备规格、台数是否与服务功能配套一致,材质、自动化程度有无随意提高标准,引进设备是否配套、合理,备用设备台数是否适当,专用设备如消防、环保等设备是否已计算,设备价格是否合理、是否符合有关规定等。

6. 审查工程量

应根据初步设计图纸、概算定额及工程量计算规则等逐一进行审查,有无多算、少算、重算、漏算等。

7. 审查计价指标

主要审查计价定额、费用定额、价格指数和有关人工、材料、机械台班单价是否符合现行规定和工程所在地实际。

8. 审查其他费用

审查工程其他费用是否按国家有关规定计列,具体费率或计取标准是否按国家、行业或部门规定计算,有无随意增项、多列、交叉计列和漏项等。

二、审查方法

1. 设计概算的审查步骤

设计概算审查是一项复杂而细致的技术经济工作,审查人员既应懂得有关专业技术知识,又应具有熟练编制概算的能力,一般情况下可按以下步骤进行:

(1)概算审查的准备。包括了解设计概算的内容组成、编制依据和方法;了解建设规模、设计能力和工艺流程;熟悉设计图纸和说明书,掌握概算费用的构成和有关技术经济指标;明确概算各种表格的内涵;收集概算定额、概算指标、取费标准等有关规定的文件资料等。

(2)进行概算审查。根据审查的主要内容,分别对设计概算的编制依据、单位工程设计概算、综合概算、建设工程总概算进行逐级审查。

(3)进行技术经济对比分析。利用规定的概算定额或指标以及有关的技术经济指标与设计概算进行分析对比,根据设计和概算列明的工程性质、结构类型、建设条件、费用构成、投资比例、占地面积、生产规模、建筑面积、设备数量、造价指标、劳动定员等与国内同类型工程进行对比分析,找出与同类型工程的主要差距。

(4)调查研究。对概算审查中出现的问题要在对比分析、找出差距的基础上深入现场进行实际调查研究,了解设计是否经济合理,概算编制依据是否符合现行规定和施工现场实际,有无扩大规模、多估投资或预留缺口等情况,并及时核实概算投资。对于当地没有同类型的项目而不能进行对比分析时,可向国内同类型企业进行调查,收集资料,作为审查的参考。经过会审决定的定案问题应及时调整概算,并经原批准单位发文批准。

(5)积累资料。对审查过程中发现的问题要逐一理清,对建成项目的实际成本和有关数据资料等进行收集并整理成册,为今后审查同类工程概算和国家修订概算定额提供依据。

2.审查方法

为确保审查质量、提高审查效率,应根据不同的审查内容采用对比分析法和查询核实法分别进行审查。

(1)对比分析法

对于大部分审查内容,应通过对比分析法,从中找出概算中存在的主要问题和偏差。对比分析的主要内容如下:

①建设规模、标准与立项、工可批文对比。

②工程数量与设计图纸对比。

③综合范围、内容与编制方法、规定对比。

④各项取费与规定标准对比。

⑤材料、人工单价与价格信息和规定对比。

⑥技术经济指标与同类工程对比等。

(2)查询核实法

①对于一些关键设备和设施,且又难以核算的较大投资,应通过多方查询核对,逐项落实的方法进行。对于深度不够或不清楚的问题,应直接同原概算编制人员、设计者询问核实。

②对于价格信息中缺项的单价和主要材料的价格,应通过实地调查或查询予以补充和核实。

第三节　地下工程施工图预算审查

施工图预算有单位工程预算、单项工程预算和建设项目总预算。单位工程预算是根据施工图设计文件、现行预算定额、费用标准以及人工、材料、设备、机械台班等预算价格资料,以一定的方法，编制单位工程的施工图预算。单位工程施工图预算的汇总，就是单项工程的施工图预算。而建设项目总预算，则是各个单项工程施工图预算的汇总。

一、审查内容

施工图预算的审查，是落实工程造价管理的一个有力措施，不论采用何种审查方法，一般应从以下几个方面进行施工图预算内容的审查。

1. 审查施工图预算的编制依据

（1）审查编制依据的合法性

施工图预算中所采用的各种编制依据必须经过国家或授权机关的批准，符合国家的编制规定，未经批准的一律无效，不得采用。预算中不能强调特殊情况，擅自改动、提高预算定额及其费用标准。

（2）审查编制依据的时效性

编制施工图预算中所采用的各种依据，如概算定额、概算指标、预算定额、预算价格、费用定额、地区单位估价表和标准都具有时效性，审查时应分析它们是否都在国家规定的有效期内，按现行规定进行，有无调整和新规定。

（3）审查编制依据的适用范围

施工图预算所采用的各种依据都有规定的适用范围，如定额有国家定额、部门定额、地方定额之分，各主管部门规定的各种专业定额及其取费标准，只适用该部门规定的各种专业工程。各省（区、市）规定各种定额及其取费标准，只适用于各省（区、市）范围内，尤其对于材料预算价格区域性更强。在编制预算时，必须根据工程特点，各种定额、指标、价格和费用指标等的适用范围分别选用。

2. 审查施工图预算工程量

建筑安装工程施工图预算是由直接工程费、间接费、利润和税金四部分费用组成。直接工程费中的直接费又是施工图预算中各分部分项工程的工程量与相应的定额单价之积累加而得到，它是计算间接费、利润和税金的基础。因此，在建筑安装工程施工图预算中，工程量是确定建筑安装工程造价的决定因素，是施工图预算审查的重要内容。在整个审查工作中，约有80%以上的时间消耗在工程量审查阶段内，而且对其审查的准确程度和快慢，都将直接影响施工图预算审查的质量和速度，影响整个工程造价，因此，工程量应列为审查的重点。

1）工程量计算中的常见问题分析

（1）多计工程量

多计工程量的形式很多，无一定规律可循，其主要目的是增大直接费的基数，以达到增加工程造价的目的。从工程量计算的基本原理看，有以下两种形式：

①计算尺寸以大代小。计算工程量时，不按工程量计算规则取值，用放大了的长度、宽度或高度，从而扩大工程量。如用轴线间尺寸或外边线尺寸计算主墙间净面积，按楼层高度计算内墙块料面层等，都会使工程量增大。

②应扣除的不扣除。例如外墙各种装饰面积均应按实贴（铺）面积计算，应扣除门窗洞口、空圈等的面积，顶棚饰面面积应扣除独立柱及与顶棚相连的窗帘盒所占面积等，如未扣除，

工程量就增加了。

(2)重复计算工程量

重复计算工程量多见于重复列项,以及某些交叉部位的重复计算。编制施工图预算的第一步是列项目(即列子项目),项目列重或多列项目,就会引发重复计算工程量。例如,墙面水泥砂浆贴面砖项目,定额中已编入砂浆找平层的用料,若再列“找平层”子项,就重复列项,重复计算工程量,这类情况甚多,审查时应加倍留意。

(3)虚增工程量

图纸未设计、施工也未做而列有工程量,属虚列工程量或虚增工程量。

(4)项目变更、该减未减

工程施工中发生项目变更是常见的事,工程结算时应按变更后的实际项目列项计算工程量。有些工程造价编制人员却利用变更之机,抬高、多算工程量,计增不计减,不仅计入项目变更后的工程量,原设计图纸的工程量也不扣减,一个部位的工程计算两次工程量。

2)工程量审查的基本要点

(1)工程列项审查。

(2)工程量计算方法审查。

(3)工程量计算所用数据审查。

(4)审查工程量计算结果及单位是否正确。

3)建筑面积计算审查

建筑面积是衡量建设规模、考察投资效果以及有关经济核算的综合性指标。因此,审核建筑面积计算的正确性,不仅有利于有关分项工程的工程数量和费用的计算,而且对于工程建设的各方面都具有重要的指导作用。为此,应严格执行国家标准《建筑面积计算规则》。

审查中,应重点审查计算建筑面积时依据的尺寸,计算的内容和方法是否符合建筑面积计算的要求;是否应将部分记入建筑面积的部分进行了全部的计算,是否将不应该计算建筑面积的部分也进行了计算,并作为建筑面积的一部分来扩大建筑面积。

4)分部工程量审查

(1)土石方工程量审查。

(2)桩基础工程量审查。

(3)脚手架工程量审查。

(4)砌筑工程量审查。

(5)混凝土与钢筋混凝土工程量审查。

(6)木结构工程量审查。

(7)装饰工程量审查。

(8)金属构件制作工程量审查。

(9)水暖工程量审查。

(10)电气照明工程量审查。

(11)设备及其安装工程量审查。

3. 审查预算单价的套用

预算单价是计算工程直接费的价格依据,是确定工程造价的关键工作之一,因此,必须对预算单价套用的正确与否进行审查,其审查的主要内容包括直接费套用预算单价项目的审查,定额是否应该换算、如何换算、换算的结果是否正确的审查,以及补充定额的审查。

4. 审查各项应计取费用

工程取费标准采用的正确与否,对工程造价的影响很大,根据现行规定,除计算定额中的各项费用外,在工程预算中,还应列入调整某些建筑材料价格变动所发生的材料差价,这是审查中不可缺少的一项内容。

(1)审查定额直接费

审查定额直接费时应首先审查人工费,重点审查人工费的计算标准是否正确,费用内容是否完整,工日数量的确定是否合理等相关内容;其次是审查材料费,重点审查材料用量和材料价格的构成;再次审查机械费,一是审查机械的类型、规格和数量,二是审查施工机械费的计算过程是否正确;最后检查费用的汇总计算有无错误。

(2)审查措施费

主要审查措施费项目是否合理。

(3)审查间接费

审查间接费的关键是正确确定工程类别和施工企业的级别,有无高套取费标准的现象;工程间接费的计取基础是否正确;费率的确定是否正确,是否按规定的工程类别计算;工程直接费或人工费增减后,有关费用是否也相应做了调整;有无巧立名目、乱计费用的现象。

(4)审查利润和税金

利润和税金的审查,重点放在计算基础和费率是否符合当地有关部门的现行规定上,有无多算、重算或漏算的现象。

(5)审查材料价差

材料价差是指工程材料的实际价格与预算定额中所采用的预算价格之间的差额。材料价差的存在,影响到预算定额基价的准确性,影响到工程造价的真实性,也影响到施工企业的经济利益。在审查时应着重审查以下几个方面的内容:

①材料消耗量的审查。对主要材料消耗量进行审查,是准确计算材料价差的重要前提,特别是对价格高或用量大的材料要逐项核实,以减少调整材料差价中的虚假现象。

②材料预算价格和实际价格的审查。材料实际价格的确认是材料价差审查的重点,也是难点。由于建筑材料品种众多,规格不一,质量相差悬殊(特别是装饰材料),因而价格上的差异也就非常明显,再加上某些假冒伪劣材料充斥市场,更增加了材料价格审查的难度。

③审查材料价格与施工时间段的一致性。在市场经济条件下,材料价格是具有时间性的。材料价格应与工程施工的时间段基本吻合。也就是说,不得用项目施工前或项目竣工之后一段时间的材料价格作为计算材料价差的取价标准。

④审查材料价差系数。按材料价差系数调整材料价差的部分,应审查三个方面:审查计算基数的取定是否符合规定,如费用定额规定以定额材料费为计算基数,就不能以定额直接费为基数;审查材料价差系数值是否正确,有无高套行为;审查材料价差系数的执行时间段是否与工程项目施工期相吻合,有无超出适用时段而高套系数的情况。

⑤审查施工合同或招标文件中有关材料价差计算办法的规定条款。不论是按招投标承包

的建设项目,或按施工图预算承包的建设项目,在招标文件或施工合同等承发包文件中,均列明关于材料价格及材料价差的计算范围和计算依据。

例如,某项目招标文件规定,“材料价格执行火大市工程造价信息××年×季度材料预算指导价,一次包死,今后不再调整”,又如某施工合同中列明“××几种材料按甲、乙双方拟定价,一次包死,结算时不再调整”,这些条款都应作为审查材料价差调整的依据。

二、审查方法

审查施工图预算方法较多,主要有全面审查法、标准预算审查法、分组计算审查法、对比审查法、筛选审查法、重点抽查法、利用手册审查法等8种。

1. 全面审查法

全面审查又叫逐项审查法,就是按预算定额顺序或施工的先后顺序,逐一地全部进行审查的方法。其具体计算方法和审查过程与编制施工图预算基本相同。此方法的优点是全面、细致,经审查的工程预算差错比较少,质量比较高;缺点是工作量大。对在一些工程量比较小、工艺比较简单的工程,编制工程预算的技术力量又比较薄弱时,采用全面审查法的相对较多。

2. 标准预算审查法

即对于采用标准图纸或通用图纸施工的工程,先集中力量编制标准预算,以此为标准审查预算的方法。按标准图纸或通用图纸施工的工程,预算编制和造价基本相同,可集中力量编制一份预算,作为这种标准图纸的标准预算,或以这种标准图纸的工程量为标准,对照审查,而对局部不同部分作单独审查即可。这种方法的优点是时间短、效果好;缺点是只适应按标准图纸施工的工程,适用范围小,具有局限性。

3. 分组计算审查法

分组计算审查法是一种加快审查工程量速度的方法,即把预算中的项目划分为若干组,并把相邻且有一定内在联系的项目编为一组,审查或计算同一组中某个分项工程量,利用工程量之间具有相同或相似计算基础的关系,判断同组中其他几个分项工程量计算的准确程度的方法。

4. 对比审查法

即用已建成工程的预算或虽未建成但已经审查是修正的工程预算对比审查拟建的类似工程预算的一种方法。对比审查法一般有以下几种情况,应根据工程的不同条件区别对待:

(1)两个工程采用同一个施工图,但基础部分和现场条件不同。其新建工程基础以上部分可采用对比审查法;不同部分可分别采用相应的审查方法进行审查。

(2)两个工程设计相同,但建筑面积不同。根据两个工程建筑面积之比与两个工程分部分项工程量之比例基本一致的特点,可审查新建工程各分部分项工程的工程量。或者用两个工程每平方米建筑面积造价及每平方米建筑面积的各分部分项工程量,进行对比审查,如果基本相同时,说明新建工程预算是正确的;反之,说明新建工程预算有问题,找出差错原因,加以更正。

(3)两个工程的面积相同,但设计图纸不完全相同时,可把相同的部分,如厂房中的柱子、屋架、屋面、砖墙等，进行工程量的对比审查，不能对比的分部分项工程按图纸计算。

5. 筛选审查法

建筑工程虽然有建筑面积和高度的不同，但是它们的各个分部分项工程的工程量、造价、用工量在每个单位面积上的数值变化不大，把这些数据加以汇集、优选，归纳为工程量、造价（价值）、用工三个单方基本值表，并注明其适用的建筑标准。这些基本值犹如“筛子孔”，用来筛选各分部分项工程，筛下去的就不审查了，没有筛下去的就意味着此分部分项的单位建筑面积数值不在基本值范围之内，应对该分部分项工程详细审查。

筛选法的优点是简单易懂，便于掌握，审查速度和发现问题快，但需对差错确定原因，分析之后继续审查。

6. 重点抽查法

审查的重点一般是工程量大或造价较高、工程结构复杂的工程，补充单位估价表，计取的各项费用（计费基础、取费标准等），即抓住工程预算中的重点进行审查。重点抽查法的优点是重点突出，审查时间短、效果好。

7. 利用手册审查法

把工程中常用的构件、配件，事先整理成预算手册，按手册对照审查。如工程常用的预制构配件梁板、检查井、化粪池等，几乎每个工程都有，把这些按标准图集计算出工程量，套上单价，编制成预算手册使用，可大大简化预结算的审查工作。

第四节　地下工程竣工结算

竣工结算是指一个建设项目或单项工程、单位工程全部竣工，发承包双方根据现场施工记录、设计变更通知书、现场变更鉴定、定额预算单价等资料，进行合同价款的增减或调整计算。竣工结算应按照合同有关条款和价款结算办法的有关规定进行。合同通用条款中有关条款的内容与价款结算办法的有关规定有出入的，以价款结算办法的规定为准。

结算需要准备的资料如下：

（1）施工图纸。

（2）图纸会审记录。

（3）设计变更资料。

（4）手续齐全的现场签证资料。

（5）施工合同（协议）书及补充施工合同（协议）书。

（6）实行招投标工程的招投标文件。

（7）经建设单位批准的施工组织设计或施工方案。

（8）工程结算书。

（9）工程量计算书。

（10）主要材料分析表、钢材耗用明细表。

（11）材料价格确认书。

(12)建设单位供应材料名称、规格、数量、单价汇总表,并经建设单位、施工单位双方核对签章。

(13)有关影响工程造价、工期的签证材料。

一、竣工结算的作用

(1)确定工程最终造价,是了结业主和承包商合同关系和经济责任的依据。

(2)为承包商确定工程最终收入,是承包商经济核算和考核工程成本的依据。

(3)反映建筑安装工程工作量和实物量的实际完成情况,是业主编报项目竣工决算的依据。

(4)反映建筑安装工程实际造价,是编制概算定额、概算指标的基础资料。

二、竣工结算的内容

竣工结算书主要包括以下几方面的内容:

(1)单位工程竣工结算书。

(2)单项工程竣工结算书。

(3)建设项目竣工结算书。

(4)竣工结算说明书。

工程竣工结算书,一般以施工单位的预算部门为主,依照有关规定进行编制,并经建设单位审核同意后,办理结算拨款手续。

三、竣工结算的编制方法

(1)在审定的施工图预算造价或合同价款总额基础上,根据原始变更材料的计算,在原预算造价基础上做出调整。

(2)根据竣工图、原始资料、预算定额及有关规定,按施工图预算的编制方法,全部重新计算。

第五节 地下工程竣工决算

竣工决算是建设工程经济效益的全面反映,是项目法人核定各类新增资产价值,办理其交付使用的依据。通过竣工决算,一方面能够正确反映建设工程的实际造价和投资结果;另一方面可以通过竣工决算与概算、预算的对比分析,考核投资控制的工作成效,总结经验教训,积累技术经济方面的基础资料,提高未来建设工程的投资效益。

工程竣工决算是指在工程竣工验收交付使用阶段,由建设单位编制的建设项目从筹建到竣工验收、交付使用全过程中实际支付的全部建设费用。竣工决算是整个建设工程的最终价格,是作为建设单位财务部门汇总固定资产的主要依据。竣工决算的编制依据主要有:

(1)经批准的可行性研究报告及其投资估算书。

(2)经批准的初步设计或扩大初步设计及其概算书或修正概算书。

(3)经批准的施工图设计及其施工图预算书。

(4)设计交底或图纸会审会议纪要。

(5)招投标的标底、承包合同、工程结算资料。

(6)施工记录或施工签证单及其他施工发生的费用记录。

(7)竣工图及各种竣工验收资料。

(8)历年基建资料、财务决算及批复文件。

(9)设备、材料等调价文件和调价记录。

(10)有关财务核算制度、办法和其他有关资料、文件等。

一、竣工决算的作用

(1)为加强建设工程的投资管理提供依据。建设单位项目竣工决算全面反映出建设项目从筹建到竣工交付使用的全过程中各项费用实际发生数额和投资计划执行情况,通过把竣工决算的各项费用与设计概算中的相应费用指标对比,得出节约或超支情况,分析原因,总结经验和教训,加强管理,提高投资效益。通过竣工验收和竣工决算,检查落实是否已达到设计要求,有没有提高技术标准或扩大建设规模的情况;通过各项实际完成货币工作量的分析来检查有无不合理的开支或违背财经纪律和投资计划的情况;竣工决算还应对其他费用的开支进行分析,看有没有超出标准规定的情况;对于临时设施、占地、拆迁以及新增工程,都应认真的进行核对。

(2)为设计概算、施工图预算和竣工决算提供依据。设计概算和施工图预算是在施工前,在不同的建设阶段根据有关资料进行计算,确定拟建工程所需的费用。而建设单位所确定的建设费用,是建设工程实际支出的费用。通过对比,能够直接反映出固定资产投资计划完成情况和投资效果。

(3)为竣工验收提供依据。在竣工验收之前,建设单位向主管部门提出验收报告,其中主要组成部分是建设单位编制的竣工决算文件。审查竣工决算文件中的有关内容和指标,为建设项目验收提供依据。

(4)为确定建设单位新增固定资产价值提供依据。在竣工决算中,详细地计算了建设项目所有的建安费、设备购置费、其他工程建设费等新增固定资产总额及流动资金,可作为建设主管部门向企业使用单位移交财产的依据。

(5)竣工决算为工程基本建设提供技术经济档案,为工程定额修订提供资料和依据。竣工决算反映主要工程全部数量和实际成本、工程总造价,以及从开始筹建至竣工为止全部资金的运用情况和工程建成后新增固定资产和流动资产价值。大中型工程建设项目竣工决算要报上级主管部门,它是国家基本建设技术经济档案,也可为以后的国家基本建设项目投资提供参考。在工程决算中对已完工程的人工、材料、机械台班消耗都要做必要的计算和分析;对其他费用的开支也应分析测算;人工、材料、机械台班的消耗水平和其他费用的开支额度除了能够反映本工程的情况外,还可以作为以后定额修订和各项费用开支标准编制的参考。某些工程项目由于改进了施工方法,采用了新技术、新工艺、新设备、新结构,降低了材料消耗,提高了劳动生产率,降低了成本。通过决算资料的分析和积累,就可为以后编制新定额或补充定额提供必要的数据。通过决算对工程技术经济资料的分析整理,还可为基本建设评估和投资决策、加强投资管理提供依据。

二、竣工决算的内容

(1)竣工决算报告说明书编制说明。

①对工程总的评价。

②各项财务及技术经济指标分析。

(2)竣工决算报表。

①建设项目竣工工程概况表。

②建设项目竣工财务决算表。

③概算执行情况分析与编制说明。

④待摊投资明细表。

⑤投资包干执行情况表及编制说明。

(3)工程造价比较分析。

(4)竣工工程平面示意图。

三、竣工决算的编制方法

(1)收集、整理和分析有关依据资料。

(2)清理各项财务、债务和结余物资。

(3)填写竣工决算报表。

(4)编制建设工程竣工决算说明。

(5)做好工程造价对比分析。

(6)清理、装订好竣工图。

(7)上报主管部门审查。

四、竣工决算与结算的区别

1.二者包含的范围不同

(1)工程竣工结算是指按工程进度、施工合同、施工监理情况办理的工程价款结算,以及根据工程实施过程中发生的超出施工合同范围的工程变更情况,调整施工图预算价格,确定工程项目最终结算价格。它分为单位工程竣工结算、单项工程竣工结算和建设项目竣工总结算。竣工结算工程价款等于合同价款加上施工过程中合同价款调整数额减去预付及已结算的工程价款再减去保修金。

(2)竣工决算包括从筹集到竣工投产全过程的全部实际费用,即包括建筑工程费、安装工程费、设备工器具购置费用及预备费和投资方向调节税等费用。按照财政部、国家发改委和建设部的有关文件规定,竣工决算是由竣工财务决算说明书、竣工财务决算报表、工程竣工图和工程竣工造价对比分析四部分组成。前两部分又称建设项目竣工财务决算,是竣工决算的核心内容。

2.编制人和审查人不同

(1)单位工程竣工结算由承包人编制,发包人审查;实行总承包的工程,由具体承包人编制，在总承包人审查的基础上，发包人审查。单项工程竣工结算或建设项目竣工总结算由总（承）包人编制，发包人可直接审查，也可以委托具有相应资质的工程造价咨询机构进行审查。

（2）建设工程竣工决算的文件，由建设单位负责组织人员编写，上报主管部门审查，同时抄送有关设计单位。大中型建设项目的竣工决算还应抄送财政部、建设银行总行和省（市、自治区、直辖市）的财政局和建设银行分行各一份。

3. 二者的目标不同

（1）结算是在施工完成已经竣工后编制的，反映的是基本建设工程的实际造价。

（2）决算是竣工验收报告的重要组成部分，是正确核算新增固定资产价值，考核分析投资效果，建立健全经济责任的依据，是反映建设项目实际造价和投资效果的文件。竣工决算要正确核定新增固定资产价值，考核投资效果。

思考题

1-7-1　为什么要进行地下工程预算审查？
1-7-2　地下工程设计概算的审查内容有哪些？
1-7-3　地下工程设计概算的审查方法有哪些？
1-7-4　地下工程施工图预算的审查内容有哪些？
1-7-5　地下工程施工图预算的审查方法有哪些？
1-7-6　简述地下工程竣工结算的作用。
1-7-7　简述地下工程竣工决算的作用。
1-7-8　简述地下工程竣工决算的编制方法。
1-7-9　地下工程竣工决算与结算有哪些区别？

第二篇

清单计价

第一章　概　述

第一节　工程量清单的内容

1. 工程量清单的相关术语及内容

(1)工程量清单:是建设工程的分部分项工程项目、措施项目、其他项目、规费项目和税金项目的名称和相应数量等的明细清单。

(2)招标工程量清单:招标人依据国家标准、招标文件、设计文件以及施工现场实际情况编制的,随招标文件发布供投标报价的工程量清单。

(3)工程量清单计价:是指投标人完成招标人提供的工程量清单所需的全部费用,包括分部分项工程费、措施项目费、其他项目费和规费、税金。工程量清单计价方法是在建设工程招标投标过程中,招标人按照国家统一的工程量计算规则计算并提供工程量清单,投标人根据招标文件、工程量清单,拟建工程的施工方案,结合本企业实际情况并考虑风险后自主报价的计价方式。

(4)综合单价:是指完成一个规定计量单位的分部分项工程和措施清单项目所需的人工费、材料和工程设备费、施工机具使用费和企业管理费、利润以及一定范围的风险费用。工程量清单计价采用综合单价计价。

工程量清单应反映拟建工程的全部工程内容和为实现这些工程内容而进行的一切工作。我国的工程量清单由分部分项工程量清单、措施项目清单、其他项目清单、规费和税金项目清单组成。工程量清单体现招标人需要投标人完成的工程项目及相应工程数量,是投标人进行报价的依据,是招标文件不可分割的重要组成部分。

2. 工程量清单的适用范围

按照《建设工程工程量清单计价规范》(GB 50500—2013)(以下简称《计价规范》)规定,全部使用国有资金投资或国有资金投资为主(以下二者简称“国有资金投资”)的工程建设项目,必须采用工程量清单计价。同时,凡是在建设工程招标投标时实行工程量清单计价的工程,都应遵守《计价规范》。

国有资金是指国家财政性的预算内或预算外资金,国家机关、国有企事业单位和社会团体的自有资金及借贷资金。国家通过对内发行政府债券或向外国政府及国际金融机构举借主权外债所筹集的资金应视为国有资金。以国有资金投资为主的工程是指国有资金占总投资额50%以上或虽不足50%,但国有资产投资者实质上拥有控股权的工程。

第二节　工程量清单项目划分

1. 分部分项工程量清单

分部工程是单位工程的组成部分，系按结构部位、路段长度及施工特点或施工任务将单位工程划分为若干分部的工程；分项工程是分部工程的组成部分，系按不同施工方法、材料、工序及路段长度等将分部工程划分为若干个分项或项目的工程。

分部分项工程量清单应包括项目编码、项目名称、项目特征、计量单位和工程量，是由招标人按照《计价规范》中统一的项目编码、统一的项目名称、统一的项目特征、统一的计量单位和统一的工程量计算规则（即五个统一）进行编制。在设置清单项目时，以规范附录中的项目名称为主体，考虑项目的规格、型号、材质等特征要求，结合拟建工程的实际情况，在工程量清单中详细地描述出影响工程计价的有关因素。

2. 措施项目清单

措施项目是指为完成工程项目施工，发生于该工程施工准备和施工过程中的技术、生活、安全、环境保护等方面的项目。它主要包括安全防护、文明施工、模板、脚手架、临时设施等。措施项目清单包括措施项目清单（一）和措施项目清单（二）两部分。

3. 其他项目清单

其他项目清单按照下列内容列项：

(1) 暂列金额。

(2) 暂估价（包括材料暂估单价、工程设备暂估单价、专业工程暂估价）。

(3) 计日工。

(4) 总承包服务费。

4. 规费项目清单

规费项目清单应按照下列内容列项：

(1) 工程排污费。

(2) 社会保险费：包括养老保险费、失业保险费、医疗保险费、生育保险费、工伤保险费。

(3) 住房公积金。

5. 税金项目清单

税金项目清单应包括下列内容：

(1) 营业税。

(2) 城市维护建设税。

(3) 教育费附加及地方教育费附加。

思考题

2-1-1　工程量清单的适用范围是什么？

2-1-2　一般可将工程量清单划分为哪些项目？

第二章　地下工程工程量清单编制方法

第一节　工程量清单编制准备工作

工程量清单编制的相关工作在收集资料包括编制依据的基础上,需进行以下准备工作:

(1)初步研究。对各种资料进行认真研究,为工程量清单的编制做准备。

(2)现场踏勘。为了选用合理的施工组织设计和施工技术方案,需进行现场踏勘,以充分了解施工现场情况及工程特点。

(3)拟定常规施工组织设计。根据项目的具体情况编制施工组织设计,拟定工程的施工方案、施工顺序、施工方法等,便于工程量清单的编制及准确计算,特别是工程量清单中的措施项目。施工组织设计编制的主要依据:招标文件中的相关要求,设计文件中的图纸及相关说明,现场踏勘资料,有关定额,现行有关技术标准、施工规范或规则等。

第二节　工程量清单编制依据和步骤

1. 工程量清单的编制依据

(1)现行建设工程工程量清单计价规范。

(2)国家或省级、行业建设主管部门颁发的计价依据和办法。

(3)建设工程设计文件。

(4)与建设工程项目有关的标准、规范、技术资料。

(5)招标文件及其补充通知、答疑纪要。

(6)施工现场情况、工程特点及常规施工方案。

(7)其他相关资料(如经审定的施工设计图纸及其说明;经审定的施工组织设计或施工技术措施方案;经审定的其他有关技术经济文件)。

2. 工程量清单的编制步骤

(1)编制清单准备工作。

(2)编制分部分项工程量清单、措施项目工程量清单、其他项目工程量清单、规费及税金项目清单。

(3)审核与修正分项工程量清单。

(4)按规范格式整理工程量清单。

第三节　工程量清单组成、项目划分和编制要求

1. 工程量清单组成

工程量清单应反映拟建工程的全部工程内容和为实现这些工程内容而进行的一切工作。我国的工程量清单由分部分项工程量清单、措施项目清单、其他项目清单、规费和税金项目清单组成。工程量清单体现招标人需要投标人完成的工程项目及相应工程数量，是投标人进行报价的依据，是招标文件不可分割的重要组成部分。工程量清单（封面）如图 2-2-1 所示。

＿＿＿＿＿＿＿＿＿＿工程

工 程 量 清 单 招标人：＿＿＿＿＿＿＿＿ （单位盖章）	工 程 造 价 咨询人：＿＿＿＿＿＿＿＿ （单位资质专用章）
法定代表人 或其授权人：＿＿＿＿＿＿＿＿ （签字或盖章）	法定代表人 或其授权人：＿＿＿＿＿＿＿＿ （签字或盖章）
编制人：＿＿＿＿＿＿＿＿ （造价人员签字盖专用章）	复核人：＿＿＿＿＿＿＿＿ （造价工程师签字盖专用章）
编制时间：　　年　月　日	复核时间：　　年　月　日

图 2-2-1　工程量清单（封面）

工程量清单编制说明如下：

（1）工程概况：建设规模、工程特征、计划工期、施工现场实际情况、交通运输情况、自然条件、环境保护等。

（2）工程招标与分包范围。

（3）工程量清单编制依据。

（4）工程质量、材料、施工等的特殊要求。

（5）招标人自行采购材料的名称、规格、型号、数量等。

（6）预留金、自行采购材料金额数量。

（7）其他需要说明的问题。

2. 工程量清单项目划分和编制要求

1）分部分项工程量清单

分部分项工程量清单的 5 个要件——项目编码、项目名称、项目特征、计量单位和工程量，在分部分项工程量清单的组成中缺一不可。分部分项工程量清单如表 2-2-1 所示。

分部分项工程量清单

表 2-2-1

工程名称：		标段：		第　页　共　页	
序号	项目编码	项目名称	项目特征描述	计量单位	工程量

(1)分部分项工程量清单项目编码(表 2-2-2)

分部分项工程量清单的项目编码,应采用五级 12 位阿拉伯数字表示,1 ~9 位应按《计价规范》附录的规定设置,10 ~12 位应根据拟建工程的工程量清单项目名称设置,同一招标工程的项目编码不得有重码。

分部分项工程量清单项目编码

表 2-2-2

位数	1　2	3　4	5　6	7　8　9	10　11　12
编码级	一	二	三	四	五

表中,第一级即第 1、2 位代码为专业工程代码(01—房屋建筑与装饰工程;02—仿古建筑工程;03—通用安装工程;04—市政工程;05—园林绿化工程;06—矿山工程;07—构筑物工程;08—城市轨道交通工程;09—爆破工程。以后进入国标的专业工程代码以此类推)。

第二级即第 3、4 位代码,附录分类顺序码。

第三级即第 5、6 位代码作为分部工程或工种工程顺序码,如市政工程的土(石)方工程中有土方工程和石方工程两类,其代码分别为 01、02,加上前面代码则分别为 040101、040102。

第四级即第 7、8、9 位代码,是分项工程项目名称的顺序码。值得注意的是:上述四级代码即前 9 位代码,是《计价规范》中根据工程分项在附录中已明确规定的编码,供清单编制时查询,不能随意调整和变动。

第五级即第 10、11、12 位代码为具体的清单项目工程名称顺序码,由工程量清单编制人编制,主要区别同一分项工程具有不同特征的项目。

(2)分部分项工程量清单项目名称

分部分项工程量清单项目的名称应按《计价规范》附录中的项目名称,结合拟建工程的实际确定。编制工程量清单时,以《计价规范》附录中的项目名称为主体,考虑该项目的规格、型号、材质等特征要求,结合拟建工程的实际情况,使其工程量清单项目名称具体化、细化,能够反映影响工程造价的主要因素。

(3)分部分项工程量清单项目特征的描述

工程量清单的项目特征是确定一个清单项目综合单价不可缺少的重要依据,在编制工程量清单时,必须对项目特征进行准确和全面的描述。为达到规范、简捷、准确、全面描述项目特征的要求,在描述工程量清单项目特征时应按以下原则进行:

①项目特征描述的内容应按《计价规范》附录中的规定,结合拟建工程的实际,能满足确定综合单价的需要;

②若采用标准图集或施工图纸能够全部或部分满足项目特征描述的要求,项目特征描述可直接采用详见 × ×图集或 × ×图号的方式。对不能满足项目特征描述要求的部分,仍应用文字描述。

(4)计量单位

工程量清单的计量单位应按《计价规范》附录中规定的计量单位确定。该附录中有两个或两个以上计量单位的项目,在工程计量时,应结合拟建工程项目的实际情况,选择其中一个作为计量单位,在同一个建设项目(或标段、合同段)中,有多个单位工程的相同项目计量单位必须保持一致。工程计量时,每一项目汇总工程量的有效位数应遵守下列规定:

①以"t"为单位,应保留3位小数,第4位小数四舍五入;

②以"m^3、m^2、m、kg"为单位,应保留2位小数,第3位小数四舍五入;

③以"个、项"等为单位,应取整数。

(5)工程量计算

清单中的工程数量应按《计价规范》中相应"工程量计算规则"栏内规定的计算方法确定。值得注意的是,《计价规范》的工程量计算规则与消耗量定额的工程量计算规则有着原则上的区别:《计价规范》的规则是以实体安装就位的净尺寸计算,这与国际通用做法(FIDIC)一致;而消耗量定额的工程量计算是在净值的基础上,加上施工操作(或定额)规定的预留量,这个量随施工方法、措施的不同而变化。

2)措施项目清单

措施项目是指为完成工程项目施工,发生于该工程施工准备和施工过程中的技术、生活、安全、环境保护等方面的项目。它主要包括安全防护、文明施工、模板、脚手架、临时设施等。《计价规范》将通用措施项目与专业措施项目分列,即措施项目清单(一)与措施项目清单(二)。专业措施项目列于《计价规范》附录中的各专业工程中,并且规定措施项目中可以计算工程量的宜采用分部分项工程量清单的方式编制。措施项目清单如表2-2-3和表2-2-4所示。

措施项目清单(一) 表2-2-3

序号	项目名称	序号	项目名称
1	安全文明施工费	5	大型机械设备进出场及安拆费
2	夜间施工费	6	施工排水
3	二次搬运费	7	施工降水
4	冬雨季施工费	8	地上、地下设施,建筑物的临时保护设施

措施项目清单(二) 表2-2-4

工程名称:		标段:		第 页 共 页	
序号	项目编码	项目名称	项目特征描述	计量单位	工程量

3)其他项目清单

其他项目清单的编制内容主要包括暂列金额、暂估价、计日工及总包服务费,其编制格式如表2-2-5所示。

其他项目清单　表2-2-5

工程名称：		第　页 共　页	
序号	项目名称	计量单位	金额(元)
1	暂列金额	项	
2	暂估价		
2.1	材料(工程设备)暂估价		—
2.2	专业工程暂估价		
3	计日工		
4	总包服务费		
注：材料(工程设备)暂估价进入清单项目综合单价，此处不汇总			

4)规费、税金项目清单

规费及税金项目清单格式如表2-2-6所示。

规费、税金项目清单　表2-2-6

工程名称：	标段：　第　页 共　页
序　号	项　目　名　称
1	规费
1.1	工程排污费
1.2	社会保险费
(1)	养老保险费
(2)	失业保险费
(3)	医疗保险费
(4)	生育保险费
1.3	住房公积金
2	税金

第四节　工程量清单计算规则

清单中的工程数量应按《计价规范》中相应"工程量计算规则"栏内规定的计算方法确定。下面主要介绍土石方工程、地基处理与边坡支护工程、桩基工程、隧道工程以及地铁工程的清单工程量计算规则。

1. 土石方工程

(1)土方工程

工程量清单项目设置，项目特征描述的内容、计量单位及工程量计算规则，应按表2-2-7～

表 2-2-11 的规定执行。

土方工程(编号:040101)　　表 2-2-7

项目编码	项目名称	项目特征	计量单位	工程量计算规则	工作内容
040101001	挖一般土方	①土壤类别; ②挖土深度; ③弃土运距	m^3	按设计图示尺寸以体积计算	①排地表水; ②土方开挖; ③围护(挡土板)、支撑; ④基底钎探; ⑤场内、外运输
040101002	挖沟槽土方			原地面线以下按构筑物最大水平投影面积乘以挖土深度(原地面平均高程至坑底高度)以体积计算	
040101003	挖基坑土方				
040101004	盖挖土方	①土壤类别; ②挖土深度; ③支撑设置; ④弃土运距		按设计图示围护结构内围面积乘以设计高度(设计顶板底至垫层底的高度)以体积计算	①施工面排水; ②土方开挖; ③基底钎探; ④场内、外运输
040101005	挖淤泥	①挖掘深度; ②弃淤泥、流沙距离		按设计图示位置、界限以体积计算	①开挖; ②场内、外运输
040101006	挖流沙				

注:①挖土应按自然地面测量高程至设计地坪高程的平均厚度确定。竖向土方、山坡切土开挖深度应按基础垫层底表面高程至交付施工现场地高程确定,无交付施工场地高程时,应按自然地面高程确定;

②沟槽、基坑、一般土方的划分为:底宽≤7m,底长>3 倍底宽为沟槽;底长≤3 倍底宽、底面积≤150m^2为基坑;超出上述范围则为一般土方;

③挖土方如需截桩头时,应按桩基工程中相关项目编码列项;

④弃、取土运距可以不描述,但应注明由投标人根据施工现场实际情况自行考虑,决定报价;

⑤土壤的分类应按《计价规范》中表 A.1-1 确定,如土壤类别不能准确划分时,招标人可注明为综合,由投标人根据地勘报告决定报价;

⑥土方体积应按挖掘前的天然密实体积计算。如需按天然密实体积折算时,应按《计价规范》中表 A.1-2 系数计算;

⑦挖沟槽、基坑、一般土方因工作面和放坡增加的工程量(管沟工作面增加的工程量),是否并入各土方工程量中,按各省、自治区、直辖市或行业建设主管部门的规定实施,如并入各土方工程量中,办理工程结算时,按经发包人认可的施工组织设计规定计算,编制工程量清单时,可按《计价规范》中表 A.1-3、A.1-4 规定计算;

⑧挖方出现流沙、淤泥时,应根据实际情况由发包人与承包人双方现场签证确认工程量。

土 壤 分 类 表　　表 2-2-8

土壤分类	土 壤 名 称	开 挖 方 法
一、二类土	粉土、砂土(粉砂、细砂、中砂、粗砂、砾砂)、粉质黏土、弱中盐渍土、软土(淤泥质土、泥炭、泥炭质土)、软塑红黏土、冲填土	用锹开挖、少许用镐、条锄开挖。机械能全部直接铲挖满载者
三类土	黏土、碎石土(圆砾、角砾)混合土、可塑红黏土、硬塑红黏土、强盐渍土、素填土、压实填土	主要用镐、条锄开挖,少许用锹开挖。机械需部分刨松方能铲挖满载者或可直接铲挖但不能满载者
四类土	碎石土(卵石、碎石、漂石、块石)、坚硬红黏土、超盐渍土、杂填土	全部用镐、条锄挖掘,少许用撬棍挖掘。机械须普遍刨松方能铲挖满载者

注:本表土的名称及其含义按国家标准《岩土工程勘察规范》(GB 50021—2001)(2009 年版)和《城市轨道交通岩石工程勘察规范》(GB 50307—2012)定义。

土方体积折算系数表

表 2-2-9

天然密实度体积	虚方体积	夯实后体积	松填体积
0.77	1.00	0.67	0.83
1.00	1.30	0.87	1.08
1.15	1.50	1.00	1.25
0.92	1.20	0.80	1.00

注:①虚方指未经碾压、堆积时间不大于 1 年的土壤;②本表按《全国统一市政工程预算定额》(GYD 301—1999)整理。

放坡系数表

表 2-2-10

土类别	放坡起点(m)	人工挖土	机械挖土	
			在坑内作业	在坑上作业
一、二类土	1.20	1: 0.50	1: 0.33	1: 0.75
三类土	1.50	1: 0.33	1: 0.25	1: 0.67
四类土	2.00	1: 0.25	1: 0.10	1: 0.33

注:① 沟槽、基坑中土类别不同时,分别按其放坡起点、放坡系数,依不同土类别厚度加权平均计算;
②计算放坡时,在交接处的重复工程量不予扣除,原槽、坑作基础垫层时,放坡自垫层上表面开始计算;
③挖沟槽、基坑需支挡土板时,其宽度按图示沟槽、基坑底宽,单面加 10cm,双面加 20cm 计算,支挡土板后,不得再计算放坡;
④本表按《全国统一市政工程预算定额》(GYD-301—1999)整理。

管沟施工每侧所需工作面宽度计算表

表 2-2-11

管道结构宽(mm)	混凝土管道基础 90°	混凝土管道基础 >90°	金属管道	构筑物	
				无防潮层	有防潮层
500 以内	40	40	30	40	60
1 000 以内	50	50	40		
2 500 以内	60	50	40		

注:①本表按《全国统一市政工程预算定额》(GYD-301—1999)整理;
②管道结构宽:无管座按管道外径计算,有管座按管道基础外缘计算,构筑物按基础外缘计算。

(2)石方工程

工程量清单项目设置,项目特征描述的内容、计量单位及工程量计算规则,应按表 2-2-12 ~ 表 2-2-14 的规定执行。

石方工程(编号:040102)

表 2-2-12

项目编码	项目名称	项目特征	计量单位	工程量计算规则	工作内容
040102001	挖一般石方	①岩石类别; ②开凿深度; ③弃渣运距	m^3	按设计图示尺寸以体积计算	①排地表水; ②凿石; ③运输
040102002	挖沟槽石方			①房屋建筑按设计图示尺寸沟槽底面积乘以挖石深度以体积计算; ②市政工程原地面线以下按构筑物最大水平投影面积乘以挖石深度(原地面平均高程至槽底高度)以体积计算	
040102003	挖基坑石方			按设计图示尺寸基坑底面积乘以挖石深度以体积计算	

续上表

项目编码	项目名称	项目特征	计量单位	工程量计算规则	工作内容
040102004	盖挖石方	①岩石类别；②开挖深度；③弃渣运距	m^3	按设计图示围护结构内围面积乘以设计高度(设计顶板底至垫层底的高度)以体积计算	①施工面排水；②凿石；③运输
040102005	基底摊座		m^2	按设计图示尺寸以展开面积计算	

注:①设计要求采用减震孔方式减弱爆破震动波时,应按本表中预裂爆破项目编码列项;
②在特殊情况下的局部围岩支护、周围房屋与设施的安全加固、设置安全屏障、爆破震动测试等,实际发生时,应注明由投标人根据施工现场具体项目的爆破设计方案,由发包人与承包人双方认证,计入建筑安装费;
③如发生附近机械设备转移与防护费、人员疏散安置费,按实计算费用;
④设计规定需光面爆破的坡面、需摊座的基底可描述,反之则不予描述;
⑤挖石应按自然地面测量高程至设计地坪高程的平均厚度确定。基础石方开挖深度应按基础垫层底表面高程至交付施工现场地高程确定,无交付施工场地高程时,应按自然地面高程确定;
⑥厚度 > ±300mm 的竖向布置挖石或山坡凿石应按本表中挖一般石方项目编码列项;
⑦沟槽、基坑、一般石方的划分为:底宽≤7m,底长 > 3 倍底宽为沟槽;底长 > 3 倍底宽、底面积≤150m 为基坑;超出上述范围则为一般石方;
⑧弃渣运距可以不描述,但应注明由投标人根据施工现场实际情况自行考虑,决定报价;
⑨岩石的分类应按《计价规范》中表 A.2-1 确定;
⑩石方体积应按挖掘前的天然密实体积计算。如需按天然密实体积折算时,应按《计价规范》中表 A.2-2 系数计算。

岩石分类表 表 2-2-13

岩石分类		代表性岩石	开挖方法
极软岩		①全风化的各种岩石；②各种半成岩	部分用手凿工具、部分用爆破法开挖
软质岩	软岩	①强风化的坚硬岩或较硬岩；②中等风化～强风化的较软岩；③未风化～微风化的页岩、泥岩、泥质砂岩等	用风镐和爆破法开挖
	较软岩	①中等风化～强风化的坚硬岩或较硬岩；②未风化～微风化的凝灰岩、千枚岩、泥灰岩、砂质泥岩等	用爆破法开挖
硬质岩	较硬岩	①微风化的坚硬岩；②未风化～微风化的大理岩、板岩、石灰岩、白云岩、钙质砂岩等	用爆破法开挖
	坚硬岩	未风化～微风化的花岗岩、闪长岩、辉绿岩、玄武岩、安山岩、片麻岩、石英岩、石英砂岩、硅质砾岩、硅质石灰岩等	用爆破法开挖

注:本表依据国家标准《工程岩体分级级标准》(GB 50218—2014)和《岩土工程勘察规范》(GB 50021—2001)(2009 年版)整理。

石方体积折算系数表 表 2-2-14

石方类别	天然密实度体积	虚方体积	松填体积	码方
石方	1.0	1.54	1.31	—
块石	1.0	1.75	1.43	1.67
砂夹石	1.0	1.07	0.94	—

注:本表按《爆破工程消耗量定额》(GYD-102—2008)整理。

(3)回填

工程量清单项目设置,项目特征描述的内容、计量单位及工程量计算规则,应按表 2-2-15 的规定执行。

回填(编号:040103)　　　　表 2-2-15

项目编码	项目名称	项目特征	计量单位	工程量计算规则	工作内容
040103001	回填方	①密实度要求； ②填方材料品种； ③填方材料粒径要求； ④填方来源、运距	m^3	按设计图示尺寸以体积计算； ①场地回填:回填面积乘平均回填厚度； ②基础回填:挖方体积减去自然地坪以下埋设的基础体积(包括基础垫层及其他构筑物)	①填方材料运输； ②回填； ③分层碾压、夯实

注:①填方密实度要求,在无特殊要求情况下,项目特征可描述为满足设计和规范的要求；
②填方材料品种可以不描述,但应注明由投标人根据设计要求验方后方可填入,并符合相关工程的质量规范要求；
③填方材料粒径要求,在无特殊要求情况下,项目特征可以不描述；
④填方运距可以不描述,但应注明由投标人根据施工现场实际情况自行考虑,决定报价；
⑤填方来源描述为缺土购置或外运填方,购买土方的价格,计入填方的综合单价,工程量按清单工程量减利用填方体积(负数)计算。

(4)其他相关问题应按下列规定处理

隧道石方开挖按《计价规范》附录 D 隧道工程中相关项目编码列项。

【例 2-2-1】　某住宅工程如图 2-2-2 和图 2-2-3 所示,土壤类别为二类土,地坪总厚度为 120mm,室外地坪高程为 −0.75m,室外地坪以下埋设物中 C15 混凝土垫层 9.554m^3,C30 混凝土基础 12.735 m^3,砖基础 15.52 m^3,根据图示尺寸计算平整场地、人工挖基槽、土方回填及余土外运工程量。

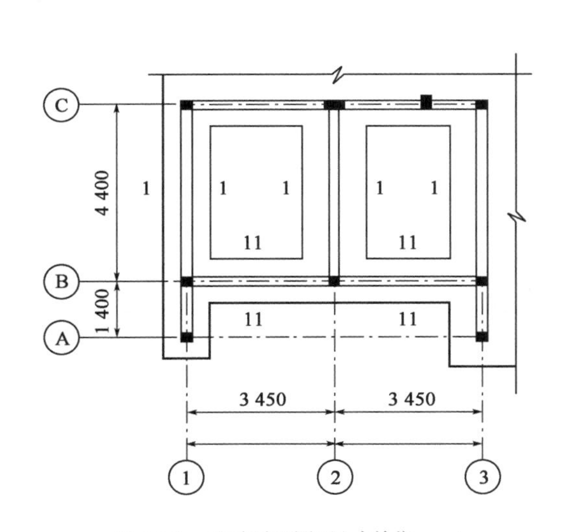

图 2-2-2　基础平面图(尺寸单位:mm)

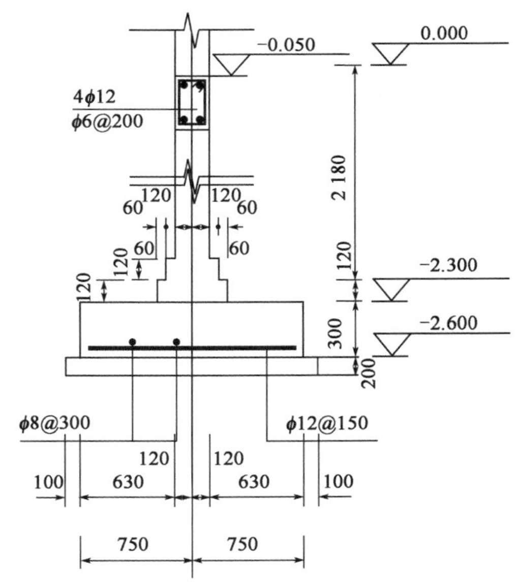

图 2-2-3　1-1 剖面(尺寸单位:mm)

【解】　(1)场地平整

$S=(3.45+3.45+0.12+0.12)\times(4.4+1.4+0.12+0.12)=43.13(m^3)$

(2)人工挖基槽:

挖土深度 $=(2.6+0.2-0.75)=2.05(m)$

基槽宽度 $=0.75+0.75+0.2=1.7(m)$

长度：外墙基槽①（A—C）$L_1=(4.4+1.4)=5.8(m)$

⑥（A—C）$L_2=(4.4+1.4)=5.8(m)$

B（①—⑥）$L_3=(3.45+3.45)=6.9(m)$

C（①—⑥）$L_4=(3.45+3.45)=6.9(m)$

$L_{外}=5.8+5.8+6.9+6.9=25.4(m)$

内墙基槽③（B—C）$L_{内}=(4.4-0.85-0.85)=2.7(mm)$

$V_{挖}=(25.4+2.7)\times2.05\times1.7=97.93\ (m^3)$

(3)室外地坪以下埋入物体积

$V_{埋}=9.554+12.735+15.52=37.81\ (m^3)$

(4)回填土

基础回填 = $V_{挖}-V_{埋}=97.93-37.81=60.12(m^3)$

室内回填 = 室内主墙间净面积 × 回填厚度

$=[(4.4-0.24)(3.45-0.24)\times2+(1.4-0.24)(3.45+3.45-0.24)](0.75-0.12)$

$=21.70(m^3)$

回填土 $=60.12+21.7=81.82(m^3)$

(5)余土外运 $=V_{挖}-V_{回填土}=97.93-81.82=16.11(m^3)$

【例 2-2-2】 某住宅工程，土质为三类土，基础为 C25 混凝土带形基础，垫层为 C15 混凝土垫层，垫层底宽为 $a=1400$mm，挖土深度 $H=1800$mm，基础总长为 220m。室外设计地坪以下基础的体积为 227m³，垫层体积为 31m³，试核算挖基础土方及土方回填的清单工程量，并编制相应分部分项工程的工程量清单。

【解】 (1)核算清单工程量

$V_{挖}=1.4\times1.8\times220=554.4(m^3)$

$V_{回填}=554.4-(227+31)=296.4(m^3)$

$V_{余土外运}=554.4-296.4=258(m^3)$

(2)编制分部分项工程量清单(表 2-2-16)

分部分项工程量清单 表 2-2-16

序号	项目编号	项　目	名　称	计量单位	工程数量
1	010101003001	挖基础土方	土壤类别：三类土 基础类型：带形基础 垫层宽度：1 400mm 挖土深度：1 800mm 弃土运距：40m	m³	554.4
2	010103001001	土方回填	土方要求：原土夯填，运输距离：5km	m³	296.4

2. 地基处理与边坡支护工程

(1)地基处理

工程量清单项目设置，项目特征描述的内容、计量单位及工程量计算规则，应按表 2-2-17 的规定执行。

地基处理(编号:010201)　　表 2-2-17

项目编码	项目名称	项目特征	计量单位	工程量计算规则	工作内容
010201001	换填垫层	①材料种类及配比; ②压实系数; ③外加剂品种	m^3	按设计图示尺寸以体积计算	①分层铺填; ②碾压、振密或夯实; ③材料运输
010201002	铺设土工合成材料	①部位; ②品种; ③规格	m^2	按设计图示尺寸以面积计算	①挖填锚固沟; ②铺设; ③固定; ④运输
010201003	预压地基	①排水竖井种类、断面尺寸、排列方式、间距、深度; ②预压方法; ③预压荷载、时间; ④砂垫层厚度		按设计图示尺寸以加固面积计算	①设置排水竖井、盲沟、滤水管; ②铺设砂垫层、密封膜; ③堆载、卸载或抽气 设备安拆、抽真空; ④材料运输
010201004	强夯地基	①夯击能量; ②夯击遍数; ③地耐力要求; ④夯填材料种类			①铺设夯填材料; ②强夯; ③夯填材料运输
010201005	振冲密实(不填料)	①地层情况; ②振密深度; ③孔距			①振冲加密; ②泥浆运输
010201006	振冲桩(填料)	①地层情况; ②空桩长度、桩长; ③桩径; ④填充材料种类	①m; ②m^3	①以米计量,按设计图示尺寸以桩长计算; ②以立方米计量,按设计桩截面乘以桩长以体积计算	①振冲成孔、填料、振实; ②材料运输; ③泥浆运输
010201007	砂石桩	①地层情况; ②空桩长度、桩长; ③桩径; ④成孔方法; ⑤材料种类、级配		①以米计量,按设计图示尺寸以桩长(包括桩尖)计算; ②以立方米计量,按设计桩截面乘以桩长(包括桩尖)以体积计算	①成孔; ②填充、振实; ③材料运输
010201008	水泥粉煤灰碎石桩	①地层情况; ②空桩长度、桩长; ③桩径; ④成孔方法; ⑤混合料强度等级	m	按设计图示尺寸以桩长(包括桩尖)计算	①成孔; ②混合料制作、灌注、养护
010201009	深层搅拌桩	①地层情况; ②空桩长度、桩长; ③桩截面尺寸; ④水泥强度等级、掺量		按设计图示尺寸以桩长计算	①预搅下钻、水泥浆制作、喷浆搅拌提升成桩; ②材料运输
010201010	粉喷桩	①地层情况; ②空桩长度、桩长; ③桩径; ④粉体种类、掺量; ⑤水泥强度等级、石灰粉要求		按设计图示尺寸以桩长计算	①预搅下钻、喷粉搅拌提升成桩; ②材料运输

续上表

项目编码	项目名称	项目特征	计量单位	工程量计算规则	工作内容
010201011	夯实水泥土桩	①地层情况； ②空桩长度、桩长； ③桩径； ④成孔方法； ⑤水泥强度等级； ⑥混合料配比	m	按设计图示尺寸以桩长(包括桩尖)计算	①成孔、夯底； ②水泥土拌和、填料、夯实； ③材料运输
010201012	高压喷射注浆桩	①地层情况； ②空桩长度、桩长； ③桩截面； ④注浆类型、方法； ⑤水泥强度等级		按设计图示尺寸以桩长计算	①成孔； ②水泥浆制作、高压喷射注浆； ③材料运输
010201013	石灰桩	①地层情况； ②空桩长度、桩长； ③桩径； ④成孔方法； ⑤掺合料种类、配合比		按设计图示尺寸以桩长(包括桩尖)计算	①成孔； ②混合料制作、运输、夯填
010201014	灰土(土)挤密桩	①地层情况； ②空桩长度、桩长； ③桩径； ④成孔方法； ⑤灰土级配			①成孔； ②灰土拌和、运输、填充、夯实
010201015	柱锤冲扩桩	①地层情况； ②空桩长度、桩长； ③桩径； ④成孔方法； ⑤桩体材料种类、配合比		按设计图示尺寸以桩长计算	①安拔套管； ②冲孔、填料、夯实； ③桩体材料制作、运输
010201016	注浆地基	①地层情况； ②空钻深度、注浆深度； ③注浆间距； ④浆液种类及配比； ⑤注浆方法； ⑥水泥强度等级	①m； ②m^3	①以米计量，按设计图示尺寸以钻孔深度计算； ②以立方米计量，按设计图示尺寸以加固体积计算	①成孔； ②注浆导管制作、安装； ③浆液制作、压浆； ④材料运输
010201017	褥垫层	①厚度； ②材料品种及比例	①m^2； ②m^3	①以平方米计量，按设计图示尺寸以铺设面积计算； ②以立方米计量，按设计图示尺寸以体积计算	材料拌和、运输、铺设、压实

注：①地层情况按《计价规范》中表 A.1-1 和表 A.-1 的规定，并根据岩土工程勘察报告按单位工程各地层所占比例(包括范围值)进行描述。对无法准确描述的地层情况，可注明由投标人根据岩土工程勘察报告自行决定报价；

②项目特征中的桩长应包括桩尖，空桩长度 = 孔深 - 桩长，孔深为自然地面至设计桩底的深度；

③高压喷射注浆类型包括旋喷、摆喷、定喷，高压喷射注浆方法包括单管法、双重管法、三重管法；

④复合地基的检测费用按国家相关取费标准单独计算，不在本清单项目中；

⑤如采用泥浆护壁成孔，工作内容包括土方、废泥浆外运，如采用沉管灌注成孔，工作内容包括桩尖制作、安装；

⑥弃土(不含泥浆)清理、运输按《计价规范》附录 A 中相关项目编码列项。

（2）基坑与边坡支护

工程量清单项目设置，项目特征描述的内容、计量单位及工程量计算规则，应按表2-2-18的规定执行。

基坑与边坡支护（编码：010202） 表2-2-18

项目编码	项目名称	项目特征	计量单位	工程量计算规则	工作内容
010202001	地下连续墙	①地层情况； ②导墙类型、截面； ③墙体厚度； ④成槽深度； ⑤混凝土类别、强度等级； ⑥接头形式	m^3	按设计图示墙中心线长乘以厚度乘以槽深以体积计算	①导墙挖填、制作、安装、拆除； ②挖土成槽、固壁、清底置换； ③混凝土制作、运输、灌注、养护； ④接头处理； ⑤土方、废泥浆外运； ⑥打桩场地硬化及浆池、泥浆沟
010202002	咬合灌注桩	①地层情况； ②桩长； ③桩径； ④混凝土类别、强度等级； ⑤部位	①m； ②根	①以米计量，按设计图示尺寸以桩长计算； ②以根计量，按设计图示数量计算	①成孔、固壁； ②混凝土制作、运输、灌注、养护； ③套管压拔； ④土方、废泥浆外运； ⑤打桩场地硬化及泥浆池、泥浆沟
010202003	圆木桩	①地层情况； ②桩长； ③材质； ④尾径； ⑤桩倾斜度		①以米计量，按设计图示尺寸以桩长（包括桩尖）计算； ②以根计量，按设计图示数量计算	①工作平台搭拆； ②桩机竖拆、移位； ③桩靴安装； ④沉桩
010202004	预制钢筋混凝土板桩	①地层情况； ②送桩深度、桩长； ③桩截面； ④混凝土强度等级			①工作平台搭拆； ②桩机竖拆、移位； ③沉桩； ④接桩
010202005	型钢桩	①地层情况或部位； ②送桩深度、桩长； ③规格型号； ④桩倾斜度； ⑤防护材料种类； ⑥是否拔出	①t； ②根	①以吨计量，按设计图示尺寸以质量计算； ②以根计量，按设计图示数量计算	①工作平台搭拆； ②桩机竖拆、移位； ③打（拔）桩； ④接桩； ⑤刷防护材料
010202006	钢板桩	①地层情况； ②桩长； ③板桩厚度	①t； ② m^2	①以吨计量，按设计图示尺寸以质量计算； ②以平方米计量，按设计图示墙中心线长乘以桩长以面积计算	①工作平台搭拆； ②桩机竖拆、移位； ③打拔钢板桩

续上表

项目编码	项目名称	项目特征	计量单位	工程量计算规则	工作内容
010202007	预应力锚杆、锚索	①地层情况； ②锚杆(索)类型、部位； ③钻孔深度； ④钻孔直径； ⑤杆体材料品种、规格、数量； ⑥浆液种类、强度等级	①m； ②根	①以米计量,按设计图示尺寸以钻孔深度计算； ②以根计量,按设计图示数量计算	①钻孔、浆液制作、运输、压浆； ②锚杆、锚索索制作、安装； ③张拉锚固； ④锚杆、锚索施工平台搭设、拆除
010202008	其他锚杆、土钉	①地层情况； ②钻孔深度； ③钻孔直径； ④置入方法； ⑤杆体材料品种、规格、数量； ⑥浆液种类、强度等级；	①m； ②根	①以米计量,按设计图示尺寸以钻孔深度计算； ②以根计量,按设计图示数量计算	①钻孔、浆液制作、运输、压浆； ②锚杆、土钉制作、安装； ③锚杆、土钉施工平台搭设、拆除
010202009	喷射混凝土、水泥砂浆	①部位； ②厚度； ③材料种类； ④混凝土(砂浆)类别、强度等级	m^2	按设计图示尺寸以面积计算	①修整边坡； ②混凝土(砂浆)制作、运输、喷射、养护； ③钻排水孔、安装排水管； ④喷射施工平台搭设、拆除
010202010	混凝土支撑	①部位； ②混凝土强度等级	m^3	按设计图示尺寸以体积计算	①模板(支架或支撑)制作、安装、拆除、堆放、运输及清理模内杂物、刷隔离剂等； ②混凝土制作、运输、浇筑、振捣、养护
010202011	钢支撑	①部位； ②钢材品种、规格； ③探伤要求	t	按设计图示尺寸以质量计算。不扣除孔眼质量,焊条、铆钉、螺栓等不另增加质量	①支撑、铁件制作(摊销、租赁)； ②支撑、铁件安装； ③探伤； ④刷漆； ⑤拆除； ⑥运输

注:①地层情况按《计价规范》中表 A. 1-1 和表 A. 2-1 的规定,并根据岩土工程勘察报告按单位工程各地层所占比例(包括范围值)进行描述。对无法准确描述的地层情况,可注明由投标人根据岩土工程勘察报告自行决定报价；

②其他锚杆是指不施加预应力的土层锚杆和岩石锚杆。置入方法包括钻孔置入、打入或射入等；

③基坑与边坡的检测、变形观测等费用按国家相关取费标准单独计算,不在本清单项目中；

④地下连续墙和喷射混凝土的钢筋网及咬合灌注桩的钢筋笼制作、安装,按《计价规范》中附录 E 中相关项目编码列项。本分部未列的基坑与边坡支护的排桩按《计价规范》中附录 C 中相关项目编码列项。水泥土墙、坑内加固按《计价规范》中表 B. 1 中相关项目编码列项。砖、石挡土墙、护坡按《计价规范》中附录 D 中相关项目编码列项。混凝土挡土墙按《计价规范》中附录 E 中相关项目编码列项。弃土(不含泥浆)清理、运输按《计价规范》中附录 A 中相关项目编码列项。

3. 桩基工程

(1)打桩

工程量清单项目设置,项目特征描述的内容、计量单位及工程量计算规则,应按表2-2-19的规定执行。

打桩(编号:010301)　　表2-2-19

项目编码	项目名称	项目特征	计量单位	工程量计算规则	工作内容
010301001	预制钢筋混凝土方桩	①地层情况; ②送桩深度、桩长; ③桩截面; ④桩倾斜度; ⑤混凝土强度等级	①m; ②根	①以米计量,按设计图示尺寸以桩长(包括桩尖)计算; ②以根计量,按设计图示数量计算	①工作平台搭拆; ②桩机竖拆、移位; ③沉桩; ④接桩; ⑤送桩
010301002	预制钢筋混凝土管桩	①地层情况; ②送桩深度、桩长; ③桩外径、壁厚; ④桩倾斜度; ⑤混凝土强度等级; ⑥填充材料种类; ⑦防护材料种类			①工作平台搭拆; ②桩机竖拆、移位; ③沉桩; ④接桩; ⑤送桩; ⑥填充材料、刷防护材料
010301003	钢管桩	①地层情况; ②送桩深度、桩长; ③材质; ④管径、壁厚; ⑤桩倾斜度; ⑥填充材料种类; ⑦防护材料种类	①t; ②根	①以吨计量,按设计图示尺寸以质量计算; ②以根计量,按设计图示数量计算	①工作平台搭拆; ②桩机竖拆、移位; ③沉桩; ④接桩; ⑤送桩; ⑥切割钢管、精割盖帽; ⑦管内取土; ⑧填充材料、刷防护材料
010301004	截(凿)桩头	①桩头截面、高度; ②混凝土强度等级; ③有无钢筋	①m^3; ②根	①以立方米计量,按设计桩截面乘以桩头长度以体积计算; ②以根计量,按设计图示数量计算	①截桩头; ②凿平; ③废料外运

注:①地层情况按《计价规范》中表A.1-1和表A.2-1的规定,并根据岩土工程勘察报告按单位工程各地层所占比例(包括范围值)进行描述。对无法准确描述的地层情况,可注明由投标人根据岩土工程勘察报告自行决定报价;
②项目特征中的桩截面、混凝土强度等级、桩类型等可直接用标准图代号或设计桩型进行描述;
③打桩项目包括成品桩购置费,如果用现场预制桩,应包括现场预制的所有费用;
④打试验桩和打斜桩应按相应项目编码单独列项,并应在项目特征中注明试验桩或斜桩(斜率);
⑤桩基础的承载力检测、桩身完整性检测等费用按国家相关取费标准单独计算,不在本清单项目中。

(2)灌注桩

工程量清单项目设置,项目特征描述的内容、计量单位及工程量计算规则,应按表2-2-20的规定执行。

灌注桩(编号:010302)　表 2-2-20

项目编码	项目名称	项目特征	计量单位	工程量计算规则	工作内容
010302001	泥浆护壁成孔灌注桩	①地层情况; ②空桩长度、桩长; ③桩径; ④成孔方法; ⑤护筒类型、长度; ⑥混凝土类别、强度等级	①m; ②m^3; ③根	①以米计量,按设计图示尺寸以桩长(包括桩尖)计算; ②以立方米计量,按不同截面在桩上范围内以体积计算; ③以根计量,按设计图示数量计算	①护筒埋设; ②成孔、固壁; ③混凝土制作、运输、灌注、养护; ④土方、废泥浆外运; ⑤打桩场地硬化及泥浆池、泥浆沟
010302002	沉管灌注桩	①地层情况; ②空桩长度、桩长; ③复打长度; ④桩径; ⑤沉管方法; ⑥桩尖类型; ⑦混凝土类别、强度等级			①打(沉)拔钢管; ②桩尖制作、安装; ③混凝土制作、运输、灌注、养护
010302003	干作业成孔灌注桩	①地层情况; ②空桩长度、桩长; ③桩径; ④扩孔直径、高度; ⑤成孔方法; ⑥混凝土类别、强度等级			①成孔、扩孔; ②混凝土制作、运输、灌注、振捣、养护
010302004	挖孔桩土(石)方	①土(石)类别; ②挖孔深度; ③弃土(石)运距	m^3	按设计图示尺寸截面积乘以挖孔深度以立方米计算	①排地表水; ②挖土、凿石; ③基底钎探; ④运输
010302005	人工挖孔灌注桩	①桩芯长度; ②桩芯直径、扩底直径、扩底高度; ③护壁厚度、高度; ④护壁混凝土类别、强度级别; ⑤桩芯混凝土类别、强度等级	①m^3; ②根	①以立方米计量,按桩芯混凝土体积计算; ②以根计量,按设计图示数量计算	①护壁制作; ②混凝土制作、运输、灌注、振捣、养护
010302006	钻孔压浆桩	①地层情况; ②空钻长度、桩长; ③钻孔直径; ④水泥强度等级	①m; ②根	①以米计量,按设计图尺寸以桩长计算; ②以根计量,按设计图示数量计算	钻孔、下注浆管、投放骨料、浆液制作、运输、压浆
010302007	桩底注浆	①注浆导管材料、规格; ②注浆导管长度; ③单孔注浆量; ④水泥强度等级	孔	按设计图示以注浆孔数计算	①注浆导管制作、安装; ②浆液制作、运输、压浆

注:①地层情况按《计价规范》中表 A. 1-1 和表 A. 2-1 的规定,并根据岩土工程勘察报告按单位工程各地层所占比例(包括范围值)进行描述。对无法准确描述的地层情况,可注明由投标人根据岩土工程勘察报告自行决定报价;
②目特征中的桩长应包括桩尖,空桩长度 = 孔深 - 桩长,孔深为自然地面至设计桩底的深度;
③项目特征中的桩截面(桩径)、混凝土强度等级、桩类型等可直接用标准图代号或设计桩型进行描述;
④泥浆护壁成孔灌注桩是指在泥浆护壁条件下成孔,采用水下灌注混凝土的桩。其成孔方法包括冲击钻成孔、冲抓锥成孔、回旋钻成孔、潜水钻成孔、泥浆护壁的旋挖成孔等;
⑤沉管灌注桩的沉管方法包括捶击沉管法、振动沉管法、振动冲击沉管法、内夯沉管法等;
⑥干作业成孔灌注桩是指不用泥浆护壁和套管护壁的情况下,用钻机成孔后,下钢筋笼,灌注混凝土的桩,适用于地下水位以上的土层使用。其成孔方法包括螺旋钻成孔、螺旋钻成孔扩底、干作业的旋挖成孔等;
⑦桩基础的承载力检测、桩身完整性检测等费用按国家相关取费标准单独计算,不在本清单项目中;
⑧混凝土灌注桩的钢筋笼制作、安装,按《计价规范》附录 E 中相关项目编码列项。

4. 隧道工程

(1)隧道岩石开挖

工程量清单项目设置,项目特征描述的内容、计量单位及工程量计算规则,应按表2-2-21的规定执行。

隧道岩石开挖(编码:040401)　　表2-2-21

项目编码	项目名称	项目特征	计量单位	工程量计算规则	工作内容
040401001	平洞开挖	①岩石类别; ②开挖断面	m^3	按设计图示结构断面尺寸乘以长度以体积计算	①机械开挖; ②施工面排水; ③出碴; ④弃碴场内堆放、运输; ⑤弃碴外运
040401002	斜井开挖				
040401003	竖井开挖				
040401004	地沟开挖				
040401005	小导管	①类型; ②材料品种; ③管径、长度	m	按设计图示尺寸以长度计算	①制作; ②布眼; ③钻孔; ④安装
040401006	管棚				
040401007	注浆	①浆液种类; ②配合比	m^3	按设计注浆量以体积计算	①浆液制作; ②钻孔注浆; ③堵孔

(2)岩石隧道衬砌

工程量清单项目设置,项目特征描述的内容、计量单位及工程量计算规则,应按表2-2-22的规定执行。

岩石隧道衬砌(编码:040402)　　表2-2-22

项目编码	项目名称	项目特征	计量单位	工程量计算规则	工作内容
040402001	混凝土仰拱衬砌	①拱跨径; ②部位;	m^3	按设计图示尺寸以体积计算	①模板制作、安装、拆除; ②混凝土拌和、运输、浇筑; ③养护
040402002	混凝土顶拱衬砌	①厚度; ②混凝土强度等级			
040402003	混凝土边墙衬砌	①部位; ②厚度; ③混凝土强度等级			
040402004	混凝土竖井衬砌	①厚度; ②混凝土强度等级			
040402005	混凝土沟道	①断面尺寸; ②混凝土强度等级			
040402006	拱部喷射混凝土	①结构形式; ②厚度; ③混凝土强度等级; ④掺加材料品种、用量	m^2	按设计图示尺寸以面积计算	①清洗基层; ②混凝土拌和、运输、浇筑、喷射; ③收回弹料
040402007	边墙喷射混凝土				

续上表

项目编码	项目名称	项目特征	计量单位	工程量计算规则	工作内容
040402008	拱圈砌筑	①断面尺寸； ②材料品种、规格； ③砂浆强度等级	m^3	按设计图示尺寸以体积计算	①砌筑； ②勾缝； ③抹灰
040402009	边墙砌筑	①厚度； ②材料品种、规格； ③砂浆强度等级			
040402010	砌筑沟道	①断面尺寸； ②材料品种、规格； ③砂浆强度等级			
040402011	洞门砌筑	①形状； ②材料品种、规格； ③砂浆强度等级			
040402012	锚杆	①直径； ②长度； ③锚杆类型； ④砂浆强度等级	t	按设计图示尺寸以质量计算	①钻孔； ②锚杆制作、安装； ③压浆
040402013	充填压浆	①部位； ②浆液成分强度	m^3	按设计图示尺寸以体积计算	①打孔、安装； ②压浆
040402014	仰拱填充	①填充材料； ②规格； ③强度等级		按设计图示回填尺寸以体积计算	①配料； ②填充
040402015	透水管	①材质； ②规格	m	按设计图示尺寸以长度计算	安装
040402016	沟道盖板	①材质； ②规格尺寸； ③强度等级			制作、安装
040402017	变形缝	①类别； ②材料品种、规格； ③工艺要求			
040402018	施工缝				
040402019	柔性防水层	材料品种、规格	m^2	按设计图示尺寸以面积计算	铺设

(3)盾构掘进

工程量清单项目设置，项目特征描述的内容、计量单位及工程量计算规则，应按表2-2-23的规定执行。

盾构掘进(编码:040403)　　表2-2-23

项目编码	项目名称	项目特征	计量单位	工程量计算规则	工作内容
040403001	盾构吊装及吊拆	①直径； ②规格型号； ③始发方式	台·次	按设计图示数量计算	①盾构机安装、拆除； ②车架安装、拆除； ③管线连接、调试

续上表

项目编码	项目名称	项目特征	计量单位	工程量计算规则	工作内容
040403002	盾构掘进	①直径； ②规格； ③形式； ④掘进施工段类别； ⑤密封舱材料品种； ⑥运距	m	按设计图示掘进长度计算	①掘进； ②管片拼装； ③密封舱添加材料； ④负环管片拆除； ⑤隧道内管线路铺设、拆除； ⑥泥浆制作； ⑦泥浆处理
040403003	衬砌壁后压浆	①浆液品种； ②配合比； ③砂浆强度等级； ④压浆形式	m^3	①按管片外径和盾构壳体外径所形成的充填体积计算； ②按设计注浆量以体积计算	①制浆； ②送浆； ③同步压浆； ④分块压浆； ⑤封堵； ⑥清洗
040403004	预制钢筋混凝土管片	①直径； ②厚度； ③宽度； ④混凝土强度等级	m^3	按设计图示尺寸以体积计算	①钢筋混凝土管片购置； ②管片场内外运输； ③管片成环试拼； ④管片安装
040403005	管片设置密封条	①管片直径、宽度、厚度； ②密封条材料； ③密封条规格	环	按设计图示数量计算	密封条安装
040403006	隧道洞口柔性接缝环	①材料； ②规格； ③部位； ④混凝土强度等级	m	按设计图示以隧道管片外径周长计算	①制作、安装临时防水环板； ②制作、安装、拆除临时止水缝； ③拆除临时钢环板； ④拆除洞口环管片； ⑤安装钢环板； ⑥柔性接缝环； ⑦洞口钢筋混凝土环圈
040403007	管片嵌缝	①直径； ②材料； ③规格	环	按设计图示数量计算	①管片嵌缝槽表面处理，配料嵌缝； ②管片手孔封堵
040403008	盾构机调头	①直径； ②规格型号； ③始发方式	台·次	按设计图示数量计算	①钢板、基座铺设； ②盾构拆卸； ③盾构调头、平行移运定位； ④盾构拼装； ⑤连接管线，调试
040403009	盾构机转场运输	①直径； ②规格型号； ③始发方式			①盾构机安装、拆除； ②车架安装、拆除； ③盾构机、车架转场运输

续上表

项目编码	项目名称	项目特征	计量单位	工程量计算规则	工作内容
040403010	盾构基座	①材质； ②规格； ③部位	t	按设计图示尺寸以质量计算	①制作； ②安装； ③拆除
040403011	泥水处理系统	①直径； ②刀盘式泥水平衡盾构； ③泥水系统	套	按设计图示以套计算	①泥水系统制作、安装、摊销、拆除； ②自备泥浆； ③泥浆输送

(4)管节顶升、旁通道

工程量清单项目设置,项目特征描述的内容、计量单位及工程量计算规则,应按表2-2-24的规定执行。

管节顶升、旁通道(编码:040404)　表2-2-24

项目编码	项目名称	项目特征	计量单位	工程量计算规则	工作内容
040404001	钢筋混凝土顶升管节	①材质； ②混凝土强度等级	m^3	按设计图示尺寸以体积计算	①钢模板制作； ②混凝土拌和、运输、浇筑； ③养护； ④管节试拼装； ⑤管节场内外运输
040404002	垂直顶升设备安、拆	规格、型号	套	按设计图示数量计算	①基座制作和拆除； ②车架、设备吊装就位； ③拆除、堆放
040404003	管节垂直顶升	①断面； ②强度； ③材质	m	按设计图示以顶升长度计算	①管节吊运； ②首节顶升； ③中间节顶升； ④尾节顶升
040404004	安装止水框、连系梁	材质	t	按设计图示尺寸以质量计算	制作、安装
040404005	阴极保护装置	①型号； ②规格	组	按设计图示数量计算	①恒电位仪安装； ②阳极安装； ③阴极安装； ④参变电极安装； ⑤电缆敷设； ⑥接线盒安装
040404006	安装取、排水头	①部位； ②尺寸	个		①顶升口揭顶盖； ②取排水头部安装
040404007	隧道内旁通道开挖	①土壤类别； ②土体加固方式	m^3	按设计图示尺寸以体积计算	①土体加固； ②支护； ③土方暗挖； ④土方运输
040404008	旁通道结构混凝土	①断面； ②混凝土强度等级	m^3	按设计图示尺寸以体积计算	①模板制作、安装； ②混凝土拌和、运输、浇筑； ③洞门接口防水

续上表

项目编码	项目名称	项目特征	计量单位	工程量计算规则	工作内容
040404009	隧道内集水井	①部位； ②材料； ③形式	座	按设计图示数量计算	①拆除管片建集水井； ②不拆管片建集水井
040404010	防爆门	①形式； ②断面	扇		①防爆门制作； ②防爆门安装
040404011	钢筋混凝土复合管片	①材质； ②混凝土强度等级； ③钢筋种类	m^3	按设计图示尺寸以体积计算	①复合管片制作、安装； ②钢筋制作、安装； ③混凝土拌和、运输、浇筑； ④养护； ⑤管片运输
040404012	钢管片	①材质； ②探伤要求； ③油漆品种	t	按设计图示以质量计算	①钢管片制作； ②试拼装； ③探伤； ④钢管片安装； ⑤管片运输

（5）隧道沉井

工程量清单项目设置，项目特征描述的内容、计量单位及工程量计算规则，应按表2-2-25的规定执行。

隧道沉井（编码：040405） 表2-2-25

项目编码	项目名称	项目特征	计量单位	工程量计算规则	工作内容
040405001	沉井井壁混凝土	①形状； ②规格； ③混凝土强度等级	m^3	按设计尺寸以外围井筒混凝土体积计算	①模板制作、安装、拆除； ②刃脚、框架、井壁混凝土浇筑； ③养护
040405002	沉井下沉	深度		按设计图示井壁外围面积乘以下沉深度以体积计算	①垫层凿除； ②排水挖土下沉； ③不排水下沉； ④触变泥浆制作、输送； ⑤土方场外运输
040405003	沉井混凝土封底	混凝土强度等级		按设计图示尺寸以体积计算	①混凝土干封底； ②混凝土水下封底
040405004	沉井混凝土底板				①模板制作、安装、拆除； ②混凝土拌和、运输、浇筑； ③养护
040405005	沉井填心	材料品种			①排水沉井填心； ②不排水沉井填心
040405006	沉井混凝土隔墙	混凝土强度等级			①模板制作、安装、拆除； ②混凝土拌和、运输、浇筑； ③养护
040405007	钢封门	①材质； ②尺寸	t	按设计图示尺寸以质量计算	①钢封门安装； ②钢封门拆除

(6)围护基坑土石方

工程量清单项目设置,项目特征描述的内容、计量单位及工程量计算规则,应按表 2-2-26 的规定执行。

围护基坑土石方(编码:040406)

表 2-2-26

项目编码	项目名称	项目特征	计量单位	工程量计算规则	工作内容
040406001	围护基坑挖土方	①土壤类别; ②挖土深度; ③基坑宽度; ④支撑设置; ⑤弃土运距	m^3	按设计图示围护结构内围面积乘以基坑的深度(地面高程至垫层底的高度)以体积计算	①施工面排水; ②土方开挖; ③基底钎探; ④场内、外运输;
040406002	围护基坑挖石方	①岩石类别; ②开挖深度; ③基坑宽度; ④爆破方法; ⑤支撑设置; ⑥弃碴运距			①爆破; ②防护; ③凿石; ④开挖; ⑤施工面排水; ⑥场内、外运输

(7)混凝土结构

工程量清单项目设置,项目特征描述的内容、计量单位及工程量计算规则,应按表 2-2-27 的规定执行。

混凝土结构(编码:040407)

表 2-2-27

项目编码	项目名称	项目特征	计量单位	工程量计算规则	工作内容
040407001	混凝土地梁	①类别、部位; ②混凝土强度等级	m^3	按设计图示尺寸以体积计算	①模板制作、安装、拆除; ②混凝土拌和、运输、浇筑; ③养护
040407002	混凝土底板				
040407003	混凝土柱				
040407004	混凝土墙				
040407005	混凝土梁				
040407006	混凝土平台、顶板				
040407007	圆隧道内架空路面	①厚度; ②混凝土强度等级	m^3	按设计图示尺寸以体积计算	①模板制作、安装、拆除; ②混凝土拌和、运输、浇筑; ③养护
040407008	隧道内其他结构混凝土	①部位、名称; ②混凝土强度等级	m^3		

(8)沉管隧道

工程量清单项目设置,项目特征描述的内容、计量单位及工程量计算规则,应按表 2-2-28 的规定执行。

沉管隧道（编码：040408）　　表 2-2-28

<table>
<tr><th>项目编码</th><th>项目名称</th><th>项目特征</th><th>计量单位</th><th>工程量计算规则</th><th>工作内容</th></tr>
<tr><td>040408001</td><td>预制沉管底垫层</td><td>①材料品种、规格；
②厚度</td><td>m^3</td><td>按设计图示尺寸以沉管底面积乘以厚度以体积计算</td><td>①场地平整；
②垫层铺设</td></tr>
<tr><td>040408002</td><td>预制沉管钢底板</td><td>①材质；
②厚度</td><td>t</td><td>按设计图示尺寸以质量计算</td><td>钢底板制作、铺设</td></tr>
<tr><td>040408003</td><td>预制沉管混凝土板底</td><td rowspan="3">混凝土强度等级</td><td rowspan="3">m^3</td><td rowspan="3">按设计图示尺寸以体积计算</td><td>①模板制作、安装、拆除；
②混凝土拌和、运输、浇筑；
③养护；
④底板预埋注浆管</td></tr>
<tr><td>040408004</td><td>预制沉管混凝土侧墙</td><td rowspan="2">①模板制作、安装、拆除；
②混凝土拌和、运输、浇筑；
③养护</td></tr>
<tr><td>040408005</td><td>预制沉管混凝土顶板</td></tr>
<tr><td>040408006</td><td>沉管外壁防锚层</td><td>①材质品种；
②规格</td><td>m^2</td><td>按设计图示尺寸以面积计算</td><td>铺设沉管外壁防锚层</td></tr>
<tr><td>040408007</td><td>鼻托垂直剪力键</td><td>材质</td><td rowspan="3">t</td><td rowspan="3">按设计图示尺寸以质量计算</td><td>①钢剪力键制作；
②剪力键安装</td></tr>
<tr><td>040408008</td><td>端头钢壳</td><td>①材质、规格；
②强度</td><td>①端头钢壳制作；
②端头钢壳安装；
③混凝土浇筑</td></tr>
<tr><td>040408009</td><td>端头钢封门</td><td>①材质；
②尺寸</td><td>①端头钢封门制作；
②端头钢封门安装；
③端头钢封门拆除</td></tr>
<tr><td>040408010</td><td>沉管管段浮运临时供电系统</td><td rowspan="3">规格</td><td rowspan="3">套</td><td rowspan="3">按设计图示管段数量计算</td><td>①发电机安装、拆除；
②配电箱安装、拆除；
③电缆安装、拆除；
④灯具安装、拆除</td></tr>
<tr><td>040408011</td><td>沉管管段浮运临时供排水系统</td><td>①泵阀安装、拆除；
②管路安装、拆除</td></tr>
<tr><td>040408012</td><td>沉管管段浮运临时通风系统</td><td>①进排风机安装、拆除；
②风管路安装、拆除</td></tr>
<tr><td>040408013</td><td>航道疏浚</td><td>①河床土质；
②工况等级；
③疏浚深度</td><td>m^3</td><td>按河床原断面与管段浮运时设计断面之差以体积计算</td><td>①挖泥船开收工；
②航道疏浚挖泥；
③土方驳运、卸泥</td></tr>
</table>

续上表

项目编码	项目名称	项目特征	计量单位	工程量计算规则	工作内容
040408014	沉管河床基槽开挖	①河床土质； ②工况等级； ③挖土深度	m^3	按河床原断面与槽设计断面之差以体积计算	①挖泥船开收工； ②沉管基槽挖泥； ③沉管基槽清淤； ④土方驳运、卸泥
040408015	钢筋混凝土块沉石	①工况等级； ②沉石深度		按设计图示尺寸以体积计算	①预制钢筋混凝土块； ②装船、驳运、定位沉石； ③水下铺平石块
040408016	基槽抛铺碎石	①工况等级； ②石料厚度； ③沉石深度			①石料装运； ②定位抛石； ③水下铺平石块
040408017	沉管管节浮运	①单节管段质量； ②管段浮运距离	kt·m	按设计图示尺寸和要求以沉管管节质量和浮运距离的复合单位计算	①干坞放水； ②管段起浮定位； ③管段浮运； ④加载水箱制作、安装、拆除； ⑤系缆柱制作、安装、拆除
040408018	管段沉放连接	①单节管段重量； ②管段下沉深度	节	按设计图示数量计算	①管段定位； ②管段压水下沉； ③管段端面对接； ④管节拉合
040408019	砂肋软体排覆盖	①材料品种； ②规格	m^2	按设计图示尺寸以沉管顶面积加侧面外表面积计算	水下覆盖软体排
040408020	沉管水下压石		m^3	按设计图示尺寸以顶、侧压石的体积计算	①装石船开收工； ②定位抛石、卸石； ③水下铺石
040408021	沉管接缝处理	①接缝连接形式； ②接缝长度	条	按设计图示数量计算	①按缝拉合； ②安装止水带； ③安装止水钢板； ④混凝土浇筑
040408022	沉管底部压浆固封充填	①压浆材料； ②压浆要求	m^3	按设计图示尺寸以体积计算	①制浆； ②管底压浆； ③封孔

5. 地铁工程(参照 GB 50500—2008《建设工程工程量清单计价规范》)

(1)结构工程(表 2-2-29)

结构(编码:040601)　　　　表 2-2-29

项目编码	项目名称	项目特征	计量单位	工程量计算规则	工作内容
040601001	混凝土圈梁	①部位; ②混凝土强度等级、石料最大粒径	m^3	按设计图示尺寸以体积计算	①混凝土浇筑; ②养生
040601002	竖井内衬混凝土	①材质; ②规格、型号			
040601003	小导管(管棚)	①管径; ②材料	m	按设计图示尺寸以长度计算	导管制作、安装
040601004	注浆	①材料品种; ②配合比; ③规格	m^3	按设计注浆量以体积计算	①浆液制作; ②注浆
040601005	喷射混凝土	①部位; ②混凝土强度等级、石料最大粒径		按设计图示以体积计算	①岩石、混凝土面清洗; ②喷射混凝土
040601006	混凝土底板	①混凝土强度等级、石料最大粒径; ②垫层厚度、材料品种、强度		按设计图示尺寸以体积计算	①垫层铺设; ②混凝土浇筑; ③养生
040601007	混凝土内衬墙	混凝土强度等级、石料最大粒径			①混凝土浇筑; ②养生
040601008	混凝土中层板	①堰板材质; ②堰板厚度; ③堰板形式			
040601009	混凝土顶板	①材料品种; ②厚度			
040601010	混凝土柱	①斜管材料品种; ②斜管规格			
040601011	混凝土梁	①材料品种; ②压力要求; ③型号、规格; ④接口			

续上表

项目编码	项目名称	项目特征	计量单位	工程量计算规则	工作内容
040601012	混凝土独立柱基	混凝土强度等级、石料最大粒径	m^3	按设计图示尺寸以体积计算	①混凝土浇筑； ②养生
040601013	混凝土现浇站台板				
040601014	预制站台板				①制作； ②安装
040601015	混凝土楼梯		m^2	按设计图示尺寸以水平投影面积计算	①混凝土浇筑； ②养生
040601016	混凝土中隔墙		m^3	按设计图示尺寸以体积计算	
040601017	隧道内衬混凝土				
040601018	混凝土检查沟				
040601019	砌筑	①材料； ②规格； ③砂浆强度等级			①砂浆运输、制作； ②砌筑； ③勾缝； ④抹灰、养护
040601020	锚杆支护	①锚杆形式； ②材料； ③工艺要求	m	按设计图示以长度计算	①钻孔； ②锚杆制作、安装； ③砂浆灌注
040601021	变形缝（诱导缝）	①材料； ②规格； ③工艺要求			变形缝安装
040601022	刚性防水层		m^2	按设计图示尺寸以面积计算	①找平层铺筑； ②防水层铺设
040601023	柔性防水层	①部位； ②材料； ③工艺要求			防水层铺设

（2）轨道工程（表2-2-30）

轨道（编码：040602） 表2-2-30

项目编码	项目名称	项目特征	计量单位	工程量计算规则	工作内容
040602001	地下一般段道床	①类型； ②混凝土强度等级、石料最大粒径	m^3	按设计图示尺寸（含道岔道床）以体积计算	①支承块预制、安装； ②整体道床浇筑
040602002	高架一般段道床				①支承块预制、安装； ②整体道床浇筑； ③铺碎石道床
040602003	地下减振段道床				①预制支承块及安装； ②整体道床浇筑
040602004	高架减振段道床				①混凝土浇筑； ②养生

续上表

项目编码	项目名称	项目特征	计量单位	工程量计算规则	工作内容
040602005	地面段正线道床	①类型； ②混凝土强度等级、石料最大粒径	m^3	按设计图示尺寸(含道岔道床)以体积计算	铺碎石道床
040602006	车辆段、停车场道床				①支承块预制、安装； ②整体道床浇筑 ③铺碎石道床
040602007	地下一般段轨道	①类型； ②规格	铺轨 km	按设计图示(不含道岔)以长度计算	①铺设； ②焊轨
040602008	高架一般段轨道				
040602009	地下减振段轨道			按设计图示以长度计算	
040602010	高架减振段轨道				
040602011	地面段正线轨道			按设计图示(不含道岔)以长度计算	
040602012	车辆段、停车场轨道				
040602013	道岔	①区段； ②类型； ③规格	组	按设计图示以组计算	铺设
040602014	护轮轨	①类型； ②规格	单侧 km	按设计图示以长度计算	
040602015	轨距杆		1000 个	按设计图示以根计算	安装
040602016	防爬设备	类型	1000 个	按设计图示数量计算	①防爬器安装； ②防爬支撑制作、安装
040602017	钢轨伸缩		对		安装
040602018	线路及信号标志		铺轨 km	按设计图示以长度计算	①洞内安装； ②洞外埋设； ③桥上安装
040602019	车挡		处	按设计图示数量以处计算	安装

(3)信号工程(表2-2-31)

信号(编码:040603)　　表2-2-31

项目编码	项目名称	项目特征	计量单位	工程量计算规则	工作内容
040603001	信号机	①类型； ②规格	架	按设计图示数量计算	①基础制作； ②安装与调试
040603002	电动转量		组		安装与调试
040603003	轨道电路		区段		①箱、盒基础制作； ②安装与调试

续上表

<table>
<tr><th>项目编码</th><th>项目名称</th><th>项目特征</th><th>计量单位</th><th>工程量计算规则</th><th>工作内容</th></tr>
<tr><td>040603004</td><td>轨道绝缘</td><td rowspan="4">①类型;
②规格</td><td rowspan="4">组</td><td rowspan="16">按设计图示数量计算</td><td rowspan="4">安装</td></tr>
<tr><td>040603005</td><td>钢轨接续线</td></tr>
<tr><td>040603006</td><td>道岔跳线</td></tr>
<tr><td>040603007</td><td>极性叉回流线</td></tr>
<tr><td>040603008</td><td>道岔区段传输环路</td><td>长度</td><td>个</td><td>安装与调试</td></tr>
<tr><td>040603009</td><td>信号电缆柜</td><td rowspan="10">①类型;
②规格</td><td rowspan="4">架</td><td>安装</td></tr>
<tr><td>040603010</td><td>电气集中分线柜</td><td>安装与调试</td></tr>
<tr><td>040603011</td><td>电气集中走线架</td><td>安装</td></tr>
<tr><td>040603012</td><td>电气集中组合柜</td><td>①继电器等安装与调试;
②电缆绝缘测试盘安装与调试;
③轨道电路测试盘安装与调试;
④报警装置安装与调试;
⑤防雷组合安装与调试</td></tr>
<tr><td>040603013</td><td>电气集中控制台</td><td rowspan="6">台</td><td rowspan="6">安装与调试</td></tr>
<tr><td>040603014</td><td>微机联锁控制台</td></tr>
<tr><td>040603015</td><td>人工解锁按钮台</td></tr>
<tr><td>040603016</td><td>调度集中控制台</td></tr>
<tr><td>040603017</td><td>调度集中总机柜</td></tr>
<tr><td>040603018</td><td>调度集中分机柜</td></tr>
<tr><td>040603019</td><td>列车自动防护(ATP)中心模拟盘</td><td>①类型;
②规格</td><td>面</td><td>安装与调试</td></tr>
<tr><td>040603020</td><td>列车自动防护(ATP)架</td><td rowspan="3">类型</td><td rowspan="3">架</td><td rowspan="3">按设计图示数量计算</td><td>①轨道架安装与调试;
②码发生器架安装与调试</td></tr>
<tr><td>040603021</td><td>列车自动运行(ATO)架</td><td>安装与调试</td></tr>
<tr><td>040603022</td><td>列车自动监控(ATS)</td><td>①DPU 柜安装与调试;
②RTU 架安装与调试;
③LPU 组安装与调试</td></tr>
</table>

续上表

项目编码	项目名称	项目特征	计量单位	工程量计算规则	工作内容
040603023	信号电源设备	①类型; ②规格	台	按设计图示数量计算	①电源屏安装与调试; ②电源防雷箱安装与调试; ③电源切换箱安装与调试; ④电源开关柜安装与调试; ⑤其他电源设备安装与调试
040603024	信号设备接地装置	①位置; ②类型; ③规格	处	按设计列车配备数量计算	①接地装置安装; ②标志桩埋设
040603025	车载设备	类型	车组		①列车自动防护(ATP)车载设备安装与调试; ②列车自动运行(ATO)车载设备安装与调试; ③列车识别装置(PRI)车载设备安装与调试
040603026	车站联锁系统调试		站	按设计图示数量计算	①继电联锁调试; ②微机联锁调试
040603027	全线信号设备系统调试		系统		①调度集中系统调试; ②列车自动防护(ATP)系统调试; ③列车自动运行(ATO)系统调试; ④列车自动监控(ATS)系统调试; ⑤列车自动控制(ATC)系统调试

(4)电力牵引工程(表2-2-32)

电力牵引(编码:040604)　　表2-2-32

项目编码	项目名称	项目特征	计量单位	工程量计算规则	工作内容
040604001	接触轨	①区段; ②道床类型; ③防护材料; ④规格	km	按单根设计长度扣除接触轨弯头所占长度计算	①接触轨安装; ②焊轨; ③断轨
040604002	接触轨设备	①设备类型; ②规格	台	按设计图示数量以台计算	安装与调试
040604003	接触轨试运行	区段名称	km	按设计图示以长度计算	试运行

续上表

项目编码	项目名称	项目特征	计量单位	工程量计算规则	工作内容
040604004	地下段接触网节点	①类型；②悬挂方式	处	按设计图示以数量计算	①钻孔；②预埋件安装；③混凝土浇筑
040604005	地下段接触网悬挂	①类型；②悬挂方式；③材料；④规格	处	按设计图示以数量计算	悬挂安装
040604006	地下段接触网架线及调整	①类型；②悬挂方式；③材料；④规格	条km	按设计图示以长度计算	①接触网架设；②附加导线安装；③悬挂调整
040604007	地面段、高架段接触网支柱	①类型；②材料品种；③规格	根	按设计图示以数量计算	①基础制作；②立柱
040604008	地面段、高架段接触网悬挂	①类型；②悬挂方式；③材料；④规格	处	按设计图示以数量计算	悬挂安装
040604009	地面段、高架段接触网架线及调整	①类型；②悬挂方式；③材料；④规格	条km	按设计图示数量以长度计算	①接触网架设；②附加导线安装；③悬挂调整
040604010	接触网设备	①类型；②设备；③规格	台	按设计图示以数量计算	安装与调试
040604011	接触网附属设施	①区段；②类型	处	按设计图示以数量计算	①牌类安装；②限界门安装
040604012	接触网试运行	区段名称	条km	按设计图示数量以长度计算	试运行

思考题

2-2-1　工程量清单编制的依据有哪些？

2-2-2　工程量清单的编制步骤有哪些？

第三章　地下工程工程量清单计价方法

工程量清单计价模式最主要的特点是量价分离，责任和风险分担。即工程量由招标方按《计价规范》编制，同时招标方为了控制工程造价并使招标评标有一个参考依据，通常也要进行工程量清单计价，编制招标控制价；而对投标人来说，要正确进行工程量清单报价，必须依据企业自身情况及人、材、机的市场行情，对单位工程成本、利润进行分析，精心选择施工方案，合理组织施工，有效控制现场费用和施工技术措施费用，以最大限度地获取利润、降低风险。前面已经介绍了工程量清单的编制方法，本章主要介绍如何对其进行计价。

第一节　工程量清单费用构成规则

采用工程量清单计价模式，即综合单价计价方法。建筑安装工程费按照工程造价形成由分部分项工程费、措施项目费、其他项目费、规费、税金组成，分部分项工程费、措施项目费、其他项目费包含人工费、材料费、施工机具使用费、企业管理费和利润。

1. 分部分项工程费

$$分部分项工程费 = \sum(分部分项工程量 \times 综合单价)$$

式中：综合单价包括人工费、材料费、施工机具使用费、企业管理费和利润以及一定范围的风险费用(下同)。

2. 措施项目费

(1)国家计量规范规定应予计量的措施项目，其计算公式为：

$$措施项目费 = \sum(措施项目工程量 \times 综合单价)$$

(2)国家计量规范规定不宜计量的措施项目计算方法如下：

①安全文明施工费

$$安全文明施工费 = 计算基数 \times 安全文明施工费费率(\%)$$

计算基数应为定额基价(定额分部分项工程费 + 定额中可以计量的措施项目费)、定额人工费或(定额人工费 + 定额机械费)，其费率由工程造价管理机构根据各专业工程的特点综合确定。

②夜间施工增加费

$$夜间施工增加费 = 计算基数 \times 夜间施工增加费费率(\%)$$

③二次搬运费

$$二次搬运费=计算基数\times二次搬运费费率(\%)$$

④冬雨季施工增加费

$$冬雨季施工增加费=计算基数\times冬雨季施工增加费费率(\%)$$

⑤已完工程及设备保护费

$$已完工程及设备保护费=计算基数\times已完工程及设备保护费费率(\%)$$

上述②~⑤项措施项目的计费基数应为定额人工费或(定额人工费+定额机械费),其费率由工程造价管理机构根据各专业工程特点和调查资料综合分析后确定。

3.其他项目费

(1)暂列金额由建设单位根据工程特点,按有关计价规定估算,施工过程中由建设单位掌握使用、扣除合同价款调整后如有余额,归建设单位。

(2)计日工由建设单位和施工企业按施工过程中的签证计价。

(3)总承包服务费由建设单位在招标控制价中根据总包服务范围和有关计价规定编制,施工企业投标时自主报价,施工过程中按签约合同价执行。

4.规费和税金

建设单位和施工企业均应按照省、自治区、直辖市或行业建设主管部门发布标准计算规费和税金,不得作为竞争性费用。

第二节　工程量清单计价依据

1.招标控制价

招标控制价指由招标单位或其委托的具有相应资质的工程造价咨询人编制的完成招标项目所需的全部费用。招标控制价格也是根据国家规定的计价依据和计价方法计算出来的一种工程造价形式,是招标人的一种预期价格。

(1)招标控制价的编制依据

①现行的《计价规范》。

②国家或省级、行业建设主管部门颁发的计价定额和计价办法。

③建设工程设计文件及相关资料,包括施工方案、现场水文、地质等勘探资料。

④招标文件中的工程量清单及有关要求。

⑤与建设项目相关的标准、规范、技术资料。

⑥工程造价管理机构发布的工程造价信息,工程造价信息没有发布的参照市场价。

⑦其他的相关资料。

(2)招标控制价的编制

招标控制价的编制可以采用工程量清单计价法或定额计价法。在此,着重介绍工程量清单计价法。

以工程量清单计价法编制招标控制价，首先根据《计价规范》的要求，按照统一的项目划分、统一的工程量计算规则计算工程量，确定招标文件中的工程量清单，然后再对各个清单项目进行计价，确定每个清单项目的工程价款。

2. 投标报价

(1)投标报价的编制依据

①招标单位提供的招标文件、工程设计图纸、有关技术说明书。

②国家及地区建设行政主管部门颁布的工程预算定额、单位估价表及与之配套的费用定额，工程量清单计价规范。

③当时当地的市场人工、材料、机械价格信息。

④企业内部的资源消耗量标准。

⑤施工方案等。

(2)投标报价的编制

目前，我国建设工程大多采用工程量清单招投标，因此，投标报价的编制以工程量清单计价方式为主。从计价方法上讲，工程量清单计价方式下投标报价的编制方法与以工程量清单计价法编制招标控制价的方法相似.都是采用综合单价计价的方法。

但是，投标报价的编制与招标控制价的编制也有不同，工程标底反映各个施工企业的平均生产力水平，而工程投标方要使自己的报价具有竞争性，必须要反映出投标企业自身的生产力水平，企业要采取先进的生产技术措施，提高生产效率，降低成本，降低消耗。因此，在根据各工程内容的计价工程量计算各工程内容的工程单价及计算完成各项工程内容所耗人工费、材料费、机械费时，企业是参照自己的企业消耗量定额来确定的，以此体现企业自身的施工特点，使投标报价具有个性。

第三节　工程量清单计价费用确定

1. 工程量清单计价程序

(1)准备资料，熟悉施工图纸。广泛搜集、准备各种资料，包括施工图纸、设计要求、施工现场实际情况、施工组织设计、施工方案、现行的建筑安装工程预算定额(或企业定额)、取费标准和地区材料预算价格等。

(2)确定分部分项工程量清单项目的综合单价，计算分部分项工程费。

(3)计算措施项目费。

(4)计算其他项目费。

(5)计算规费和税金。

(6)填写工程量清单计价表格。

2. 综合单价的确定方法

1)综合单价的组成

遵循“市场形成价格、企业自主报价、政府宏观调控”的工程造价管理原则。综合单价表现形式实行“量”“价”合一，方便使用；项目设置对传统定额项目进行适当综合、调整、合并，力求简明；计量规则和费用计算程序力求简化；价格水平适中，能够充分反映市场。工程量清单计价采用综合单价计价。综合单价是指完成一个规定计量单位的分部分项工程和措施清单项目所需的人工费、材料和工程设备费、施工机具使用费和企业管理费、利润以及一定范围的风险费用。

2）综合单价的确定方法主要有：工程成本预算法和预算定额调整法。

（1）工程成本预算法确定综合单价的步骤

①计算综合体在本企业的工、料、机实际消耗量。

②确定市场要素（包括材料市场价、人工当地的行情价、机械设备的租赁价、分包价等，并考虑风险）。

③计算工料单价、管理费、利润。

④计算综合单价。综合单价 = 综合体总费用（工料单价 + 管理费 + 利润）/清单工程量（实体净量）。

（2）预算定额调整法确定综合单价的步骤

①对照项目特征、综合内容和实际情况确定定额项，形成综合体。

②查综合体包含预算定额项的工、料、机消耗量。

③参考历史水平，调整消耗量，考虑风险。

④计算工料单价、管理费、利润。

⑤计算综合单价。综合单价 = 综合体总费用（工料单价 + 管理费 + 利润）/清单工程量（实体净量）。

【例 2-3-1】 某住宅工程，土质为三类土，基础为 C25 混凝土带形基础，垫层为 C15 混凝土垫层，垫层底宽为 $a = 1\,400\text{mm}$，挖土深度 $H = 1\,800\text{mm}$，基础总长为 220m。室外设计地坪以下基础的体积为 227m^3。垫层体积为 31m^3，如图 2-3-1 所示。业主提供的分部分项工程量确定如表 2-3-1 所示。试用预算定额调整法确定挖基础土方、土方回填综合单价（工作面 $c = 300\text{mm}$，放坡系数 $k = 0.33$）。

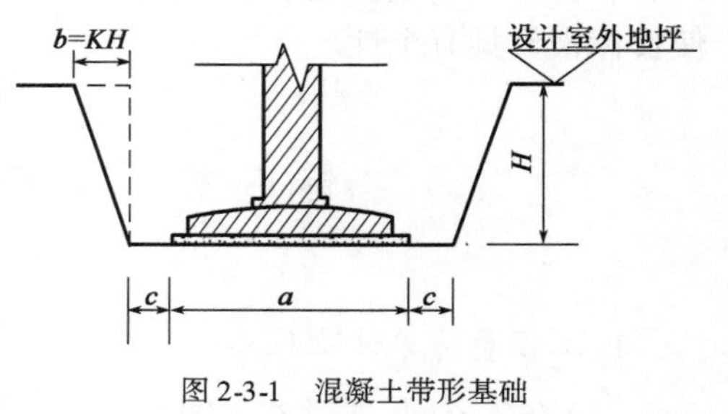

图 2-3-1 混凝土带形基础

分部分项工程量清单 表 2-3-1

序号	项目编号	项目名称		计量单位	工程数量
1	010101003001	挖基础土方	土壤类别：三类土 基础类型：带形基础 垫层宽度：1 400mm 挖土深度：1 800mm 弃土运距：40m	m^3	554.4
2	010103001001	土方回填	土质要求：原土、夯填、运输距离：5km	m^3	296.4

【解】 （1）核算清单工程量

$$V_{挖} = 1.4 \times 1.8 \times 220 = 554.4(\text{m}^3)$$

$V_{回填}=554.4-(227+31)=296.4(m^3)$

$V_{余土外运}=554.4-296.4=258(m^3)$

(2)计算计价工程量

$V_{挖}=1.4+2\times0.3+(1.4+2\times0.3+2\times0.33\times1.8)\times1.8/2\times220=1\,027.4(m^3)$

$V_{回}=1\,027.4-(227+31)=796.4(m^3)$

$V_{外运}=1\,027.4-796.4=258(m^3)$

$V_{夯填}=(1.4+2\times0.3)\times220=440(m^3)$

(3)计算综合单价(表2-3-2)

挖基础土方综合单价分析表

表2-3-2

序号	项目编码	工程内容	数量	综合单价组成					综合单价(元)
				人工费	材料费	机械费	管理费	利润	
1	A1-17	人工挖沟槽(三类土、挖深2m以内)	554.4	31465.26	0	0	3146.526	2202.56	78.07
2	A1-41	基底钎探	308	1881	0	0	1881.1	131.67	
3	A1-45	人工运土(40m)	258	3647.09	0	0	364.709	255.296	
	合计			36993.35	0	0	3699.335	2589.53	

根据市场等情况:人工费:57元/工日,电动夯实机:50元/台班。

挖基础土方工作内容:排地表水、土方开挖、挡土板、基底钎探、运输。查当地消耗量定额:

①人工挖沟槽

$$人工费=53.73\ 工日/100m^3\times57\ 元/工日\times1\,027.4/100=31\,465.26(元)$$

$$材料、机械=0$$

②基底钎探

$$人工费=7.5\ 工日/100m^3\times57\ 元/工日\times440/100=1\,881(元)$$

$$材料、机械=0$$

③人工运土方

$$人工费=24.8\ 工日/100m^3\times57\ 元/工日\times258/100=3\,647.09(元)$$

$$材料、机械=0$$

④综合

$$工料机合计=31\,465.26+1\,881+3\,647.09=36\,993.35(元)$$

$$管理费=(人工费+机械费)\times10\%=3\,699.335(元)$$

$$利润=(人工费+机械费)\times7\%=2\,589.53(元)$$

$$合计=43\,282.215(元)$$

⑤综合单价

$$综合单价\ 43\,282.215/554.4=78.07(元/m^3)$$

3. 工程量清单计价(图 2-3-2,图 2-3-3)

________________工程

招标控制价

招标控制价(小写):________________

(大写):________________

招标人:________(单位盖章)　　工程造价咨询人:________(单位资质专用章)

法定代表人　　法定代表人

或其授权人:________(签字或盖章)　　或其授权人:________(签字或盖章)

编制人:________(造价人员签字盖专用章)　　复核人:________(造价工程师签字盖专用章)

编制时间:　年　月　日　　复核时间:　年　月　日

图 2-3-2　工程项目招标控制(封面)

投标报价

建设单位:________________

工程名称:________________

投标总价(小写):________________

(大写):________________

投标人:________________(单位盖章)

法定代表人:________________(签字盖章)

编制时间:

图 2-3-3　工程项目投标报价(封面)

工程清单计价表如表 2-3-3 ~ 表 2-3-13 所示。

(1)工程项目招标控制价(投标总价)汇总表(表 2-3-3)

工程项目招标控制价(投标总价)汇总表　　表 2-3-3

工程名称:					第　页 共　页
序号	单项工程名称	金额(元)	其　中(元)		
			暂估价	安全文明施工费	规费
合　计					

(2)单位工程招标控制价(投标报价)汇总表(表 2-3-4)

单位工程招标控制价(投标报价)汇总表　　表 2-3-4

工程名称:	标段:		第　页 共　页
序号	汇 总 内 容	金额(元)	其中:暂估价(元)
1	分部分项工程		
1.1			
1.2			
1.3			
1.4			

续上表

工程名称：		标段：	第　页 共　页
序号	汇　总　内　容	金额(元)	其中:暂估价(元)
1.5			
2	措施项目		
2.1	其中:安全文明施工费		
3	其他项目		
3.1	其中:暂列金额		
3.2	其中:专业工程暂估价		
3.3	其中:计日工		
3.4	其中:总包服务费		
4	规费		
5	税金		
招标控制价(投标报价)合计 =1 +2 +3 +4 +5			

(3)分部分项工程量清单计价表(表2-3-5)

分部分项工程量清单计价表

表2-3-5

工程名称：				标段：		第　页 共　页		
序号	项目编码	项目名称	项目特征描述	计量单位	工程量	金额(元)		
						综合单价	合价	其中 暂估价
本页小计								
合　计								

(4)工程量清单综合单价分析表(表2-3-6)

工程量清单综合单价分析表

表2-3-6

工程名称：				标段：			第　页 共　页			
序号	编号	名称	计量单位	数量	综合单价(元)					合计(元)
					人工费	材料费	机械费	综合费	小计	
	(清单编码)	(清单名称)								
	(定额编号)	(定额名称)								
合　计										

(5)措施项目清单计价表(一)(表 2-3-7)

措施项目清单计价表(一) 表 2-3-7

工程名称:		标段:			第 页 共 页
序号	项目编码	项 目 名 称	计算基础	费率(%)	金额(元)
		安全文明施工费			
		夜间施工费			
		二次搬运费			
		冬雨季施工费			
		大型机械设备进出场及安拆费			
		施工排水			
		施工降水			
		地上、地下设施、建筑物的临时保护设施			
		已完工程及设备保护			
		各专业工程的措施项目			
合 计					

(6)措施项目清单计价表(二)(表 2-3-8)

措施项目清单计价表(二) 表 2-3-8

工程名称:			标段:				第 页 共 页
序号	项目编码	项目名称	项目特征描述	计量单位	工程量	金额(元)	
						综合单价	合价
本页小计							
合 计							

(7)其他项目清单与计价汇总表(表 2-3-9)

其他项目清单与计价汇总表 表 2-3-9

工程名称:		标段:		第 页 共 页
序号	项 目 名 称	计量单位	金额(元)	备 注
1	暂列金额	项		
2	暂估价			
2.1	材料(工程设备)暂估价			
2.2	专业工程暂估价			
3	计日工			
4	总承包服务费			
合 计				—

(8)暂列金额明细表(表2-3-10)

暂列金额明细表　　表2-3-10

工程名称：		标段：		第　页 共　页
序号	项 目 名 称	计量单位	暂定金额(元)	备　注
合　计				—

(9)材料(工程设备)暂估价表(表2-3-11)

材料(工程设备)暂估价表　　表2-3-11

工程名称：		标段：		第　页 共　页
序号	材料(工程设备)名称、规格、型号	计量单位	单价(元)	备　注

(10)专业工程暂估价表(表2-3-12)

专业工程暂估价表　　表2-3-12

工程名称：		标段：		第　页 共　页
序号	工　程　名　称	工程内容	金额(元)	备　注
合　计				—

(11)计日工表(表2-3-13)

计　日　工　表　　表2-3-13

工程名称：			标段：		第　页 共　页
编号	项 目 名 称	单位	暂定数量	综合单价(元)	合价(元)
一	人　工				
1					
人 工 小 计					
二	材　料				
1					
材 料 小 计					
三	施工机械				
1					
施工机械小计					
总　计					

思考题

2-3-1　工程量清单计价中,投标报价的编制依据有哪些?

2-3-2　简述工程量清单计价程序。

2-3-3　简述工程成本预算法确定综合单价的步骤。

2-3-4　简述预算定额调整法确定综合单价的步骤。

第三篇

营业税改征增值税

第一章 概 述

一、营业税改征增值税的概念

营业税改征增值税(以下简称营改增)是指以前缴纳营业税的应税项目改成缴纳增值税,增值税只对产品或者服务的增值部分纳税,减少了重复纳税的环节,是党中央、国务院,根据经济社会发展新形势,从深化改革的总体部署出发做出的重要决策,目的是加快财税体制改革、进一步减轻企业负税,调动各方积极性,促进服务业尤其是科技等高端服务业的发展,促进产业和消费升级、培育新动能、深化供给侧结构性改革。

营业税和增值税是我国两大主体税种,营改增在全国推开大致经历了以下三个阶段。2011 年,经国务院批准,财政部、国家税务总局联合下发营业税改增值税试点方案。从 2012 年 1 月 1 日起,在上海交通运输业和部分现代服务业开展营业税改征增值税试点。自 2012 年 8 月 1 日起至年底,国务院将扩大营改增试点至 8 省市;2013 年 8 月 1 日,“营改增”范围已推广到全国试行,将广播影视服务业纳入试点范围。2014 年 1 月 1 日起,将铁路运输和邮政服务业纳入营业税改征增值税试点,至此交通运输业已全部纳入营改增范围;2016 年 3 月 18 日召开的国务院常务会议决定,自 2016 年 5 月 1 日起,中国将全面推开营改增试点,将建筑业、房地产业、金融业、生活服务业全部纳入营改增试点,至此,营业税退出历史舞台,增值税制度将更加规范。这是自 1994 年分税制改革以来,财税体制的又一次深刻变革。截至 2015 年底,营改增累计实现减税 6 412 亿元。

二、营改增的税控工具

税控工具是信息系统监控的“中枢大脑”,经过税控工具的信息系统修改,营改增后的发票才能通过电脑和打印机顺利被开出。

信息系统监控的主要功能:黑色的税控盘意味着“开出票”,二维码验证意味着“管住票”,以此形成的电子底账系统意味着“用好票”。营改增推广到哪儿,信息系统的设备就跟到哪儿。使用信息系统监控可以查验全国任何一个点的营改增情况。

2016 年 4 月 1 日,李克强总理在国家税务总局体验借助“互联网 +”电子底账进行真伪辨别,李总理拿起一张北京市增值税专用发票的抵扣联,扫描左上角的二维码即可查验发票的真伪。

三、营改增的实施步骤

第一阶段:部分行业,部分地区 2012 年 1 月 1 日,率先在上海实施交通运输业和部分现代服务业营改增试点;2012 年 9 月 1 日 ~2012 年 12 月 1 日,营改增试点由上海市分 4 批次扩大至北京、江苏、安徽、福建、广东、天津、浙江、湖北 8 省(市)。

第二阶段:部分行业,全国范围 2013 年 8 月 1 日,营改增试点推向全国,同时将广播影视服务纳入试点范围;2014 年 1 月 1 日,铁路运输业和邮政业在全国范围实施营改增试点;2014

年6月1日,电信业在全国范围实施营改增试点。

第三阶段:所有行业,从2016年5月1日起,将试点范围扩大到建筑业、房地产业、金融业、生活服务业,并将所有企业新增不动产所含增值税纳入抵扣范围,确保所有行业税负只减不增。

四、营改增的实施进程

2012年1月1日,"营改增"在上海的"1+6"行业率先试点,其中"1"为陆路、水路、航空、管道运输在内的交通运输业,"6"包括研发、信息技术、文化创意、物流辅助、有形动产租赁、鉴证咨询等部分现代服务业。

2012年7月24日,财政部发布《营业税改征增值税试点有关企业会计处理规定》,主要目的是配合营业税改征增值税试点工作的顺利进行。

2012年8月2日,国家财政部官网挂出《关于在北京等8省市开展交通运输业和部分现代服务业营业税改征增值税试点的通知》。

2012年8月29日,财政部、国家税务总局联合发布《关于营业税改征增值税试点中文化事业建设费征收有关问题的通知》,主要目的是促进文化事业发展,加强实施营业税改征增值税(以下简称营改增)试点地区文化事业建设费的征收管理,确保营改增试点工作有序开展。

2012年9月1日,"营改增"在北京市实施。

2012年10月1日,"营改增"在江苏省、安徽省实施。

2012年11月1日,"营改增"在福建省、广东省实施。

2012年12月1日,"营改增"在天津市、浙江省、湖北省实施。

2013年7月10日,国家税务总局发布《国家税务总局关于在全国开展营业税改征增值税试点有关征收管理问题的公告》(国家税务总局公告2013年第39号)。主要目的是保障营业税改征增值税(以下简称营改增)改革试点的顺利实施。

2013年8月1日,交通运输业和部分现代服务业"营改增"试点在全国范围内推开。同时,广播影视作品的制作、播映、发行等,也开始纳入试点。

2014年1月1日,铁路运输和邮政服务业纳入营改增试点,至此交通运输业已全部纳入营改增范围。

2014年新加入试点的铁路运输业及邮政业分别减税8亿元和4亿元。

截至2015年底,营改增已累计实现减税6 412亿元,全国营改增试点纳税人达到592万户。

2016年3月5日,李克强总理在政府工作报告中明确提出2016年全面实施营改增。

2016年3月18日,国务院总理李克强主持召开国务院常务会议,部署全面推开营改增试点,进一步减轻企业税负。

2016年3月24日,财政部、国家税务总局向社会公布了《营业税改征增值税试点实施办法》、《营业税改征增值税试点有关事项的规定》、《营业税改征增值税试点过渡政策的规定》和《跨境应税行为适用增值税零税率和免税政策的规定》,至此,营改增全面推开所有的实施细则及配套文件全部"亮相"。

2016年4月1日,李克强指出,保证营改增顺利推进,一方面要保证企业税负只减不增,另一方面也要防止虚假发票搅乱征收秩序。

2016 年 4 月 30 日,国务院发布了《全面推开营改增试点后调整中央与地方增值税收入划分过渡方案》,明确以 2014 年为基数核定中央返还和地方上缴基数,所有行业企业缴纳的增值税均纳入中央和地方共享范围,中央分享增值税的 50%,地方按税收缴纳地分享增值税的 50%,过渡期暂定 2 ~ 3 年。

2016 年 5 月 1 日起,营业税改征增值税试点全面推开。

2016 年将成为减税大年,“营改增”将在 2016 年收官,预计 2016 年营改增将减轻企业税负 5 000 多亿元。

五、营改增的主要特征

1. 增值税和营业税的区别

增值税是世界上最主流的流转税种,与营业税相比具有许多优势。增值税与营业税是两个独立而不能交叉的税种,即所说的:交增值税时不交营业税、交营业税时不交增值税。两者在征收的对象、征税范围、计税的依据、税目、税率以及征收管理的方式都是不同的。

(1)征税范围不同:凡是销售不动产、提供劳务(不包括加工修理修配)、转让无形资产的交营业税,凡是销售动产、提供加工修理修配劳务的交纳增值税。

(2)计税依据不同:增值税是价外税,营业税是价内税。所以在计算增值税时应当先将含税收入换算成不含税收入,即计算增值税的收入应当为不含税的收入。而营业税则是直接用收入乘以税率即可。

2. 营改增的特点

营改增的最大特点是减少重复征税,可以促使社会形成更好的良性循环,有利于企业降低税负。营改增可以说是一种减税的政策。在当前经济下行压力较大的情况下,全面实施营改增,可以促进有效投资带动供给,以供给带动需求。对企业来讲,如果提高了盈利能力,就有可能进一步推进转型发展。每个个体企业的转型升级,无疑将实现产业乃至整个经济体的结构性改革,这也是推动结构性改革尤其是供给侧结构性改革和积极财政政策的重要内容。

“营改增”最大的变化就是避免了营业税重复征税、不能抵扣、不能退税的弊端,实现了增值税“道道征税,层层抵扣”的目的,能有效降低企业税负。更重要的是,“营改增”改变了市场经济交往中的价格体系,把营业税的“价内税”变成了增值税的“价外税”,形成了增值税进项和销项的抵扣关系,这将从深层次上影响到产业结构的调整及企业的内部架构。

六、营改增的计算规则

1. 应纳税额

转型后应纳税额计算规则

(1)转型后认定为一般纳税人的,可按取得的增值税专用发票计算抵扣进项税额,如取得外地或本市非试点纳税人的原属于营业税可差额征收范围的发票,可按发票金额在销售额中扣除;如取得税务机关代开的专用发票可按发票注明的税款抵扣销项税额。

(2)转型后认定为小规模纳税人的,交通运输业、国际货运代理业务纳税人取得的外省市和本市非试点纳税人的原属于营业税可差额征收范围的发票，可按发票金额在销售额中扣除；其他行业如取得外省市和本市非试点纳税人的原属于营业税可差额征收范围的发票，也可按发票额在销售额中扣除，但取得的本市试点一般纳税人或试点小规模纳税人的发票，不可扣除销售额。

2. 税率档次

根据试点方案，在现行增值税17%和13%两档税率的基础上，新增设11%和6%两档低税率。新增试点行业的原有营业税优惠政策原则上延续，对特定行业采取过渡性措施，对服务出口实行零税率或免税政策。

新增四大行业营改增的实施：

(1)建筑业：一般纳税人征收11%的增值税；小规模纳税人可选择简易计税方法征收3%的增值税。

(2)房地产业：房地产开发企业征收11%的增值税；个人将购买不足2年住房对外销售的，按照5%的征收率全额缴纳增值税；个人将购买2年以上(含2年)的住房对外销售的，免征增值税。

(3)生活服务业：6%。免税项目：托儿所、幼儿园提供的保育和教育服务，养老机构提供的养老服务等。

(4)金融业：6%。免税项目：金融机构农户小额贷款、国家助学贷款、国债地方政府债、人民银行对金融机构的贷款等的利息收入等。

七、营改增的改革试点

1. 试点行业

(1)交通运输业(包括陆路、水路、航空、管道运输服务)

(2)部分现代服务业(主要是部分生产性服务业)

①研发和技术服务。

②信息技术服务。

③文化创意服务(设计服务、广告服务、会议展览服务等)。

④物流辅助服务。

⑤有形动产租赁服务。

⑥鉴证咨询服务。

⑦广播影视服务。

(3)邮政服务业

暂时不包括的行业：建筑业、金融保险业和生活性服务业。

(4)电信业

从事货物生产或者提供应税劳务的纳税人，以及以从事货物生产或者提供应税劳务为主，并兼营货物批发或者零售的纳税人，年应征增值税销售额(以下简称应税销售额)在50万元以上的；除前项规定以外的纳税人，年应税销售额在80万元以上的为一般纳税人，并不是500万为标准。

2. 试点地区

营业税改征增值税试点改革，是国家实施结构性减税的一项重要举措，也是一项重大的税制改革。试点改革工作启动以来，各试点地区财税部门认真做好测算工作，拟定改革方案，加强政策衔接，强化宣传发动，确保试点工作有序进行。

(1)江西省峡江县

2013 年 8 月 1 日，峡江县营改增试点正式启动并顺利上线，首张货运物流业增值税专用发票在峡江县国税局办税服务大厅开出。此次纳入国税局管辖"营改增"纳税人共计 83 户，其中交通运输 67 户，现代服务业 16 户。

(2)安徽

安徽省重点做到"组织力量要到位、宣传工作要到位、培训工作要到位、信息交接要到位、技术支撑要到位、政策保障要到位、模拟运行要到位、加强征管要到位"等八个到位，确保"营改增"试点工作顺利推行。

(3)北京

为了平稳有序推进营业税改征增值税试点改革，北京市出台了过渡性财政扶持政策。自 2012 年 9 月 1 日起，对税制转换期内按照新税制规定缴纳的增值税比按照老税制规定计算的营业税确实有所增加的试点企业给予财政资金扶持，帮助试点企业实现平稳过渡，确保试点行业和企业税负基本不增加，进一步调动试点企业参与试点改革的积极性。

(4)天津

①力保平稳转换。天津市财税部门抓紧实施改革方案和相关政策，明确工作职责，细化工作要求，落实工作措施。

②加强组织协调。财政税务部门成立了"营改增"试点工作领导小组办公室，加强指导和协调，集中人员、集中精力，集中时间，研究制定税制改革的各项阶段性工作。

③抢抓改革机遇。天津市实施"营改增"试点改革，既是我国"十二五"时期财税改革的一项重要任务，同时也为天津加快产业结构调整，提升发展质量和水平提供了新机遇。

(5)广东

自 2012 年 8 月 1 日开始面向社会组织实施试点准备，开展试点纳税人认定和培训、征管设备和系统调试、发票税控系统发行和安装，以及发票发售等准备工作。

①加强组织领导，确保改革试点组织保障到位。

②加强实施准备，确保改革试点如期顺利启动。要认真做好税源摸查、征管衔接、纳税准备、模拟运行、制定过渡性财政扶持政策方案以及加强税务稽查管理等各项工作。

③加强政策衔接，确保试点税收征管体制的平稳过渡。确定国税系统是营业税改征增值税后的征管主体。要继续加强国税、地税部门之间的工作衔接，认真落实试点期过渡性政策，对部分企业因试点可能增加的税收负担，由各级财政设立试点财政专项资金予以补助。

④加强督查评估，确保试点经验的及时总结推广。

⑤加强宣传发动，确保推进改革试点的良好氛围。

(6)上海市黄浦区

①深化了分工协作，优化了投资导向。

②打通了产业链条,为企业拓展业务创造了条件。

③推动了服务出口,提升了企业国际竞争力。

(7)湖北省南漳县

①迅速开展调查研究,参谋推动。

②迅速组建工作专班,强力推动。

③迅速拟定工作方案,有序推动。

④迅速建立部门协作工作机制,合力推动。

⑤迅速深入企业,服务推动。

(8)山西省

2013 年 8 月 1 日起“营改增”试点在全国范围内推开,截至 2013 年 10 月底,试点小规模纳税人 100% 实现减税,减税 3 800 万元。

3. 扩围金融

2014 年 1 月 1 日开始,营改增将在原来“1 + 6”的基础上实现再扩围,铁路运输和邮政服务也将纳入改革行列,与此同时,一场关于营业税九大税目纷纷纳入减税阵营的讨论正在形成。

作为营业税九大税目之一,金融保险业的营改增正在加速推进中。消息称,财政部和国家税务总局已经在研究金融保险业营改增的相关工作。

此前,包括北京在内的各地金融局已经委托税务师事务所开始做税率、税负测算工作,而测算的核心主要采取简易计税法进行计征。

八、营改增的政策评价

1. 媒体评价

2015 年 6 月底,全国纳入“营改增”试点的纳税人共计 509 万户。据不完全数据统计,从 2012 年试点到 2015 年底,“营改增”已经累计减税 5000 多亿元,后续产业链减税效果持续体现。

“营改增”是一个减税措施,但对财政收入会造成冲击。增值税和营业税加总,占到了我国全部税收收入的 40% 以上。营改增之后,将呈现“一税独大”的局面。地方税已无主体税种,现行中央与地方的分税格局难以为继,整体税制结构对单一税种严重依赖,其中风险不容忽视。

2. 社会评价

全面实施营改增,是深化财税体制改革、推进经济结构调整和产业转型的“重头戏”。营改增不只是简单的税制转换,它有利于消除重复征税,减轻企业负担,促进工业转型、服务业发展和商业模式创新,是一项牵一发而动全身的改革。

营业税是比较便于征收的税种,但存在重复征税现象,只要有流转环节就要征税,流转环节越多,重复征税现象越严重,增值税替代营业税,允许抵扣,将消除重复征税的弊端,有利于减轻企业税负。

从整体上来讲,此次改革有利于降低企业税负,但因为每个企业的经营状况、盈利能力不同,并不是每个企业在每个时期税负都会下降。如果推广到其他行业不排除还要新增税率档次。

此外,由于营业税改征增值税之后,地方政府面临税源减少的现实,需要全方位改革财政体制。

此次对于如何衔接确实是想得很细,比较周到,因为要做好衔接,保证过渡平稳是关键,推广至全国需要从地方试点积累经验。

营业税改增值税从整体上来看,能够降低企业负担。

从制度层面讲,由于试点仅在部分地区的部分行业开展,试点企业外购的货物和劳务中还有部分不能进行抵扣,所以试点初期个别企业可能会因抵扣不完全,造成企业税收负担短期内会有所增加;从企业层面讲,因为企业成本结构、发展时期、经营策略不同等原因,在改革初期,个别企业税收负担也可能会有一定增加。上海市相应制定了过渡性的财政扶持政策,专门设立了专项资金,对税收负担增加的企业给予财政扶持。

税种改革是和整个财税体制改革关联在一起的,在营改增全面推开的同时,也有必要推进中央与地方事权和支出责任划分改革。

九、营改增的实施意义

全面实施营改增,一方面实现了增值税对货物和服务的全覆盖,基本消除了重复征税,打通了增值税抵扣链条,促进了社会分工协作,有力地支持了服务业发展和制造业转型升级;另一方面将不动产纳入抵扣范围,比较完整地实现了规范的消费型增值税制度,有利于扩大企业投资,增强企业经营活力。有利于完善和延伸二三产业增值税抵扣链条,促进二三产业融合发展。此外,营改增有利于增加就业岗位,有利于建立货物和劳务领域的增值税出口退税制度,全面改善我国的出口税收环境。

思考题

3-1-1　营业税改征增值税的目的是什么?

3-1-2　增值税与营业税的区别有哪些?

3-1-3　营业税改征增值税的实施意义是什么?

第二章 营业税改征增值税试点实施办法

第一节 征税范围

1. 应税行为的具体范围,按照本办法所附的《销售服务、无形资产、不动产注释》执行。

2. 销售服务、无形资产或者不动产,指有偿提供服务、有偿转让无形资产或者不动产,但属于下列非经营活动的情形除外。

(1)行政单位收取的同时满足以下条件的政府性基金或者行政事业性收费。

①由国务院或者财政部批准设立的政府性基金,由国务院或者省级人民政府及其财政、价格主管部门批准设立的行政事业性收费。

②收取时开具省级以上(含省级)财政部门监(印)制的财政票据。

③所收款项全额上缴财政。

(2)单位或者个体工商户聘用的员工为本单位或者雇主提供取得工资的服务。

(3)单位或者个体工商户为聘用的员工提供服务。

(4)财政部和国家税务总局规定的其他情形。

3. 有偿,指取得货币、货物或者其他经济利益。

4. 在境内销售服务、无形资产或者不动产。

(1)服务(租赁不动产除外)或者无形资产(自然资源使用权除外)的销售方或者购买方在境内。

(2)所销售或者租赁的不动产在境内。

(3)所销售自然资源使用权的自然资源在境内。

(4)财政部和国家税务总局规定的其他情形。

5. 下列情形不属于在境内销售服务或者无形资产。

(1)境外单位或者个人向境内单位或者个人销售完全在境外发生的服务。

(2)境外单位或者个人向境内单位或者个人销售完全在境外使用的无形资产。

(3)境外单位或者个人向境内单位或者个人出租完全在境外使用的有形动产。

(4)财政部和国家税务总局规定的其他情形。

6. 下列情形视同销售服务、无形资产或者不动产。

(1)单位或者个体工商户向其他单位或者个人无偿提供服务,但用于公益事业或者以社会公众为对象的除外。

(2)单位或者个人向其他单位或者个人无偿转让无形资产或者不动产,但用于公益事业或者以社会公众为对象的除外。

(3)财政部和国家税务总局规定的其他情形。

第二节　税率和征收率

1. 增值税税率。

(1)纳税人发生应税行为,除本条第(2)、(3)、(4)项规定外,税率为6%。

(2)提供交通运输、邮政、基础电信、建筑、不动产租赁服务,销售不动产,转让土地使用权,税率为11%。

(3)提供有形动产租赁服务,税率为17%。

(4)境内单位和个人发生的跨境应税行为,税率为零。具体范围由财政部和国家税务总局另行规定。

2. 增值税征收率为3%,财政部和国家税务总局另有规定的除外。

第三节　应纳税额计算

一 、一般性规定

1. 增值税的计税方法,包括一般计税方法和简易计税方法。

2. 一般纳税人发生应税行为适用一般计税方法计税。

一般纳税人发生财政部和国家税务总局规定的特定应税行为,可以选择适用简易计税方法计税,但一经选择,36个月内不得变更。

3. 小规模纳税人发生应税行为适用简易计税方法计税。

4. 境外单位或者个人在境内发生应税行为,在境内未设有经营机构的,扣缴义务人按照下列公式计算应扣缴税额:

$$应扣缴税额 = 购买方支付的价款 \div (1 + 税率) \times 税率$$

二、一般计税方法

1. 一般计税方法的应纳税额,是指当期销项税额抵扣当期进项税额后的余额。应纳税额计算公式:

$$应纳税额 = 当期销项税额 - 当期进项税额$$

当期销项税额小于当期进项税额不足抵扣时,其不足部分可以结转下期继续抵扣。

2. 销项税额,指纳税人发生应税行为按照销售额和增值税税率计算并收取的增值税额。销项税额计算公式:

$$销项税额 = 销售额 \times 税率$$

3. 一般计税方法的销售额不包括销项税额,纳税人采用销售额和销项税额合并定价方法的,按照下列公式计算销售额:

$$销售额 = 含税销售额 \div (1 + 税率)$$

4. 进项税额,是指纳税人购进货物、加工修理修配劳务、服务、无形资产或者不动产,支付或者负担的增值税额。

5. 下列进项税额准予从销项税额中抵扣:

(1)从销售方取得的增值税专用发票(含税控机动车销售统一发票,下同)上注明的增值税额。

(2)从海关取得的海关进口增值税专用缴款书上注明的增值税额。

(3)购进农产品,除取得增值税专用发票或者海关进口增值税专用缴款书外,按照农产品收购发票或者销售发票上注明的农产品买价和13%的扣除率计算的进项税额。计算公式为:

$$进项税额 = 买价 \times 扣除率$$

买价,指纳税人购进农产品在农产品收购发票或者销售发票上注明的价款和按照规定缴纳的烟叶税。

购进农产品,按照《农产品增值税进项税额核定扣除试点实施办法》抵扣进项税额的除外。

(4)从境外单位或者个人购进服务、无形资产或者不动产,自税务机关或者扣缴义务人取得的解缴税款的完税凭证上注明的增值税额。

6. 纳税人取得的增值税扣税凭证不符合法律、行政法规或者国家税务总局有关规定的,其进项税额不得从销项税额中抵扣。

增值税扣税凭证,是指增值税专用发票、海关进口增值税专用缴款书、农产品收购发票、农产品销售发票和完税凭证。

纳税人凭完税凭证抵扣进项税额的,应当具备书面合同、付款证明和境外单位的对账单或者发票。资料不全的,其进项税额不得从销项税额中抵扣。

7. 下列项目的进项税额不得从销项税额中抵扣:

(1)用于简易计税方法计税项目、免征增值税项目、集体福利或者个人消费的购进货物、加工修理修配劳务、服务、无形资产和不动产。其中涉及的固定资产、无形资产、不动产,仅指专用于上述项目的固定资产、无形资产(不包括其他权益性无形资产)、不动产。纳税人的交际应酬消费属于个人消费。

(2)非正常损失的购进货物,以及相关的加工修理修配劳务和交通运输服务。

(3)非正常损失的在产品、产成品所耗用的购进货物(不包括固定资产)、加工修理修配劳务和交通运输服务。

(4)非正常损失的不动产,以及该不动产所耗用的购进货物、设计服务和建筑服务。

(5)非正常损失的不动产在建工程所耗用的购进货物、设计服务和建筑服务。

纳税人新建、改建、扩建、修缮、装饰不动产,均属于不动产在建工程。

(6)购进的旅客运输服务、贷款服务、餐饮服务、居民日常服务和娱乐服务。

(7)财政部和国家税务总局规定的其他情形。

本条第(4)项、第(5)项所称货物，是指构成不动产实体的材料和设备，包括建筑装饰材料和给排水、采暖、卫生、通风、照明、通信、煤气、消防、中央空调、电梯、电气、智能化楼宇设备及配套设施。

8. 不动产、无形资产的具体范围，按照本办法所附的《销售服务、无形资产或者不动产注释》执行。

固定资产，指使用期限超过12个月的机器、机械、运输工具以及其他与生产经营有关的设备、工具、器具等有形动产。

非正常损失，是指因管理不善造成货物被盗、丢失、霉烂变质，以及因违反法律法规造成货物或者不动产被依法没收、销毁、拆除的情形。

9. 适用一般计税方法的纳税人，兼营简易计税方法计税项目、免征增值税项目而无法划分不得抵扣的进项税额，按照下列公式计算不得抵扣的进项税额：

不得抵扣的进项税额 = 当期无法划分的全部进项税额 ×(当期简易计税方法计税项目销售额 + 免征增值税项目销售额) ÷ 当期全部销售额

主管税务机关可以按照上述公式依据年度数据对不得抵扣的进项税额进行清算。

10. 已抵扣进项税额的购进货物(不含固定资产)、劳务、服务，发生本办法第二十七条规定情形(简易计税方法计税项目、免征增值税项目除外)的，应当将该进项税额从当期进项税额中扣减；无法确定该进项税额的，按照当期实际成本计算应扣减的进项税额。

11. 已抵扣进项税额的固定资产、无形资产或者不动产，发生本办法第二十七条规定情形的，按照下列公式计算不得抵扣的进项税额：

不得抵扣的进项税额 = 固定资产、无形资产或者不动产净值 × 适用税率

固定资产、无形资产或者不动产净值，是指纳税人根据财务会计制度计提折旧或摊销后的余额。

12. 纳税人适用一般计税方法计税的，因销售折让、中止或者退回而退还给购买方的增值税额，应当从当期的销项税额中扣减；因销售折让、中止或者退回而收回的增值税额，应当从当期的进项税额中扣减。

13. 有下列情形之一者，应当按照销售额和增值税税率计算应纳税额，不得抵扣进项税额，也不得使用增值税专用发票：

(1)一般纳税人会计核算不健全，或者不能够提供准确税务资料的。

(2)应当办理一般纳税人资格登记而未办理的。

第四节　简易计税方法

1. 简易计税方法的应纳税额，是指按照销售额和增值税征收率计算的增值税额，不得抵扣进项税额。应纳税额计算公式：

应纳税额 = 销售额 × 征收率

2. 销售额 = 含税销售额 ÷ (1 + 征收率)

3. 纳税人适用简易计税方法计税的,因销售折让、中止或者退回而退还给购买方的销售额,应当从当期销售额中扣减。扣减当期销售额后仍有余额造成多缴的税款,可以从以后的应纳税额中扣减。

第五节 销售额确定

1. 销售额指纳税人发生应税行为取得的全部价款和价外费用,财政部和国家税务总局另有规定的除外。

价外费用是指价外收取的各种性质的收费,但不包括以下项目:

(1) 代为收取并符合本办法第十条规定的政府性基金或者行政事业性收费。

(2) 以委托方名义开具发票代委托方收取的款项。

2. 销售额以人民币计算。

纳税人按照人民币以外的货币结算销售额的,应当折合成人民币计算,折合率可以选择销售额发生的当天或者当月 1 日的人民币汇率中间价。纳税人应当在事先确定采用何种折合率,确定后 12 个月内不得变更。

3. 纳税人兼营销售货物、劳务、服务、无形资产或者不动产,适用不同税率或者征收率的,应当分别核算适用不同税率或者征收率的销售额;未分别核算的,从高适用税率。

4. 一项销售行为如果既涉及服务又涉及货物,为混合销售。从事货物的生产、批发或者零售的单位和个体工商户的混合销售行为,按照销售货物缴纳增值税;其他单位和个体工商户的混合销售行为,按照销售服务缴纳增值税。

本条所称从事货物的生产、批发或者零售的单位和个体工商户,包括以从事货物的生产、批发或者零售为主,并兼营销售服务的单位和个体工商户在内。

5. 纳税人兼营免税、减税项目的,应当分别核算免税、减税项目的销售额;未分别核算的,不得免税、减税。

6. 纳税人发生应税行为,开具增值税专用发票后,发生开票有误或者销售折让、中止、退回等情形的,应当按照国家税务总局的规定开具红字增值税专用发票;未按照规定开具红字增值税专用发票的,不得按照本办法第三十二条和第三十六条的规定扣减销项税额或者销售额。

7. 纳税人发生应税行为,将价款和折扣额在同一张发票上分别注明的,以折扣后的价款为销售额;未在同一张发票上分别注明的,以价款为销售额,不得扣减折扣额。

8. 纳税人发生应税行为价格明显偏低或者偏高且不具有合理商业目的的,或者发生本办法第 14 条所列行为而无销售额的,主管税务机关有权按照下列顺序确定销售额:

(1) 按照纳税人最近时期销售同类服务、无形资产或者不动产的平均价格确定。

(2) 按照其他纳税人最近时期销售同类服务、无形资产或者不动产的平均价格确定。

(3) 按照组成计税价格确定。组成计税价格的公式为:

$$组成计税价格 = 成本 \times (1 + 成本利润率)$$

成本利润率由国家税务总局确定。

不具有合理商业目的，指以谋取税收利益为主要目的，通过人为安排，减少、免除、推迟缴纳增值税税款，或者增加退还增值税税款。

第六节　纳税义务、扣缴义务发生时间和纳税地点

1. 增值税纳税义务、扣缴义务发生时间

（1）纳税人发生应税行为并收讫销售款项或者取得索取销售款项凭据的当天；先开具发票的，为开具发票的当天。

收讫销售款项指纳税人销售服务、无形资产、不动产过程中或者完成后收到款项。

取得索取销售款项凭据的当天，是指书面合同确定的付款日期；未签订书面合同或者书面合同未确定付款日期的，为服务、无形资产转让完成的当天或者不动产权属变更的当天。

（2）纳税人提供建筑服务、租赁服务采取预收款方式的，其纳税义务发生时间为收到预收款的当天。

（3）纳税人从事金融商品转让的，为金融商品所有权转移的当天。

（4）纳税人发生本办法第 14 条规定情形的，其纳税义务发生时间为服务、无形资产转让完成的当天或者不动产权属变更的当天。

（5）增值税扣缴义务发生时间为纳税人增值税纳税义务发生的当天。

2. 增值税纳税地点

（1）固定业户应当向其机构所在地或者居住地主管税务机关申报纳税。总机构和分支机构不在同一县（市）的，应当分别向各自所在地的主管税务机关申报纳税；经财政部和国家税务总局或者其授权的财政和税务机关批准，可以由总机构汇总向总机构所在地的主管税务机关申报纳税。

（2）非固定业户应当向应税行为发生地主管税务机关申报纳税；未申报纳税的，由其机构所在地或者居住地主管税务机关补征税款。

（3）其他个人提供建筑服务，销售或者租赁不动产，转让自然资源使用权，应向建筑服务发生地、不动产所在地、自然资源所在地主管税务机关申报纳税。

（4）扣缴义务人应当向其机构所在地或者居住地主管税务机关申报缴纳扣缴的税款。

3. 增值税的纳税期限分别为 1 日、3 日、5 日、10 日、15 日、1 个月或者 1 个季度。纳税人的具体纳税期限，由主管税务机关根据纳税人应纳税额的大小分别核定。以 1 个季度为纳税期限的规定适用于小规模纳税人、银行、财务公司、信托投资公司、信用社，以及财政部和国家税务总局规定的其他纳税人。不能按照固定期限纳税的，可以按次纳税。

纳税人以 1 个月或者 1 个季度为 1 个纳税期的，自期满之日起 15 日内申报纳税；以 1 日、3 日、5 日、10 日或者 15 日为 1 个纳税期的，自期满之日起 5 日内预缴税款，于次月 1 日起 15 日内申报纳税并结清上月应纳税款。

扣缴义务人解缴税款的期限，按照前两款规定执行。

第七节 税收减免处理

1. 纳税人发生应税行为适用免税、减税规定的，可以放弃免税、减税，依照本办法的规定缴纳增值税。放弃免税、减税后，36个月内不得再申请免税、减税。

纳税人发生应税行为同时适用免税和零税率规定的，纳税人可以选择适用免税或者零税率。

2. 个人发生应税行为的销售额未达到增值税起征点的，免征增值税；达到起征点的，全额计算缴纳增值税。

增值税起征点不适用于登记为一般纳税人的个体工商户。

3. 增值税起征点幅度

(1)按期纳税的，为月销售额5 000～20 000元(含本数)。

(2)按次纳税的，为每次(日)销售额300～500元(含本数)。

起征点的调整由财政部和国家税务总局规定。省、自治区、直辖市财政厅(局)和国家税务局应当在规定的幅度内，根据实际情况确定本地区适用的起征点，并报财政部和国家税务总局备案。

对增值税小规模纳税人中月销售额未达到2万元的企业或非企业性单位，免征增值税。2017年12月31日前，对月销售额2万元(含本数)至3万元的增值税小规模纳税人，免征增值税。

思考题

3-2-1　哪些情形不属于在境内销售服务或者无形资产？

3-2-2　简易计税方法有哪些特点？

3-2-3　纳税人发生应税行为价格明显偏低或者偏高且不具有合理商业目的时，主管税务机关有权按照什么顺序确定销售额？

第三章　营业税改征增值税试点有关事项规定

1. 兼营

试点纳税人销售货物、加工修理修配劳务、服务、无形资产或者不动产适用不同税率或者征收率的，应当分别核算适用不同税率或者征收率的销售额，未分别核算销售额的，按照以下方法适用税率或者征收率：

(1)兼有不同税率的销售货物、加工修理修配劳务、服务、无形资产或者不动产，从高适用税率。

(2)兼有不同征收率的销售货物、加工修理修配劳务、服务、无形资产或者不动产，从高适用征收率。

(3)兼有不同税率和征收率的销售货物、加工修理修配劳务、服务、无形资产或者不动产，从高适用税率。

2. 不征收增值税项目

(1)根据国家指令无偿提供的铁路运输服务、航空运输服务，属于《试点实施办法》第14条规定的用于公益事业的服务。

(2)存款利息。

(3)被保险人获得的保险赔付。

(4)房地产主管部门或者其指定机构、公积金管理中心、开发企业以及物业管理单位代收的住宅专项维修资金。

(5)在资产重组过程中，通过合并、分立、出售、置换等方式，将全部或者部分实物资产以及与其相关联的债权、负债和劳动力一并转让给其他单位和个人，其中涉及的不动产、土地使用权转让行为。

3. 销售额

(1)贷款服务，以提供贷款服务取得的全部利息及利息性质的收入为销售额。

(2)直接收费金融服务，以提供直接收费金融服务收取的手续费、佣金、酬金、管理费、服务费、经手费、开户费、过户费、结算费、转托管费等各类费用为销售额。

(3)金融商品转让，按照卖出价扣除买入价后的余额为销售额。

(4)经纪代理服务，以取得的全部价款和价外费用，扣除向委托方收取并代为支付的政府性基金或者行政事业性收费后的余额为销售额。向委托方收取的政府性基金或者行政事业性收费，不得开具增值税专用发票。

(5)融资租赁和融资性售后回租业务。

(6)航空运输企业的销售额，不包括代收的机场建设费和代售其他航空运输企业客票而代收转付的价款。

(7)试点纳税人中的一般纳税人(以下称一般纳税人)提供客运场站服务，以其取得的全部价款和价外费用,扣除支付给承运方运费后的余额为销售额。

(8)试点纳税人提供旅游服务,可以选择以取得的全部价款和价外费用,扣除向旅游服务购买方收取并支付给其他单位或者个人的住宿费、餐饮费、交通费、签证费、门票费和支付给其他接团旅游企业的旅游费用后的余额为销售额。

选择上述办法计算销售额的试点纳税人,向旅游服务购买方收取并支付的上述费用,不得开具增值税专用发票,可以开具普通发票。

(9)试点纳税人提供建筑服务适用简易计税方法的,以取得的全部价款和价外费用扣除支付的分包款后的余额为销售额。

(10)房地产开发企业中的一般纳税人销售其开发的房地产项目(选择简易计税方法的房地产老项目除外),以取得的全部价款和价外费用,扣除受让土地时向政府部门支付的土地价款后的余额为销售额。

(11)试点纳税人按照上述(4)~(10)款的规定从全部价款和价外费用中扣除的价款,应当取得符合法律、行政法规和国家税务总局规定的有效凭证,否则不得扣除。

4. 进项税额

(1)适用一般计税方法的试点纳税人,2016 年 5 月 1 日后取得并在会计制度上按固定资产核算的不动产或者 2016 年 5 月 1 日后取得的不动产在建工程,其进项税额应自取得之日起分 2 年从销项税额中抵扣,第一年抵扣比例为 60%,第二年抵扣比例为 40%。

(2)按照《试点实施办法》规定不得抵扣且未抵扣进项税额的固定资产、无形资产、不动产,发生用途改变,用于允许抵扣进项税额的应税项目,可在用途改变的次月按照下列公式计算可以抵扣的进项税额:

可以抵扣的进项税额 = 固定资产、无形资产、不动产净值/(1 + 适用税率) × 适用税率

上述可以抵扣的进项税额应取得合法有效的增值税扣税凭证。

(3)纳税人接受贷款服务向贷款方支付的与该笔贷款直接相关的投融资顾问费、手续费、咨询费等费用,其进项税额不得从销项税额中抵扣。

5. 一般纳税人资格登记

《试点实施办法》第三条规定的年应税销售额标准为 500 万元(含本数)。财政部和国家税务总局可以对年应税销售额标准进行调整。

6. 计税方法

一般纳税人发生应税行为可以选择适用简易计税方法计税。

7. 建筑服务

(1)一般纳税人以清包工方式提供的建筑服务,可以选择适用简易计税方法计税。

(2)一般纳税人为甲供工程提供的建筑服务,可以选择适用简易计税方法计税。

(3)一般纳税人为建筑工程老项目提供的建筑服务,可以选择适用简易计税方法计税。

(4)一般纳税人跨县(市)提供建筑服务,适用一般计税方法计税的,应以取得的全部价款和价外费用为销售额计算应纳税额。纳税人应以取得的全部价款和价外费用扣除支付的分包款后的余额,按照 2% 的预征率在建筑服务发生地预缴税款后,向机构所在地主管税务机关进

行纳税申报。

(5)一般纳税人跨县(市)提供建筑服务,选择适用简易计税方法计税的,应以取得的全部价款和价外费用扣除支付的分包款后的余额为销售额,按照3%的征收率计算应纳税额。纳税人应按照上述计税方法在建筑服务发生地预缴税款后,向机构所在地主管税务机关进行纳税申报。

(6)试点纳税人中的小规模纳税人(以下称小规模纳税人)跨县(市)提供建筑服务,应以取得的全部价款和价外费用扣除支付的分包款后的余额为销售额,按照3%的征收率计算应纳税额。纳税人应按照上述计税方法在建筑服务发生地预缴税款后,向机构所在地主管税务机关进行纳税申报。

8.销售不动产

(1)一般纳税人销售其2016年4月30日前取得(不含自建)的不动产,可以选择适用简易计税方法,以取得的全部价款和价外费用减去该项不动产购置原价或者取得不动产时的作价后的余额为销售额,按照5%的征收率计算应纳税额。纳税人应按照上述计税方法在不动产所在地预缴税款后,向机构所在地主管税务机关进行纳税申报。

(2)一般纳税人销售其2016年4月30日前自建的不动产,可以选择适用简易计税方法,以取得的全部价款和价外费用为销售额,按照5%的征收率计算应纳税额。纳税人应按照上述计税方法在不动产所在地预缴税款后,向机构所在地主管税务机关进行纳税申报。

(3)一般纳税人销售其2016年5月1日后取得(不含自建)的不动产,应适用一般计税方法,以取得的全部价款和价外费用为销售额计算应纳税额。纳税人应以取得的全部价款和价外费用减去该项不动产购置原价或者取得不动产时的作价后的余额,按照5%的预征率在不动产所在地预缴税款后,向机构所在地主管税务机关进行纳税申报。

(4)一般纳税人销售其2016年5月1日后自建的不动产,应适用一般计税方法,以取得的全部价款和价外费用为销售额计算应纳税额。纳税人应以取得的全部价款和价外费用,按照5%的预征率在不动产所在地预缴税款后,向机构所在地主管税务机关进行纳税申报。

(5)小规模纳税人销售其取得(不含自建)的不动产(不含个体工商户销售购买的住房和其他个人销售不动产),应以取得的全部价款和价外费用减去该项不动产购置原价或者取得不动产时的作价后的余额为销售额,按照5%的征收率计算应纳税额。纳税人应按照上述计税方法在不动产所在地预缴税款后,向机构所在地主管税务机关进行纳税申报。

(6)小规模纳税人销售其自建的不动产,应以取得的全部价款和价外费用为销售额,按照5%的征收率计算应纳税额。纳税人应按照上述计税方法在不动产所在地预缴税款后,向机构所在地主管税务机关进行纳税申报。

(7)房地产开发企业中的一般纳税人,销售自行开发的房地产老项目,可以选择适用简易计税方法按照5%的征收率计税。

(8)房地产开发企业中的小规模纳税人,销售自行开发的房地产项目,按照5%的征收率计税。

(9)房地产开发企业采取预收款方式销售所开发的房地产项目,在收到预收款时按照3%的预征率预缴增值税。

(10)个体工商户销售购买的住房,应按照《营业税改征增值税试点过渡政策的规定》第5条的规定征免增值税。纳税人应按照上述计税方法在不动产所在地预缴税款后,向机构所在地主管税务机关进行纳税申报。

(11)其他个人销售其取得(不含自建)的不动产(不含其购买的住房),应以取得的全部价款和价外费用减去该项不动产购置原价或者取得不动产时的作价后的余额为销售额,按照5%的征收率计算应纳税额。

9. 不动产经营租赁服务

(1)一般纳税人出租其2016年4月30日前取得的不动产,可以选择适用简易计税方法,按照5%的征收率计算应纳税额。纳税人出租其2016年4月30日前取得的与机构所在地不在同一县(市)的不动产,应按照上述计税方法在不动产所在地预缴税款后,向机构所在地主管税务机关进行纳税申报。

(2)公路经营企业中的一般纳税人收取试点前开工的高速公路的车辆通行费,可以选择适用简易计税方法,减按3%的征收率计算应纳税额。

试点前开工的高速公路,是指相关施工许可证明上注明的合同开工日期在2016年4月30日前的高速公路。

(3)一般纳税人出租其2016年5月1日后取得的、与机构所在地不在同一县(市)的不动产,应按照3%的预征率在不动产所在地预缴税款后,向机构所在地主管税务机关进行纳税申报。

(4)小规模纳税人出租其取得的不动产(不含个人出租住房),应按照5%的征收率计算应纳税额。纳税人出租与机构所在地不在同一县(市)的不动产,应按照上述计税方法在不动产所在地预缴税款后,向机构所在地主管税务机关进行纳税申报。

(5)其他个人出租其取得的不动产(不含住房),应按照5%的征收率计算应纳税额。

(6)个人出租住房,应按照5%的征收率减按1.5%计算应纳税额。

10. 一般纳税人销售其2016年4月30日前取得的不动产(不含自建),适用一般计税方法计税的,以取得的全部价款和价外费用为销售额计算应纳税额。上述纳税人应以取得的全部价款和价外费用减去该项不动产购置原价或者取得不动产时的作价后的余额,按照5%的预征率在不动产所在地预缴税款后,向机构所在地主管税务机关进行纳税申报。

11. 一般纳税人跨省(自治区、直辖市或者计划单列市)提供建筑服务或者销售、出租取得的与机构所在地不在同一省(自治区、直辖市或者计划单列市)的不动产,在机构所在地申报纳税时,计算的应纳税额小于已预缴税额,且差额较大的,由国家税务总局通知建筑服务发生地或者不动产所在地省级税务机关,在一定时期内暂停预缴增值税。

12. 纳税地点

属于固定业户的试点纳税人,总分支机构不在同一县(市),但在同一省(自治区、直辖市、计划单列市)范围内的,经省(自治区、直辖市、计划单列市)财政厅(局)和国家税务局批准,可以由总机构汇总向总机构所在地的主管税务机关申报缴纳增值税。

13. 试点前发生的业务

(1)试点纳税人发生应税行为,按照国家有关营业税政策规定差额征收营业税的,因取得的全部价款和价外费用不足以抵减允许扣除项目金额，截至纳入营改增试点之日前尚未扣除的部分，不得在计算试点纳税人增值税应税销售额时抵减，应当向原主管地税机关申请退还营业税。

（2）试点纳税人发生应税行为，在纳入营改增试点之日前已缴纳营业税，营改增试点后因发生退款减除营业额的，应当向原主管地税机关申请退还已缴纳的营业税。

（3）试点纳税人纳入营改增试点之日前发生的应税行为，因税收检查等原因需要补缴税款的，应按照营业税政策规定补缴营业税。

14. 销售使用过的固定资产

一般纳税人销售自己使用过的、纳入营改增试点之日前取得的固定资产，按照现行旧货相关增值税政策执行。

使用过的固定资产，是指纳税人符合《试点实施办法》第二十八条规定并根据财务会计制度已经计提折旧的固定资产。

15. 扣缴增值税适用税率

境内的购买方为境外单位和个人扣缴增值税的，按照适用税率扣缴增值税。

16. 其他规定

（1）试点纳税人销售电信服务时，附带赠送用户识别卡、电信终端等货物或者电信服务的，应将其取得的全部价款和价外费用进行分别核算，按各自适用的税率计算缴纳增值税。

（2）油气田企业发生应税行为，适用《试点实施办法》规定的增值税税率。

思考题

3-3-1　不征收增值税项目有哪些？

3-3-2　哪些建筑服务可以选择适用简易计税方法计税？

第四章　湖南省营业税改征增值税执行标准

第一节　增值税条件下计费程序和计费标准规定

根据《财政部 国家税务总局关于全面推开营业税改征增值税试点的通知》(财税〔2016〕36号)规定,现对《湖南省住房和城乡建设厅关于印发〈湖南省建设工程计价办法〉及〈湖南省建设工程消耗量标准〉的通知》(湘建价〔2014〕113号)中的“附录M 建设工程项目组成及费用标准”和“工程计价表格”进行修订,对建设工程计费程序、计费标准、计价表格进行相关调整,内容详见附表《增值税条件下建设工程费用标准、工程计价表格》。

《增值税条件下建设工程费用标准、工程计价表格》与湘建价〔2014〕113号文配合使用,具体按以下规定执行。

1.采用“一般计税方法”时,建设工程计费程序和计费标准应执行下列规定

1)编制概算文件时,单位工程计费程序与费用标准的规定

(1)人工费和机械费为计价基础时,单位工程概算费用计算程序及费率按“附M新表5”执行;

(2)人工费为计价基础时,单位工程概算费用计算程序及费率按“附M新表6”执行。

2)编制施工图预算文件(包括招标控制价)时,单位工程计费程序与费用标准的规定

(1)费用标准按“附M新表1”、“附M新表2”、“附M新表3”、“附M新表4-1”、“附M新表4-2”中有关“一般计税法”的规定执行;

(2)单位工程的计价表格及计费程序按“附E新表3-1-1”、“附E新表3-1-2”、“附F新表1-1”、“附F新表2-1-1”、“附F新表2-2-1”、“附F新表2-3-1-1”、“附F新表2-3-1-2”、“附L新表4-1”执行。

2.采用“简易计税方法”时,建设工程计费程序和计费标准应执行下列规定

(1)施工图预算(包括招标控制价)费用标准按“附M新表1”、“附M新表2”、“附M新表3”、“附M新表4-1”、“附M新表4-2”中有关“简易计税法”的规定执行。

(2)施工图预算(包括招标控制价)计价表格及计费程序按“附E新表3-2-1”、“附E新表3-2-2”、“附F新表1-2”、“附F新表2-1-2”、“附F新表2-2-2”、“附F新表2-3-2-1”、“附F新表2-3-2-2”、“附L新表4-2”执行。

3.其他规定

(1)编制概算文件时,工程其他费用,可按财税〔2016〕36号文附件1《营业税改征增值税试点实施办法》中第十五条规定“增值税税率6%”和第二十三条规定“销售额=含税销售额÷(1+税率)”来计算建安造价和销项税额。

(2)建筑维修工程(不包括日常修缮)的局部拆除、用途改造(包括墙上开门窗洞口,楼板开洞口等)的工程量,执行维修相关定额,按简易计税方法计价;其他工程量直接费用计算,执行建设工程消耗量标准,其人工和机械乘以1.15系数;并按合同约定计税方法计价。

(3)清包工方式和甲供工程提供的建筑服务,可以选择适用简易计税方法计税。

(4)"建筑工程老项目"提供的建筑服务,可以选择适用简易计税方法计税。

(5)执行简易计税法的项目在编制计价的相关指数指标等时,可根据建安造价 = 含税造价 ÷ (1 + 税率)公式折算建安造价和销项税额。

第二节　增值税条件下建设工程费用标准、工程计价表格

一、附M新表5(表3-4-1)

单位工程概算费用计算程序及费率表(一般计税法,人工费和机械费为计价基础)　表3-4-1

序号	费用名称	计算基础及计算程序	费率(%)			
			建筑	市政道路、桥涵、隧道、构筑物	机械土石方	仿古建筑
1	直接费	1.1~1.8项				
1.1	人工费	直接工程费和施工措施费中的人工费				
1.2	材料费	直接工程费和施工措施费中的材料费				
1.3	机械费	直接工程费和施工措施费中的机械费				
1.4	主材费	除1.2项以外的主材费				
1.5	大型施工机械进出场及安拆费	(1.1~1.4项)×费率	0.5	0.5	1.5	0.5
1.6	工程排水费	(1.1~1.4项)×费率	0.2	0.2	0.2	0.2
1.7	冬雨季施工增加费	(1.1~1.4项)×费率	0.16	0.16	0.16	0.16
1.8	零星工程费	(1.1~1.4项)×费率	5	4	3	4
2	企业管理费	按规定计算的(人工费+机械费)×费率	23.33	18.27	6.19	24.36
3	利润	按规定计算的(人工费+机械费)×费率	25.42	23.54	7.97	26.54
4	安全文明施工增加费	按规定计算的(人工费+机械费)×费率	24.77	19.76	6.87	24.90
5	其他					
6	规费	(1~5项)×费率	4.1	4.1	4.1	4.1
		1.1项人工费总额×费率	9.5	9.5	9.5	9.5
7	建安造价	1~6项合计				
8	销项税额	7项×税率	11	11	11	11

续上表

序号	费用名称	计算基础及计算程序		费率(%)			
				建筑	市政道路、桥涵、隧道、构筑物	机械土石方	仿古建筑
9	附加税费	(7+8项)×费率	市区	0.36	0.36	0.36	0.36
			县镇	0.3	0.3	0.3	0.3
			其他	0.18	0.18	0.18	0.18
10	单位工程概算总价	7~9项合计					
注:采用一般计税法时,材料、机械台班单价均执行除税单价							

二、附M新表6(表3-4-2)

单位工程概算费用计算程序及费率表(一般计税法,人工费为计价基础)　　表3-4-2

序号	费用名称	计算基础及计算程序		费率(%)			
				单独装饰工程	安装	市政给排水、燃气	园林景观、绿化
1	直接费	1.1~1.8项					
1.1	人工费	直接工程费和施工措施费中的人工费					
1.2	材料费	直接工程费和施工措施费中的材料费					
1.3	机械费	直接工程费和施工措施费中的机械费					
1.4	主材费	除1.2项以外的主材费					
1.5	大型施工机械进出场及安拆费	(1.1~1.4项)×费率		0.5	0.5	0.5	0.5
1.6	工程排水费	(1.1~1.4项)×费率		0.2	0.2	0.2	0.2
1.7	冬雨季施工增加费	(1.1~1.4项)×费率		0.16	0.16	0.16	0.16
1.8	零星工程费	(1.1~1.4项)×费率		5	4	3	4
2	企业管理费	按规定计算的人工费×费率		33.18	28.98	23.32	25.02
3	利润	按规定计算的人工费×费率		36.16	31.59	30.01	32.25
4	安全文明施工增加费	按规定计算的人工费×费率		29.62	27.33	23.22	26.04
5	其他						
6	规费	(1~5项)×费率		4.1	4.1	4.1	4.1
		1.1项人工费总额×费率		9.5	9.5	9.5	9.5
7	建安造价	1~6项合计					
8	销项税额	7项×税率		11	11	11	11
9	附加税费	8项×费率	市区	0.36	0.36	0.36	0.36
			县镇	0.3	0.3	0.3	0.3
			其他	0.18	0.18	0.18	0.18
10	单位工程概算总价	7~9项合计					
注:采用一般计税法时,材料、机械台班单价均执行除税单价							

三、附 M 新表 1(表 3-4-3)

施工企业管理费及利润表

表 3-4-3

序号	项目名称		计费基础	一般计税法费率标准(%)		简易计税法费率标准(%)	
				企业管理费	利润	企业管理费	利润
1	建筑工程		人工费+机械费	23.33	25.42	23.34	25.12
2	装饰装修工程		人工费	26.48	28.88	26.81	28.88
3	安装工程		人工费	28.98	31.59	29.34	31.59
4	园林景观绿化		人工费	19.90	21.70	20.15	21.70
5	仿古建筑		人工费+机械费	24.36	26.54	24.51	26.39
6	市政	给排水、燃气工程	人工费	27.82	30.33	25.81	27.80
7		道路、桥涵、隧道工程	人工费+机械费	21.59	23.54	21.82	23.50
8	机械土石方		人工费+机械费	7.31	7.97	6.83	7.35
9	机械打桩、地基处理(不包括强夯地基)、基坑支护		人工费+机械费	13.43	14.64	12.67	13.64
10	劳务分包企业		人工费	—	—	7	7.36

注:①计费基础中的人工费和机械费中的人工费均按 60 元/工日计算;
② 当采用"简易计税法"时,机械费直接按湘建价〔2014〕113 号文相关规定计算;
③ 当采用"一般计税法"时,机械费按湘建价〔2014〕113 号文相关规定计算,并区别不同单位工程乘以系数:机械土石方、强夯、钢板桩和预制管桩的沉桩、结构吊装等大型机械施工的工程乘以 0.92;其他工程乘以 0.95

四、附 M 新表 2(表 3-4-4)

安全文明施工费表

表 3-4-4

序号	项目名称		计费基础	费率标准(%)	
				一般计税法	简易计税法
1	建筑工程		人工费+机械费	13.18	12.99
2	装饰装修工程		人工费	14.27	14.27
3	安装工程		人工费	13.76	13.76
4	园林景观绿化		人工费	10.63	10.63
5	仿古建筑		人工费+机械费	12.67	12.67
6	市政	给排水、燃气工程	人工费	10.63	10.63
7		道路、桥涵、隧道工程	人工费+机械费	10.83	10.81

续上表

序号	项目名称	计费基础	费率标准(%)	
			一般计税法	简易计税法
8	机械土石方	人工费+机械费	5.92	5.46
9	机械打桩、地基处理（不包括强夯地基）、基坑支护	人工费+机械费	7.02	6.54

五、附 M 新表 3(表 3-4-5)

规　　费

表 3-4-5

序号	项目名称	一般计税法		简易计税法	
		计费基础	费率(%)	计费基础	费率(%)
1	工程排污费	建安造价(扣除规费)	0.4	税前造价(扣除规费)	0.4
2	职工教育经费	人工费总额	1.5	人工费总额	1.5
3	工会经费		2		2
4	住房公积金		6		6
5	劳保基金	建安造价(扣除规费)	3.5	税前造价(扣除规费)	0.2
6	安全生产责任险		0.2		3.5

六、附 M 新表 4-1(表 3-4-6)

纳 税 标 准

表 3-4-6

项目名称	计费基础	费率(%)
销项税额(一般计税法)	建安造价	11
应纳税额(简易计税法)	税前造价	3

七、附 M 新表 4-2(表 3-4-7)

附加征收税费表

表 3-4-7

项目名称	一般计税法		建议及税法	
	计费基础	费率(%)	计费基础	费率(%)
纳税地点在市区的企业	建安造价+销项税额	0.36	应纳税额	12
纳税地点在县城镇的企业		0.3		10
纳税地点不在市区县城镇的企业		0.18		6
注:附加征收税费包括城市维护建设税、教育费附加和地方教育附加;一般计税法计算举例,纳税点在市区的企业:(建安造价+销项税额)×3%×(7%+3%+2%)=(建安造价+销项税额)×0.36%				

八、附 E 新表 3-1-1(表 3-4-8)

单位工程费用计算表(一般计税法)　　　　表 3-4-8

工程名称:		标段:	用途:		第　页　共　页
序号	工程内容	计费基础说明	费率(%)	金额(元)	备注
1	直接费用	1.1 +1.2 +1.3			
1.1	人工费				
1.2	材料费				
1.3	机械费				
2	各项费用和利润	2.2 +2.3 +2.4 +2.5 +2.6 +2.7			
2.1	取费基础				
2.1.1	人工费				
2.1.2	机械费				
2.2	管理费				
2.3	利润				
2.4	安全文明费				
2.5	冬雨季施工费				
2.6	规费	2.6.1 +2.6.2 +2.6.3 +2.6.4 +2.6.5			
2.6.1	工程排污费				
2.6.2	职工教育经费和工会经费				
2.6.3	住房公积金				
2.6.4	安全生产责任险				
2.6.5	劳保基金				
2.7	其他项目费				
3	建安造价	1 +2			
4	销项税额	3 × 税率			
5	附加税费	(3 +4) × 费率			
6	暂列金额				
工程造价		3 +4 +5 +6			

注:①采用一般计税法时,材料、机械台班单价均执行除税单价;
②直接费用 = Σ 工日数量 × 工日单价(市场价) + Σ 材料用量 × 材料预算价格 + Σ 机械台班用量 × 机械台班单价(市场价);
③建安造价(销售额) = 直接费用 + 各项费用和利润

九、附 E 新表 3-1-2(表 3-4-9)

单位工程费用计算表(安装专用,一般计税法)　　表 3-4-9

工程名称:		标段: 用途:			第 页 共 页
序号	工程内容	计费基础说明	费率(%)	金额(元)	备注
1	直接费用	1.1+1.2+1.3			
1.1	人工费				
1.2	材料费				
1.2.1	其中:工程设备费				
1.3	机械费				
2	各项费用和利润	2.2+2.3+2.4+2.5+2.6+2.7			
2.1	取费人工费				
2.2	管理费				
2.3	利润				
2.4	通用措施项目费				
2.4.1	其中:安全文明施工费				
2.5	专业措施项目费				
2.5.1	其中:脚手架搭拆费				
2.6	规费	2.6.1+2.6.2+2.6.3+2.6.4+2.6.5			
2.6.1	工程排污费				
2.6.2	职工教育经费和工会经费				
2.6.3	住房公积金				
2.6.4	安全生产责任险				
2.6.5	劳保基金				
2.7	其他项目费				
3	建安造价	1+2			
4	销项税额	3×税率			
5	附加税费	(3+4)×费率			
6	暂列金额				
工程造价		3+4+5+6			

注:①采用一般计税法时,材料、机械台班单价均执行除税单价;
②直接费用=Σ工日数量×工日单价(市场价)+Σ材料用量×材料预算价格+Σ机械台班用量×机械台班单价(市场价);
③建安造价(销售额)=直接费用+各项费用和利润

十、附 F 新表 1-1（表 3-4-10）

单位工程工程量与造价表（一般计税法）

表 3-4-10

工程名称：　　　　标段：　　　　用途：　　　　第　页　共　页

序号	项目编码	项目名称	项目特征描述	计量单位	工程量	金额（元）				
						综合单价	合计	其中		
								建安造价	销售税额	附加税费
本页合计										

十一、附 L 新表 4-1（表 3-4-11）

单位工程人材机用量与单价表（一般计税法）

表 3-4-11

工程名称：　　　　标段：　　　　用途：　　　　第　页　共　页

序号	编码	名称（材料、机械规格型号）	单位	数量	基期价（元）	市场价（元）	合价（元）	备注
		本 页 小 计						

注：合价 = 市场价（除税）× 数量

十二、附 F 新表 2-1-1(表 3-4-12)

清单项目直接费用预算表(一般计税法)

表 3-4-12

工程名称:				标段:			用途:		第　页　共　页	
清单编码		名称			计量单位		数量		直接费用指标	
消耗量标准编号	项目名称	单位	数量	基期价		市场价				
				单价	小计	单价	小计	其中		
								人工费	材料费	机械费
合计(元)										

注:①清单直接费用指标 = 合计金额/数量;
②安装工程材料费中已包含主材费和设备费用

十三、附 F 新表 2-2-1（表 3-4-13）

表 3-4-13

清单项目人材机用量与单价表（一般计税法）

工程名称：			标段：		用途：			
工清单编号：			单位：		数量		第 页 共 页	
序号	编码	名称（材料、机械规格型号）	单位	数量	基期价（元）	市场价（元）	合价（元）	备注
		本 页 小 计						
注：合价 = 市场价（除税）× 数量								

十四、附 F 新表 2-3-1-1（表 3-4-14）

清单项目费用计算表（一般计税法）　　　　表 3-4-14

工程名称：　　　　标段：　　　　用途：

清单编号：　　　　单位：　　　　数量　　　　第　页　共　页

序号	工程内容	计费基础说明	费率(%)	金额(元)		备注
				合计	单价	
1	直接费用	1.1＋1.2＋1.3				
1.1	人工费					
1.2	材料费					
1.3	机械费					
2	各项费用和利润	2.2＋2.3＋2.4＋2.5＋2.6				
2.1	取费基础					
2.1.1	人工费					
2.1.2	机械费					
2.2	管理费					
2.3	利润					
2.4	安全文明费					
2.5	冬雨季施工费					
2.6	规费	2.6.1＋2.6.2＋2.6.3＋2.6.4＋2.6.5				
2.6.1	工程排污费					
2.6.2	职工教育经费和工会经费					
2.6.3	住房公积金					
2.6.4	安全生产责任险					
2.6.5	劳保基金					
3	建安造价	1＋2				
4	销项税额	3×税率				
5	附加税费	(3＋4)×费率				
工程造价		3＋4＋5				

注：①1 采用一般计税法时，材料、机械台班单价均执行除税单价；

②直接费用＝Σ工日数量×工日单价（市场价）＋Σ材料用量×材料预算价格＋Σ机械台班用量×机械台班单价（市场价）；

③建安造价（销售额）＝直接费用＋各项费用和利润；

④单价＝合计/数量

十五、附 F 新表 2-3-1-2(表 3-4-15)

表 3-4-15

清单项目费用计算表(安装专用,一般计税法)

工程名称:		标段:		用途:			
清单编号:		单位:		数量	第 页 共 页		
序号	工 程 内 容	计费基础说明	费率(%)	金额(元)		备注
				合计	单价	
1	直接费用	1.1 +1.2 +1.3				
1.1	人工费					
1.2	材料费					
1.2.1	其中:工程设备费					
1.3	机械费					
2	各项费用和利润	2.2 +2.3 +2.4 +2.5 +2.6				
2.1	取费人工费					
2.2	管理费					
2.3	利润					
2.4	通用措施项目费					
2.4.1	其中:安全文明施工费					
2.5	专业措施项目费					
2.5.1	其中:脚手架搭拆费					
2.6	规费	2.6.1 +2.6.2 +2.6.3 +2.6.4 +2.6.5				
2.6.1	工程排污费					
2.6.2	职工教育经费和工会经费					
2.6.3	住房公积金					
2.6.4	安全生产责任险					
2.6.5	劳保基金					
3	建安造价	1 +2				
4	销项税额	3 × 税率				
5	附加税费	(3 +4) × 费率				
工程造价		3 +4 +5				

注:①采用一般计税法时,材料、机械台班单价均执行除税单价;
②直接费用 = Σ 工日数量 × 工日单价(市场价) + Σ 材料用量 × 材料预算价格 + Σ 机械台班用量 × 机械台班单价(市场价);
③建安造价(销售额) = 直接费用 + 各项费用和利润;
④单价 = 合计/数量

十六、附 E 新表 3-2-1(表 3-4-16)

单位工程费用计算表(简易计税法)

表 3-4-16

工程名称: 标段: 用途: 第 页 共 页

序号	工 程 内 容	计费基础说明	费率(%)	金额(元)	备注
1	直接费用	1.1 +1.2 +1.3			
1.1	人工费				
1.2	材料费				
1.3	机械费				
2	各项费用和利润	2.2 +2.3 +2.4 +2.5 +2.6 +2.7			
2.1	取费基础				
2.1.1	人工费				
2.1.2	机械费				
2.2	管理费				
2.3	利润				
2.4	安全文明费				
2.5	冬雨季施工费				
2.6	规费	2.6.1 +2.6.2 +2.6.3 +2.6.4 +2.6.5			
2.6.1	工程排污费				
2.6.2	职工教育经费和工会经费				
2.6.3	住房公积金				
2.6.4	安全生产责任险				
2.6.5	劳保基金				
2.7	其他项目费				
3	税前造价	1 +2			
4	应纳税额	3 × 税率			
5	附加税费	4 × 费率			
6	暂列金额				
工程造价		3 +4 +5 +6			

注:①采用简易计税法时,材料、机械台班单价均执行含税单价;

②直接费用 = Σ 工日数量 × 工日单价(市场价) + Σ 材料用量 × 材料预算价格 + Σ 机械台班用量 × 机械台班单价(市场价)

十七、附 E 新表 3-2-2(表 3-4-17)

单位工程费用计算表(安装专用,简易计税法)　　表 3-4-17

工程名称:	标段:	用途:			第　页　共　页
序号	工 程 内 容	计费基础说明	费率(%)	金额(元)	备注
1	直接费用	1.1 +1.2 +1.3			
1.1	人工费				
1.2	材料费				
1.2.1	其中:工程设备费				
1.3	机械费				
2	各项费用和利润	2.2 +2.3 +2.4 +2.5 +2.6 +2.7			
2.1	取费人工费				
2.2	管理费				
2.3	利润				
2.4	通用措施项目费				
2.4.1	其中:安全文明施工费				
2.5	专业措施项目费				
2.5.1	其中:脚手架搭拆费				
2.6	规费	2.6.1 +2.6.2 +2.6.3 +2.6.4 +2.6.5			
2.6.1	工程排污费				
2.6.2	职工教育经费和工会经费				
2.6.3	住房公积金				
2.6.4	安全生产责任险				
2.6.5	劳保基金				
2.7	其他项目费				
3	税前造价	1 +2			
4	应纳税额	3 × 税率			
5	附加税费	4 × 费率			
6	暂列金额				
工程造价		3 +4 +5 +6			

注:① 采用简易计税法时,材料、机械台班单价均执行含税单价;

②直接费用 = Σ 工日数量 × 工日单价(市场价) + Σ 材料用量 × 材料预算价格 + Σ 机械台班用量 × 机械台班单价(市场价)

十八、附 F 新表 1-2（表 3-4-18）

单位工程工程量与造价表，（简易计税法）

表 3-4-18

工程名称：　　　　标段：　　　　用途：　　　　第　页　共　页

序号	项目编码	项目名称	项目特征描述	计量单位	工程量	金额（元）				
						综合单价	合价	其中		
								税前造价	应纳税额	附加税费
本页合计										
合　计										

十九、附 L 新表 4-2（表 3-4-19）

单位工程人材机用量与单价表（简易计税法）　　表 3-4-19

工程名称：　　标段：　　用途：　　第　页　共　页

序号	编码	名称（材料、机械规格型号）	单位	数量	基期价（元）	市场价（元）	合价（元）	备注
	本　页　小　计							

注：合价 = 市场价（含税）× 数量

二十、附 F 新表 2-1-2（表 3-4-20）

清单项目直接费用预算表（简易计税法）

表 3-4-20

工程名称：　　　　标段：　　　　用途：　　　　第　页　共　页

清单编码		名称			计量单位		数量		直接费用指标	
消耗量标准编号	项　目　名　称	单位	数量	基期价		市场价				
				单价	小计	单价	小计	其中		
								人工费	材料费	机械费
合计（元）										

注：①清单直接费用指标 = 合计金额/数量；
②安装工程材料费中已包括主材费和设备费用

二十一、付 F 新表 2-2-2(表 3-4-21)

清单项目人材用量与单位表(简易计税法)　　表 3-4-21

工程名称：　　标段：　　用途：

工清单编号：　　单位：　　数量　　第　页　共　页

序号	编码	名称(材料、机械规格型号)	单位	数量	基期价(元)	市场价(元)	合价(元)	备注
		本页小计						

注：合价 = 市场价(含税) × 数量

二十二、附 F 新表 2-3-2-1（表 3-4-22）

清单项目费用计算表（简易计税法）　　表 3-4-22

工程名称：　　标段：　　用途：

清单编号：　　单位：　　数量　　第　页　共　页

序号	工程内容	计费基础说明	费率(%)	金额(元)		备注
1	直接费用	1.1+1.2+1.3		合计	单价	
1.1	人工费					
1.2	材料费					
1.3	机械费					
2	各项费用和利润	2.2+2.3+2.4+2.5+2.6				
2.1	取费基础					
2.1.1	人工费					
2.1.2	机械费					
2.2	管理费					
2.3	利润					
2.4	安全文明费					
2.5	冬雨季施工费					
2.6	规费	2.6.1+2.6.2+2.6.3+2.6.4+2.6.5				
2.6.1	工程排污费					
2.6.2	职工教育经费和工会经费					
2.6.3	住房公积金					
2.6.4	安全生产责任险					
2.6.5	劳保基金					
3	税前造价	1+2				
4	应纳税额	3×税率				
5	附加税费	4×费率				
工程造价		3+4+5				

注：①采用简易计税法时，材料、机械台班单价均执行含税单价；

②直接费用 = Σ工日数量×工日单价（市场价）+Σ材料用量×材料预算价格+Σ机械台班用量×机械台班单价（市场价）；

③单价 = 合计/数量

二十三、附 F 新表 2-3-2-2(表 3-4-23)

清单项目费用计算表(安装专用,简易计税法)　　表 3-4-23

工程名称:		标段:		用途:		
清单编号:		单位:		数量		第 页 共 页
序号	工 程 内 容	计费基础说明	费率(%)	金额(元)		备注
				合计	单价	
1	直接费用	1.1 +1.2 +1.3				
1.1	人工费					
1.2	材料费					
1.2.1	其中:工程设备费					
1.3	机械费					
2	各项费用和利润	2.2 +2.3 +2.4 +2.5 +2.6				
2.1	取费人工费					
2.2	管理费					
2.3	利润					
2.4	通用措施项目费					
2.4.1	其中:安全文明施工费					
2.5	专业措施项目费					
2.5.1	其中:脚手架搭拆费					
2.6	规费	2.6.1 +2.6.2 +2.6.3 +2.6.4 +2.6.5				
2.6.1	工程排污费					
2.6.2	职工教育经费和工会经费					
2.6.3	住房公积金					
2.6.4	安全生产责任险					
2.6.5	劳保基金					
3	税前造价	1 +2				
4	应纳税额	3 ×税率				
5	附加税费	4 ×费率				
工程造价		3 +4 +5				

注:①采用简易计税法时,材料、机械台班单价均执行含税单价;
②直接费用 = Σ 工日数量 × 工日单价(市场价) + Σ 材料用量 × 材料预算价格 + Σ 机械台班用量 × 机械台班单价(市场价);
③单价 = 合计/数量

第三节　增值税条件下材料价格发布和使用规定

为满足增值税条件下工程计价要求,根据《财政部 国家税务总局关于全面推开营业税改征增值税试点的通知》(财税〔2016〕36 号)、《财政部 国家税务总局关于简并增值税征收率政策的通知》(财税〔2014〕57 号)、《财政部 国家税务总局关于部分货物适用增值税低税率和简易办法征收增值税政策的通知》(财税〔2009〕9 号)的规定,结合我省实际,制定湖南省增值税条件下材料价格发布与使用规定如下。

1. 增值税条件下材料价格的发布规定

材料价格发布按照《湖南省建筑工程材料预算价格编制与管理办法》(湘建价〔2014〕170 号)规定采取含税价格。

2. 增值税条件下材料价格的使用规定

(1)一般计税办法的材料价格使用规定

根据增值税条件下工程计价要求,税前工程造价中材料应采取不含税价格,材料原价、运杂费等所含税金采取综合税率除税,公式如下:

材料除税预算价格(或市场价格)=材料含税预算价格(或市场价格)/(1+综合税率)

除税用综合税率标准规定如下:

①适用增值税税率3%的自产自销材料综合税率(表3-4-24)

适用增值税税率3%的自产自销材料综合税率　　表3-4-24

序　号	材料分类名称	综合税率(%)
1	砂	3.8
2	石子	
3	水泥为原料的普通及轻骨料商品混凝土	

②适用增值税税率17%的材料综合税率(表3-4-25)

适用增值税税率17%的材料的综合税率　　表3-4-25

序　号	材料分类名称	综合税率(%)
1	水泥、砖、瓦、灰及混凝土制品	16.93
2	沥青混凝土、特种混凝土等其他混凝土	
3	砂浆及其他配合比材料	
4	黑色及有色金属	

③其他未列明分类的材料增值税综合税率按其他综合税率6%除税。

(2)简易计税办法的材料价格使用规定

简易计税办法条件下材料价格按照《湖南省建筑工程材料预算价格编制与管理办法》(湘建价〔2014〕170 号)发布的材料含税价格使用,不进行除税。

思考题

3-4-1 哪些情形不属于在境内销售服务或者无形资产?

3-4-2 简易计税方法有哪些特点?

3-4-3 纳税人发生应税行为价格明显偏低或者偏高且不具有合理商业目的时,主管税务机关有权按照什么顺序确定销售额?

第五章 工 程 实 例

【例 3-5-1】 某试点地区一般纳税人 2012 年 9 月取得交通运输收入 111 万元(含税),当月外购汽油 10 万元,购入运输车辆 20 万元(不含税金额,取得增值税专用发票),发生的联运支出 50 万元(不含税金额,试点地区纳税人提供,取得专用发票)。求该纳税人 2012 年 9 月应纳税额。

【解】 该纳税人 2012 年 9 月应纳税额 $=111\div(1+11\%)\times11\%-10\times17\%-20\times17\%-50\times11\%=11-1.7-3.4-5.5=0.4$(万元)。

【例 3-5-2】 兼有货物劳务及应税服务的试点纳税人 2012 年 8 月货物不含税销售额 1 000 万元,检验检测不含税收入 200 万元,均开具增值税专用发票。当月外购货物取得增值税专用发票注明增值税 150 万元。求应纳增值税。

【解】 应纳增值税 $=1\,000\times17\%+200\times6\%-150=32$(万元)

应税服务销项税额比例 $=12/(170+12)=6.59\%$

应税服务应纳增值税 $=32\times6.59\%=2.11$(万元)

货物销售应纳增值税 $=32-2.11=29.89$(万元)

【例 3-5-3】 某试点小规模纳税人仅经营某项应税服务,2012 年 8 月发生一笔销售额为 1 000元的业务并就此缴纳税额,8 月该应税服务销售额为 5 000 元,9 月该业务由于合理原因发生退款(销售额为不含税销售额)。求 9 月应交纳的增值税。

【解】 在 9 月销售额中扣除退款的 1 000 元,9 月最终计税销售额为 $5\,000-1\,000=4\,000$ 元,9 月交纳增值税为 $4\,000\times3\%=120$(元)。

【例 3-5-4】 某交通运输企业一年的运费收入为 500 万元,当年用于购买货车、修理零部件、加油的费用为 200 万元。原来缴的是营业税,其适用税率为 3%。求营业税应纳税额。如果改为增值税,税负较原先减少多少?

【解】 如果对其征收营业税,则:

营业税应纳税额 $=500$ 万元 $\times3\%=15$(万元)

如果改为增值税,按照试点方案,其销项税率为 11%,则:

销项税额 $=500$ 万元 $\div(1+11\%)\times11\%=49.55$(万元)

进项税额 $=200$ 万元 $\div(1+17\%)\times17\%=39.78$(万元)

应纳税额 = 销项税额 − 进项税额 $=49.55$ 万元 -39.78 万元 $=9.77$(万元)

由此可见税负较原先减少 5.23(万元)。

习题

3-5-1 境外公司为试点地区某纳税人提供系统支持项目的咨询服务,合同价款 106 万元,且该境外公司没有在境内设立经营机构,也没有代理人,求接收方应当扣缴的税额。

参 考 文 献

[1] 隆威,黄树华,任慧莉. 岩土工程预决算与招投标[H]. 长沙:中南工业大学出版社,2003.

[2] 徐蓉,徐伟. 建筑工程造价[M]. 北京:中国建筑工业出版社,2014.

[3] 全国造价工程师执业资格考试培训教材编写组. 建设工程计价[M]. 北京:中国计划出版社,2013.

[4] 马楠. 建筑工程造价管理[M]. 2 版. 北京:清华大学出版社,2012.

[5] 邓荣榜,荣超,郭艺. 建筑工程概预算[M]. 广州:华南理工大学出版社,2015.

[6] 侯春奇,侯小霞,范恩海. 建筑工程概预算[M]. 北京:北京理工大学出版社,2014.

[7] 廖春燕,徐静,李浩. 建筑工程计量与计价[M]. 广州:华南理工大学出版社,2015.

[8] 夏清东. 工程造价 - 计价、控制与案例[M]. 2 版. 北京:中国建筑工业出版社,2014.

[9] 孟新田,崔艳梅. 土木工程概预算与清单计价[M]. 2 版. 北京:高等教育出版社,2015.

[10] 鲍学英. 工程造价管理[M]. 2 版. 北京:中国铁道出版社,2014.

[11] 肖俊斌,李治,冯之坦. 纳税实务与税收筹划[M]. 北京:中国商业出版社,2015.

[12] 计金标. 税收筹划[M]. 6 版. 北京:中国人民大学出版社,2016.

[13] 袁建新. 工程量清单计价[M]. 4 版. 北京:中国建筑工业出版社,2014.

[14] 中华人民共和国国家标准. GB 50500—2013[S]. 建设工程工程量清单计价规范 . 北京:中国计划出版社,2013.

[15] 蔡红新,温艳芳,吕宗斌. 建筑工程计量与计价实务[M]. 北京:北京理工大学出版社,2011.

[16] 李伟昆,侯春奇,李清奇. 建筑装饰工程计量与计价[M]. 北京:北京理工大学出版社,2010.

[17] 杨伟. 例解市政工程工程量清单计价[M]. 武汉:华中科技大学出版社,2010.

[18] 唐小林,吕奇光. 建筑工程计量与计价[M]. 2 版. 重庆:重庆大学出版社,2011.

[19] 史静宇. 市政工程概预算与工程量清单计价[M]. 哈尔滨:哈尔滨工业大学出版社,2011.

[20] 全国造价工程师执业资格考试培训教材编审组. 工程造价计价与控制[M]. 第一版. 北京:中国计划出版社,2012.

[21] 李景云,但霞. 建筑工程定额与预算[M]. 重庆:重庆大学出版社,2002.

[22] 刘长滨. 土木工程概预算[M]. 2 版. 武汉:武汉理工大学出版社,2004.

[23] 刘富勤,陈德方. 工程量清单的编制与投标报价[M]. 北京大学出版社,2006.